SIGMUND FREUD

GEORG MARKUS

Sigmund Freud
ou les secrets de l'âme

Traduit de l'allemand
par Éliane Kaufholz-Messmer et Yves Kobry

Albin Michel

Édition originale allemande :

Sigmund Freud und das Geheimnis der Seele

© 1989 by Langen Müller in der F. A. Herbig
Verlagsbuchhandlung GmbH, Munich

Traduction française :

© Éditions Albin Michel, S.A., 1994
22, rue Huyghens 75014 Paris

ISBN : 2-226-07001-X

Avant-propos

> *Il est dans la nature du vrai
> sage de susciter l'agacement
> du reste de l'humanité.*
> Anatole France.

*E*N ce XXᵉ *siècle, rien n'a davantage enflammé l'imagination créatrice, scientifique et populaire que la personnalité de Sigmund Freud et son enseignement. Ses découvertes, considérées comme révolutionnaires par ses disciples, et comme non scientifiques, voire indécentes, par ses détracteurs, ont exercé une influence décisive et transformé l'image moderne de l'homme et du monde. Sous de nombreux aspects, l'enseignement freudien vaut comme emblème de la modernité. La découverte de la signification de l'inconscient a ébranlé la croyance en la toute-puissance de la Raison et a détruit l'illusion de l'unité de l'individu. Ce faisant, la psychanalyse a perturbé « le sommeil du monde ».*

Comme étudiant à l'hôpital psychiatrique universitaire de Vienne, j'ai travaillé dans le service d'Erwin Stengel, spécialisé dans l'étude du suicide. A la fin de 1937 et au début de 1938, Stengel, qui plus tard est devenu un ami, m'a emmené aux soirées de l'Association psychanalytique de la Berggasse. Là, j'ai été présenté à Freud et j'ai eu l'honneur de serrer la main du grand homme et d'observer, d'un coin reculé de la pièce, le maître déjà visiblement affaibli par la maladie, qui ne parlait plus que rarement et d'une voix à peine audible.

Les événements tragiques consécutifs à la prise du pouvoir à Vienne par le national-socialisme aux Ides de mars 1938 ont fait que, par hasard, la destinée du vieillard de renommée internationale et celle du jeune étudiant inconnu que j'étais se sont croisées. L'émigration nous a entraînés tous deux à Londres. Tandis que j'habitais avec ma famille à Hampstead au 24, Maresfield Gardens, Freud passait les derniers jours de sa vie deux maisons plus loin, au 20, Maresfield Gardens, entouré et choyé par son épouse, sa fille chérie, Anna, Dorothy Burlingham et sa fidèle domestique Paula Fichtl. Certains rares dimanches, j'apercevais de loin la silhouette frêle et amaigrie du professeur qui, enveloppé dans des couvertures, lisait ou écrivait, assis dans son jardin.

Je me souviens très bien du choc que j'ai éprouvé lorsque, par une lugubre soirée de septembre 1939, j'ai vu des hommes-sandwichs annoncer : « Le docteur des rêves de Hampstead est mort. » A l'époque, ce titre glacial m'a paru péjoratif, car Freud a fait bien plus qu'analyser et interpréter des rêves.

En fin de compte, cette appréciation n'était peut-être pas si mal trouvée, car nous gardons malgré tout l'espoir que son rêve d'une victoire de la raison sur les préjugés et la névrose de répétition deviendra un jour réalité.

Des bibliothèques entières sont remplies de volumes consacrés à Freud, son œuvre, sa vie. La masse d'ouvrages anciens ou récents, parfois définitifs, publiés dans des dizaines de langues, sur l'œuvre et la vie de Freud, est immense. Alors, pourquoi un livre de plus ?

La réponse est simple : Freud est trop important pour être abandonné aux seuls spécialistes. Il n'appartient ni aux freudiens possessifs et gloutons, ni à ses nombreux détracteurs qui rejettent son enseignement sans réellement le connaître. Il appartient, pour employer un bien grand mot, au monde entier. Dans la mesure où le rayonnement de la psychanalyse dépasse largement les frontières de la psychiatrie et de la médecine, il est très important que les idées essentielles de Freud, qu'on cite souvent à tort et à travers, qu'on déforme à dessein et que, consciemment ou non, on transforme souvent en leur contraire, perdent enfin ce parfum de science occulte et soient présentées de façon compréhensible.

L'auteur de ce livre important sur Freud, en même temps qu'il contribue à une compréhension globale de la psychanalyse, vient combler une lacune. Il n'est, par un heureux hasard pourrait-on dire, ni médecin, ni psychiatre, ni psychanalyste, mais écrivain, auteur de biographies nombreuses et bien documentées. En tant que journaliste expérimenté, il a mené un travail d'investigation rigoureux et révélé quelques détails du plus grand intérêt, qui ne figuraient pas dans les biographies antérieures. Georg Markus n'appartient pas à la corporation des « épouvantables vulgarisateurs ». Il résiste avec succès à la tentation de la banalisation et de la trivialité. Il approche Freud et la psychanalyse avec respect, oui, *presque avec crainte, sans perdre pour autant la perspicacité de son propre jugement.*

Des épisodes caractéristiques, des maximes et des anecdotes mettent en relief et illustrent les théories psychanalytiques susceptibles, au premier abord, de sembler ardues, tout à fait à la manière de Freud qui, dans L'Interprétation des rêves, *ou dans la* Psychopathologie de la vie quotidienne, *grâce à des histoires de malades plaisamment racontées, décrivait les cas de manière vivante afin de mieux les faire comprendre. Markus n'est pas un initié, il n'appartient pas au « sérail ». Il observe de l'extérieur et met en valeur des notions que le spécialiste, de par précisément sa familiarité avec le sujet, ne remarque plus. Markus ne s'est pas contenté d'interroger les spécialistes ou d'étudier minutieusement les sources, il a également mené ses propres recherches ; par exemple, il a pris la peine d'aller rendre visite au « prophète américain de la psychanalyse », Karl Menninger, âgé de quatre-vingt-seize ans, dans sa résidence de Topeka, Kansas, pour l'interroger sur sa rencontre avec Freud à Vienne voilà cinquante-cinq ans.*

Ce fut une grande joie pour moi d'accompagner Georg Markus à Topeka et de le présenter à mon ami et professeur Karl Menninger. J'ai terminé ma formation psychanalytique voilà des décennies à la Menninger Clinic ; depuis, je suis toujours resté en contact étroit avec le Dr Menninger. Il fut l'un des rares psychanalystes célèbres à soutenir, dès le début, l'hypothèse freudienne de la pulsion de mort. Ce fut lui aussi qui, lors du Congrès mondial de psychiatrie, apposa avec moi une plaque commémorative au 19 de la Berggasse.

Les souvenirs que Menninger a gardés de sa rencontre avec Freud constituent le premier chapitre de ce livre. Il brosse un portrait original et juste de Freud, mais il présente aussi de manière claire et distincte les idées fondamentales de la psychanalyse qui, précisément de par leur clarté et leur facilité d'accès, ont rendu Freud si important pour notre vie quotidienne.

On met sans cesse en avant chez Freud cette volonté opiniâtre de recherche, tournée parfois sans pitié contre lui-même, ce désir de déchirer sans indulgence tous les voiles. Tel Méphisto qu'il cite dans Malaise dans la civilisation *: « Car tout ce qui voit le jour est amené à être détruit », il s'empare de tout, y compris de ce qu'il a lui-même découvert, pour le disséquer sous la loupe de son intelligence critique. Ceux qui lui reprochent son esprit d'analyse* *(plutôt que de synthèse) et de dissection (plutôt que de cons-truction) oublient que la force qui s'exprime ainsi « aspire sans cesse au mauvais et crée sans cesse le bien ».*

Freud fut une des rares personnes à avoir eu le courage de remettre en question de manière radicale tout ce à quoi on croyait jusqu'alors, y compris ses propres recherches et ses premières théories. Tandis que ses admirateurs et ses disciples — dont certains sont devenus par la suite ses critiques et ses ennemis les plus virulents — durcissaient de manière dogmatique une partie de ses théories, Freud ne s'accordait aucun répit. Toute sa vie durant, il a repensé, révisé, corrigé et remodelé son enseignement et ses recherches. Aussi est-il responsable de cette confusion féconde qu'il a engendrée (comme Hegel, Marx, Kierkegaard), tout comme de la richesse insoupçonnée de son œuvre en dix-huit volumes, écrite dans une prose pénétrante et d'une clarté exem-plaire, qui, aujourd'hui encore, cinquante ans après sa mort (et peut-être davantage qu'autrefois), soulève les passions et imprè-gne la conscience contemporaine.

Sa vie comme ses écrits sont traversés de nombreux paradoxes et contradictions du plus grand intérêt, qu'on peut simplement décrire ou bien tenter d'analyser, selon sa propre méthode. S'il n'était pas lui-même aussi désillusionné qu'il le laissait croire, il battit en brèche toute illusion, qu'elle fût individuelle ou collective. Le critique acerbe de toute croyance non fondée croyait néanmoins naïvement en la science. Ce révolutionnaire radical qui voyait dans la morale sexuelle bourgeoise une source de maladie menait une vie conventionnelle de bourgeois libéral éclairé. Le décou-vreur, l'inventeur, comme disent certains avec ironie, de la sexua-lité infantile et d'autres formes inhabituelles de la sexualité, après avoir rempli son devoir de géniteur et avoir été gratifié de six enfants, perdit étonnamment tôt l'appétit sexuel si ce n'est sous une forme sublimée : la fidélité au travail.

Freud, qui voulait que ses recherches soient jugées d'après les critères de la science, et même d'après ceux des sciences de la nature, était par ailleurs un brillant styliste doté de grandes qualités littéraires. Il était opposé à toute spéculation philosophique, pour-tant il fut l'un des plus importants philosophes de ce siècle. En tant qu'individu, il se retranchait entièrement derrière son œuvre et il a même fait remarquer avec une certaine animosité qu'il voulait à dessein rendre la tâche difficile à ses biographes. Toutefois, dans L'Interprétation des rêves *il s'est trahi lui-même lorsque au détour d'une phrase, il s'est décrit comme un conquistador et a comparé son enseignement à un « mouvement ».*

Ce qu'il a dit de Goethe au cours de ses conférences s'appliquait en fait à lui-même. C'était « un homme de conviction mais aussi quelqu'un qui se dissimulait avec soin ». Voilà qui a piqué la curiosité de ses contemporains et de ses successeurs, de ses admirateurs et de ses détracteurs (mais que pouvait-on attendre d'autre de Freud, étant donné ses théories ?).

Trente ans environ après sa mort, à titre de réparation symbolique, le gouvernement autrichien s'est décidé à transformer le cabinet de la Berggasse en lieu de souvenir et en centre de recherches. C'est ainsi que vit le jour, en dépit de nombreuses oppositions, grâce à la collaboration d'Anna Freud et de quelques-uns des plus éminents psychanalystes mondiaux, la Société viennoise Sigmund Freud, que j'ai fondée et dont j'ai été président pendant huit ans. A l'époque, nous devions, d'une part, toucher un public indifférent soit par ignorance, soit par rejet, et, d'autre part, convaincre le monde des spécialistes que la propagation de l'enseignement de Freud n'était pas synonyme de vulgarisation bon marché ni de déformation de ses idées.

Ce livre sur Freud, qui paraît plus de cinquante ans après sa mort, vise un but identique : il se propose de parler de Freud et de son œuvre de manière vivante mais substantielle, afin de rendre accessible à un large public la façon dont il a modifié la vision du monde et des hommes. Comme le disait Nietzsche, on peut juger des individus et des communautés selon la quantité de vérité qu'ils sont capables de supporter. L'exemple de Freud prouve précisément que certaines connaissances psychanalytiques, justement parce qu'elles sont vraies, ne sont pas toujours accueillies avec enthousiasme. Freud ne voulait rien forcer, ni rien transfigurer ; il voulait seulement raconter, décrire, éclairer et expliquer. C'est précisément le but que s'est fixé ce livre.

Professeur Friedrich HACKER
Los Angeles, mars 1989.

« *Une expérience exaltante* »

Le Dr Menninger se souvient de sa visite chez Freud

LA Berggasse est située à Vienne, au milieu d'une mer de maisons grises. Dès que les premiers rayons de soleil du printemps avaient dissipé le froid de l'hiver, Freud allait s'installer à la périphérie de la ville où flottait l'odeur de la forêt viennoise. Il habitait de mai à septembre une villa « belle comme un conte de fées », disait-il lui-même, entourée d'un jardin magnifique, dans le quartier résidentiel de Grinzing. Lorsque, en 1934, Freud partit passer l'été dans ce quartier de guinguettes, il s'agissait d'une année politiquement « chaude ». En février, l'Autriche avait été le théâtre d'une guerre civile sanglante et, en juillet, le chancelier fédéral fut victime d'un assassinat organisé par les nationaux-socialistes. Freud n'était pas le seul à envisager avec pessimisme l'avenir de son pays.

Telle était la situation quand le Dr Karl Menninger, psychiatre américain de quarante et un ans, prit l'avion pour venir du Kansas visiter Freud alors âgé de soixante-dix-huit ans. Le lendemain de son arrivée, il monta dans un taxi afin de se rendre, de son hôtel situé dans le centre-ville, dans la Grinzinger Strassergasse, où Freud avait loué une résidence d'été. C'est Anna Freud qui vint ouvrir la porte et introduisit d'abord le visiteur dans une pièce sombre, puis, après une longue attente, dans le jardin de la villa où son père était assis sous un arbre. C'est là que les deux médecins se rencontrèrent.

Cinquante ans se sont écoulés depuis la mort de Freud. Il reste donc bien peu de gens qui l'aient personnellement connu et qui puissent parler de lui. Je me trouvais à Topeka, capitale du Kansas, assis en face du Dr Menninger qui avait rencontré Freud à Vienne en août 1934. Le Dr Menninger, qui a aujourd'hui quatre-vingt-seize ans, est un homme d'une incroyable énergie et d'une étonnante vitalité. Il n'est pas seulement le fondateur, mais aussi le président très actif de la Menninger Foundation, l'une des plus importantes cliniques psychiatriques du monde, et maintenant, dans son grand âge, il s'occupe surtout des questions concernant l'éducation des enfants. Ce psychiatre débordant de vie me conduisit durant mon second séjour à Topeka dans cinq cliniques et instituts qu'il visitait quotidiennement. Durant nos discussions, nous croisions des médecins — des collaborateurs et des étudiants — qui tous venaient prendre conseil auprès du vieux sage.

« Vous venez pour Freud, lança Karl Menninger. Oui, à l'époque j'ai pris l'avion pour aller lui rendre visite à Vienne et ce fut une expérience inoubliable. Peut-être pas la plus agréable, mais sûrement la plus passionnante de ma vie. » J'eus tôt fait de poser la question qui s'impose, dès lors que l'auteur d'une biographie sur Freud se trouve face au dernier témoin survivant. La question concernant la personnalité et le charisme d'un des hommes les plus importants peut-être de notre siècle.

« *Well*, extérieurement, Freud ressemblait à un savant tel qu'on se l'imagine et était le type même du gentleman viennois », dit le Dr Menninger (dont le grand-père avait émigré en 1848 de Francfort aux États-Unis) dans un mélange d'anglais et d'allemand. « Freud était cordial et extrêmement poli, il était avenant tout en conservant une certaine distance. Ce n'était pas le genre de personne vers laquelle on se précipite pour lui serrer la main. À l'époque déjà il était une légende et il en avait pleinement conscience. »

Freud et Menninger eurent une discussion très intense durant cette belle journée d'été. Il ne s'agissait pas simplement de ces banalités qu'un homme mondialement connu peut échanger avec un visiteur qui, vu son âge, aurait pu être son fils. Menninger, lui aussi, était déjà célèbre à l'époque. Son ouvrage, *The Human Mind*, comptait parmi les livres à succès aux États-Unis, et avait bénéficié d'un tirage bien supérieur à ceux de Freud ; l'homme avait beaucoup fait pour la diffusion de la psychanalyse en Amérique et, par là, dans le monde entier. Il était depuis des années le directeur de la Menninger Clinic, un des rares hôpitaux psychiatriques où les patients n'étaient traités que par la psychanalyse.

De quoi donc s'entretient un des pionniers de la psychanalyse aux États-Unis lorsqu'il se rend en pèlerinage auprès du fondateur de cette discipline ?

« D'abord, j'ai entendu Freud faire l'éloge d'un poulet au paprika.

C'était la première fois de ma vie que je goûtais à ce plat dans le jardin d'une guinguette. Puis nous avons parlé de la musique qu'on y jouait.

— Ce n'était pourtant pas le but de votre voyage ?

— *Oh, no*, dit en riant Menninger. *We spoke about the death instinct — How do you say ? Oh, yes*, pulsion de mort. » Menninger comptait parmi la maigre troupe de disciples de Freud qui approuvait la conception de leur idole selon laquelle le germe de la mort existerait dès les premières heures dans l'organisme humain.

Freud s'exprimait « dans un excellent anglais avec un fort accent autrichien ». En dépit de sa grave maladie, il était parfaitement concentré, réagissait à chaque objection et à chaque question, aussi difficile fût-elle. A l'époque où Menninger lui rendit visite, Freud souffrait depuis dix ans déjà d'un cancer de la mâchoire, il endurait des souffrances insupportables et avait été plusieurs fois opéré. « Mais il s'imposait une discipline de fer et ne laissait rien paraître. »

On sent aujourd'hui encore la fascination que le grand homme a exercée sur Menninger. Pourtant, d'une certaine manière, cette visite fut une déception. « Il faut vous imaginer que j'étais venu à Vienne rempli d'une immense attente. Vous devez savoir que j'avais beaucoup œuvré pour la psychanalyse aux États-Unis, à une époque où bien des gens n'en voulaient rien savoir. J'avais été en quelque sorte un prosélyte, un missionnaire. Qu'est-ce qui s'est passé ? Après ce long et pénible voyage des États-Unis en Europe, Freud m'a laissé patienter une heure dans une antichambre sombre avant de me recevoir. Mais ce n'est pas ça le plus grave. J'ai eu ensuite l'impression, durant notre entretien, qu'il n'éprouvait aucun plaisir particulier à travailler avec des Américains. Il trouvait naturel ce que nous avions fait pour lui et pour son travail et il n'était pas prêt à s'investir davantage pour soutenir nos efforts en faveur de la diffusion de la psychanalyse aux États-Unis. Ce n'était sûrement pas une question de sympathie ou d'antipathie personnelle. Il faut plutôt remonter quelques années auparavant pour en trouver la raison profonde. Freud s'était rendu en 1909 aux États-Unis et, bien qu'on lui eût réservé un accueil prestigieux, il éprouvait depuis lors une certaine aversion à l'égard de l'Amérique. C'est là une chose étrange. Si en Europe on lui a mis longtemps encore des bâtons dans les roues, c'est précisément à partir des États-Unis que son enseignement s'est répandu à travers le monde. J'ai souvent repensé à cela plus tard : pourquoi nous en voulait-il tant à nous autres Américains ? »

Freud avait lui-même expliqué son aversion pour le Nouveau Monde, qui lui avait pourtant manifesté tant de sympathie ; il avait souffert là-bas de troubles intestinaux dont il avait rendu responsable la cuisine américaine. De surcroît, durant son séjour de deux semaines aux États-Unis, il n'avait guère été enthousiasmé par le comportement non conventionnel des Américains.

La Menninger Foundation possède avec les Menninger Archive une des plus importantes bibliothèques du monde spécialisées en psychiatrie. On m'a permis, grâce à l'intervention du Dr Menninger, de consulter aux Archives la correspondance qui a suivi cette visite à Vienne. Menninger y rend compte de son activité psychanalytique aux États-Unis, tandis que les lettres en provenance de Vienne sont aussi polies et froides que la rencontre décrite plus haut. Toutefois, dans ses réponses, Freud, qui rejetait tout culte de la personnalité, laisse percer quelques traits typiques de son caractère. Par exemple, lorsque le 7 janvier 1937 il écrit : « Cher et honoré collègue. Je vous remercie beaucoup pour votre aimable lettre et pour le compte rendu détaillé de votre activité ainsi que pour les exemplaires du *Clinic Bulletin* que vous m'avez fait parvenir. Votre intention de me consacrer le numéro de mai de votre périodique devrait me réjouir ; toutefois, j'ai pour principe de ne pas m'engager dans des manifestations aussi personnelles. Avec toute ma considération, Freud. »

« Ainsi qu'il me l'a lui-même dit à Vienne, il était très touché par notre travail qui allait tout à fait dans son sens, mais il n'était pas prêt à rédiger une préface pour notre magazine comme je l'avais prié de le faire. »

Le Dr Menninger garde le souvenir d'un homme génial plein de contradictions, qui pouvait être à la fois chaleureux et distant. Relativement jeune encore, il avait déjà une peur terrible de la mort, et ce fut d'ailleurs pour lui une période particulièrement créative. Il a brutalement écarté tous les éditeurs qui désiraient publier sa biographie mais il a laissé plus de matériel autobiographique que la plupart des grands de ce monde.

Il perdit les meilleurs et les plus fidèles de ses amis et souffrit d'une solitude dans laquelle il s'était lui-même réfugié.

Freud était un cas pour Freud, au meilleur sens du terme. C'est précisément cette personnalité complexe, ce génie traversé de contradictions, qui a posé les bases d'une étude des phénomènes complexes de l'âme humaine. Comme il l'a dit lui-même un jour : « Mon premier patient, c'est moi. »

Alors que le Dr Menninger garde le souvenir d'un Freud charmant mais très réservé, voici que me tombe sous la main, à Vienne, la correspondance d'un ancien patient qui donne de Freud une image très différente. Le patient, qui s'appelait Bruno Goetz, a été très brièvement en traitement en 1902. C'est avec une étonnante franchise que Goetz, alors étudiant, relate la fascination presque magique que Freud a exercée sur lui. Goetz, qui avait à peine vingt ans et souffrait de violents maux de tête, se rendit à la Berggasse « avec des sentiments contradictoires ». « Freud vint vers moi, me tendit la main, m'invita à m'asseoir et m'observa avec attention. Je le regardais fixement dans les yeux, des yeux pleins de chaleur, de bonté, de mélancolie et de savoir. C'était comme si une main m'avait frôlé le front. » « Cette première rencontre avait effacé les douleurs », se souvient Goetz dans une lettre adressée à un ami de jeunesse. La personnalité du médecin avait envoûté le jeune patient.

Goetz, qui devait traduire plus tard les œuvres de Tolstoï et Gogol, écrivait des poèmes durant ses loisirs. Freud resta assis quelques instants silencieux puis se mit à sourire. Il dit ensuite d'un ton amical : « Laissez-moi faire un peu votre connaissance. J'ai là quelques poèmes de vous. Ils sont très beaux, mais vous camouflez quelque chose. Vous vous dissimulez derrière les mots au lieu de vous laisser porter par eux. Relevez la tête ! Vous n'avez pas besoin d'avoir peur de vous-même... Et maintenant, parlez-moi de vous. Dans vos vers revient sans cesse le thème de la mer. Voulez-vous désigner ainsi symboliquement quelque chose ? Ou avez-vous réellement été confronté à la mer ? D'où êtes-vous originaire ? »

Bruno Goetz, fils de marin, élevé à Riga, fut surpris par la perspicacité de Freud. « Ce fut comme si une écluse s'était ouverte en moi. En un rien de temps, je lui racontai toute ma vie, des choses dont je n'avais parlé à personne jusqu'alors. Comment aurais-je pu lui dissimuler quoi que ce fût ? Il savait tout par avance. Il m'écouta pendant près d'une heure sans m'interrompre et sans me regarder. Parfois il riait tout bas. » Enfin, Freud en vint au père du patient. Il voulait savoir si son père avait été sévère avec lui.

« C'était mon meilleur ami, nous nous comprenions à demi-mot. Simplement, je ne lui avais pas parlé de ma ridicule et malheureuse histoire d'amour avec une jeune fille ni de celle avec une dame plus âgée, et je ne lui avais pas dit non plus qu'entre-temps, j'étais tombé amoureux fou de certains matelots avec l'envie de me jeter à leur cou. J'avais peur qu'il ne me prenne pas au sérieux et qu'il se moque de moi en cachette. Il ne m'aurait certainement pas fait de reproches. D'ailleurs, je n'avais pas à m'en faire moi-même si ce n'est celui de ne pas avoir osé, et ensuite, plus tard, lorsque j'étais étendu dans mon lit... vous me comprenez...

— Certainement, certainement, marmonna Freud. Et cette histoire avec les matelots ne vous a pas tourmenté par la suite ?

— Jamais, dit le patient. J'étais fou amoureux et lorsqu'on est amoureux, tout est pour le mieux, n'est-ce pas ?

— Pour vous sûrement ! dit Freud, qui ne put s'empêcher alors de rire. Vous avez une bonne conscience qu'on peut vraiment vous envier. Vous la devez certainement à votre père. Et votre mère, à propos ?... »

Les séances furent peu nombreuses, car Freud prescrivit des médicaments à son patient. « Mon cher étudiant Goetz, dit-il, je n'ai pas l'intention de vous analyser, car vous pouvez vivre heureux avec vos complexes. En ce qui concerne vos névralgies, je vais vous faire une ordonnance. » Les médicaments prescrits par Freud firent effet en peu de temps et les névralgies du patient ne tardèrent pas à disparaître. Bruno Goetz garde de Freud le souvenir d'un grand homme généreux.

Le petit-fils de Freud, lui, a gardé le souvenir d'un « grand-père tel qu'on en rêve ». Ernest Freud, un des rares membres de la famille qui soient encore en vie, se rappelle l'allure de ce père de six enfants, ce « patriarche à l'aspect de prophète ». Ernest était âgé de vingt-cinq ans lorsque son grand-père mourut. Il vivait la moitié du temps à Hambourg, l'autre moitié à Vienne. Il se souvient de la Berggasse comme du lieu de résidence d'une grande famille viennoise « avec sa propre culture, ses propres valeurs, une famille juive mais en aucune manière orthodoxe, une famille intellectuelle de la bonne bourgeoisie dotée de beaucoup de savoir-vivre et d'une grande probité. La famille était centrée sur le grand-père, sa fille cadette Anna lui servant de bras droit. Venaient ensuite la grand-mère, tante Mina, Paula qui faisait office à la fois de maîtresse de maison et de servante, ainsi qu'une cuisinière. Il y avait aussi cinq vieilles tantes (les sœurs de Freud), toutes chaleureuses et serviables. Le grand-père, lui, paraissait particulièrement humain, bien qu'il ait eu la réputation d'être infaillible. Il n'avait pas besoin d'exprimer ses souhaits, tout allait de soi ».

Dans les souvenirs d'Ernest Freud, son grand-père « passait la plupart de son temps à lire, à écrire ou à penser, et on le voyait souvent en train de couper les pages d'un livre neuf à l'aide d'un long coupe-papier. Il était toujours amical, ouvert et franc. Il parlait de manière lente et réfléchie et ce qu'il disait offrait matière à réflexion. Je ne me rappelle pas l'avoir vu se laisser aller ou se mettre en colère. Il régnait toujours un climat de quiétude, de tranquillité, d'où toute tension semblait absente. Il allait de soi que chacun s'efforçait de parvenir à une position commune. Je ne me souviens pas qu'un membre de la famille ait jamais élevé la voix, que quelqu'un ait crié, frappé du poing sur la table, trépigné de colère, claqué la porte ou pris la fuite... Tout cela était impensable, car la famille était bien trop débonnaire, fière et contrôlée pour cela ».

Revenons maintenant au Dr Menninger à Topeka. Après qu'il lui eut envoyé son deuxième grand ouvrage, *Man Against Himself*, Freud le remercia le 14 février 1938 « d'autant plus vivement que la pulsion de mort n'avait pas été très appréciée dans les milieux psychanalytiques ». Ce fut la dernière lettre que Freud envoya à Menninger, et il s'y montrait heureux que son collègue américain eût été attentif à la pulsion de mort, une notion qui lui tenait à cœur.

C'est précisément l'une des deux pulsions humaines qui sont au centre de la psychanalyse freudienne. Celle qui tend à la destruction de sa propre existence et à celle des autres : la pulsion de mort. L'autre est tournée vers la satisfaction du plaisir et la reproduction : la pulsion de vie ou libido, qui se situe à l'origine de la vie.

« On ne fera jamais rien de toi »

Enfance et jeunesse

PRESQUE tout ce qui concerne Sigmund Freud a été mis en question par ses contemporains. La postérité a passé le reste au crible. Pourquoi en irait-il autrement pour sa naissance ? C'est ainsi que la date de sa venue au monde demeure incertaine.

Le problème se posa lorsque, en 1931, on décida d'apposer une plaque commémorative sur sa maison natale dans la petite ville de Freiberg près d'Ostrau en Moravie. Les notables de la cité se proposaient avec fierté de faire graver dans le marbre le 6 mai 1856 comme date de naissance du fils prodige de la ville. Pourtant, quand on regarda le registre d'état civil, la date inscrite ne coïncidait pas avec celle que Freud avait coutume de fêter depuis toujours. L'employé de la mairie avait clairement écrit le 6 mars.

C'est là une version simplifiée. Comme tout ce qui touche à Freud, les choses sont en fait plus compliquées. Officiellement, il ne s'appelait pas Sigmund, mais Sigismund, bien que ce ne soit pas non plus tout à fait vrai puisque dans la Bible familiale le père avait inscrit « Schlomo » comme prénom de son fils.

Et comme tout cela se déroulait dans le milieu juif petit-bourgeois d'une ville de Moravie au milieu du XIXe siècle, il ne s'agissait ni du 6 mars ni du 6 mai, mais du mardi de Rosch Hodesch Iyar de l'an 5616 selon le calendrier juif. Peut-être l'indication du père de Freud selon laquelle Sigmund-Sigismund-Schlomo serait venu au monde le 6 mai est-elle exacte et l'employé de mairie a-t-il seulement commis une erreur. Cette version serait plausible, car il n'est pas facile de transcrire une date du calendrier juif dans le calendrier grégorien.

Mais il y a une autre explication possible. La mère de Sigmund,

Amalie Nathanson, était la troisième épouse de Jakob Freud. Ils se sont mariés le 29 juillet 1855 à Vienne et Sigmund est venu au monde l'année suivante. On peut donc imaginer que Jakob Freud a choisi la date du 6 mai pour qu'il y ait bien neuf mois entre le mariage et la naissance de l'enfant ; ou bien alors le père de Freud s'est-il tout simplement trompé. En ce cas, on aurait affaire au premier « acte manqué » dans la vie de Sigmund.

Laissons là ces spéculations. Le 6 mai est aujourd'hui considéré comme la date de naissance de Sigmund Freud.

Reste à expliquer pourquoi il ne s'appelait ni Schlomo ni Sigismund, ses vrais prénoms. Que Schlomo ait été écarté s'explique par le fait que Freud a été un juif assimilé. Qu'il ne soit pas devenu célèbre sous le nom de Sigismund Freud tient à l'existence d'un homonyme. Tous deux voulaient éviter une confusion, si bien que Freud, encore étudiant, changea son prénom pour celui de Sigmund.

A cette époque, Freiberg était une petite ville de 5 000 habitants où une communauté juive minoritaire de langue allemande vivait aux côtés d'une majorité de Tchèques. Voilà longtemps que la ville ne s'appelle plus Freiberg, mais Příbor. Dans *L'Interprétation des rêves*, son premier ouvrage important, Freud écrit à propos de sa venue au monde : « Je me souviens d'avoir entendu raconter dans mon enfance comment une vieille paysanne avait prédit à ma mère qu'elle mettrait au monde un grand homme. De telles prophéties devaient être courantes car il y a tant de mères dans l'attente d'un heureux événement et tant de vieilles paysannes ou d'autres vieilles femmes qui ont perdu tout pouvoir sur cette terre, excepté celui de s'adresser au futur. »

Freud passa les trois premières années de sa vie au n° 117 de la poussiéreuse Schlossergasse qui s'appelle aujourd'hui la Freudova Ulice en l'honneur de son fils célèbre. Au rez-de-chaussée se trouvait la serrurerie du propriétaire de l'immeuble, Zajic, dont la femme, Monica, s'occupait des enfants du locataire du premier étage : Jakob Freud. Dans *L'Interprétation des rêves*, elle est décrite comme « vieille et laide mais intelligente et travailleuse ; selon les clés que j'ai pu tirer de mes rêves, elle ne m'a pas toujours traité avec une grande tendresse et m'a parfois accablé de mots rudes si je ne manifestais pas suffisamment de bonne volonté lorsqu'elle m'enseignait la propreté ». L'éloignement de sa nourrice fut une de ses premières expériences marquantes : elle fut renvoyée pour vol et jetée en prison.

Une fille de la famille Zajic a évoqué plus tard le petit Sigmund. C'était un enfant très éveillé qui aimait jouer dans l'atelier de son père et y fabriquer de petits jouets à partir des copeaux métalliques. Freud en tout cas aimait se rappeler son lieu de naissance comme il en fit part, alors qu'il était déjà devenu célèbre, au maire de Příbor : « L'enfant heureux de Freiberg continue de vivre en moi, le fils aîné d'une mère jeune qui reçut ses premières impressions ineffaçables de la vie dans cet air, sur ce sol. »

Le père, Jakob Freud, était originaire d'un village de Galicie, Tyśmienica, d'où il émigra en 1844 en Moravie. A Freiberg, il appartenait à la catégorie dite des « juifs errants ». Il se livrait avant tout au commerce de la laine, aussi était-il sédentaire une moitié de l'année et passait l'autre à voyager en Galicie, en Hongrie, en Saxe et en Autriche pour proposer ses marchandises. Jakob connaissait l'hébreu et était âgé de quarante et un ans lorsque naquit Sigmund.

Sa première femme, Sally, lui avait donné deux fils, Emanuel et Philipp, qui avaient déjà respectivement vingt et un ans et seize ans quand Sigmund vint au monde. Elle mourut jeune. Jakob Freud se remaria, mais sa seconde épouse, Rebekka, mourut elle aussi peu après.

Amalie Freud, née Nathanson, la troisième épouse de Jakob et la mère de Sigmund, de vingt ans plus jeune que son mari, est décrite comme une personne autoritaire, belle et pleine de charme, qui a prodigué amour et sécurité à son fils aîné. C'est bien elle qui lui a transmis cette ambition qui l'a poussé plus tard à accomplir son grand œuvre, comme il l'a lui-même reconnu : « Lorsqu'on a été le fils préféré de sa mère, on garde toute sa vie un sentiment de conquérant, cette confiance dans le succès qui souvent entraîne le succès. »

Dans une lettre à sa belle-sœur, Minna Bernays, Freud brosse de sa mère le portrait d'une femme désintéressée. Il ne l'avait jamais vue entreprendre quelque chose « qui n'ait eu pour ressort l'intérêt ou le bonheur d'un de ses enfants en faisant abstraction de son humeur ou de ses intérêts propres ».

On prétend que Sigmund aurait hérité de sa mère cette froide distanciation et de son père cette nature joviale et le sens de l'humour. Les relations familiales étaient très particulières, car sa mère appartenait à la même génération que son beau-fils Emanuel, et le père de Freud était déjà grand-père lorsque Sigmund vint au monde. Emanuel avait un fils prénommé John qui était d'un an l'aîné d'« oncle Sigi », son ami inséparable.

Non seulement la nourrice, mais aussi Josef Freud, un frère du père, eut maille à partir avec la justice pour « s'être livré, par cupidité, à une action que la justice réprime sévèrement ». Lorsque le délit fut connu, Jakob eut en l'espace de quelques jours des cheveux gris, et il devait dire par la suite : « Oncle Josef n'a jamais été un mauvais bougre, mais c'était un imbécile. »

Le rêve, comme nous le savons, joue un rôle essentiel dans le monde de Freud et ce sont très souvent des impressions d'enfance qui nous surprennent dans le sommeil. Bien entendu, Freud adulte rêve de son enfance. Un jour, il entrevit en rêve le visage du médecin de Freiberg, sa ville natale. Pourtant, son visage ressemblait à celui de son professeur d'histoire à Vienne. « Quelle relation unissait ces deux personnes, voilà ce que je ne parvenais pas à découvrir à l'état de veille. Mais lorsque j'interrogeai ma mère sur le médecin de ma petite enfance, j'appris qu'il était borgne tout comme mon professeur de lycée dont la personne avait recouvert dans mon rêve celle du médecin. » Par la suite, Freud devait nommer ce phénomène « déplacement ».

Sigi (il détestait ce prénom) avait deux ans lorsqu'on dut appeler le médecin après qu'il eut commis sa première sottise : « Je grimpai dans le garde-manger sur un escabeau pour attraper une sucrerie sur une armoire ou sur une table. L'escabeau se renversa et le coin m'atteignit à la mâchoire inférieure. » La blessure laissa une profonde cicatrice dont il ne put jamais se débarrasser. Il la dissimula en permanence sous une épaisse barbe.

Dans son étude *Des Souvenirs-Écrans* (dans le cadre de l'auto-analyse à laquelle il se livra à l'âge de quarante ans), Freud résume ainsi son enfance : « Je suis le fils de gens aisés à l'origine, qui vécurent, je crois, confortablement dans ce petit nid de province. Lorsque j'eus environ trois ans, une catastrophe se produisit dans l'industrie où travaillait mon père. Il perdit ses biens et nous fûmes contraints de quitter cet endroit pour immigrer dans une grande ville. Vinrent ensuite de longues années difficiles. Je crois que ça ne vaut pas la peine de se les rappeler. En ville, je ne me sentais pas réellement à l'aise, j'avais sans cesse la nostalgie de ces belles forêts de mon pays où, dès que je pus marcher, je tentai d'échapper à mon père. »

Voilà qui est surprenant. C'est précisément l'homme qui a découvert dans les souvenirs d'enfance les prémices de notre vie future qui estime que *ça ne vaut pas la peine de se rappeler certaines années*. Dans cette courte évocation, il a, semble-t-il, « refoulé » le fait qu'après avoir quitté Freiberg, il s'était rendu avec ses parents à Leipzig où il avait passé un an avant d'immigrer pour toujours dans une « grande ville ». Freud venait d'avoir quatre ans et entrait donc dans cette phase de la vie qu'il qualifia plus tard d'œdipienne.

Vienne en 1860 était la capitale d'un grand empire. Les Freud étaient une famille parmi les milliers d'autres qui affluaient de toutes les provinces de la monarchie. Elles pouvaient trouver là un climat libéral, conséquence de la Révolution, et bénéficier d'une égalité de droit avec les non-juifs. Tandis que dans les autres provinces de la monarchie, on vivait encore en ghetto ou du moins coupé de la société, la capitale, plus progressiste, essayait d'accorder une place aux juifs. A Vienne régnait un climat d'ouverture sans précédent, la ville connaissait une phase d'expansion économique extraordinaire à laquelle les hommes d'affaires et les financiers juifs avaient pris une part importante.

Cette ville du Danube, jusqu'alors à l'étroit, fut à cette époque unifiée par une construction d'un seul tenant ; l'année même où les Freud s'établirent à Vienne, furent érigés les premiers bâtiments de prestige de la nouvelle Ringstrasse après que les murailles eurent été abattues et les fossés comblés. Avec la construction de la Ringstrasse et l'inclusion des faubourgs, la ville de dimension médiévale se transforma en une métropole moderne.

L'empereur François-Joseph, qui donna à Vienne un nouveau visage en instaurant la « Gründerzeit[1] », régnait depuis douze ans lorsque la famille Freud s'installa dans la capitale. Le monarque ne parvint à s'imposer que peu à peu. Après l'exécution de plusieurs révolutionnaires quarante-huitards, le peuple le surnomma le « jeune homme sanguinaire » ; toutefois, après qu'il eut lui-même échappé avec une légère blessure à l'attentat au couteau perpétré par János Libenyi, son peuple commença à lui manifester de la pitié, puis bientôt de la sympathie et de l'affection. Quand, en 1854, il épousa la princesse Élisabeth de Bavière, il se mit à monter dans

---

1. Littéralement « époque fondatrice » : 1860-1890 environ, époque où furent édifiés à Vienne les principaux bâtiments administratifs et de prestige. (*N.d.T.*)

l'estime de son peuple pour devenir plus tard le souverain le plus populaire du continent.

Freud ne compta jamais parmi les défenseurs des Habsbourg. Alors qu'il n'était encore qu'un étudiant en médecine de dix-huit ans, il envoya une lettre à son condisciple Eduard Silberstein dans laquelle il disait : « Les choses les plus inutiles sur cette terre sont les cols de chemise, les philosophes et les souverains. »

A l'exception des dernières années, Freud a passé toute sa vie à Vienne, précisément dans cette ville où il ne s'est jamais senti à l'aise et pour laquelle il éprouvait une sorte d'« amour-haine ». C'est ici que les Freud devinrent une famille nombreuse car Amalie donna à Jakob sept autres enfants après Sigmund : Julius, Anna, Rosa, Marie, Adolphine, Paula et Alexander.

Sigmund grandit avec ses cinq sœurs et son frère Alexander, de dix ans son cadet. Les deux demi-frères plus âgés émigrèrent en Angleterre lorsque le reste de la famille s'installa à Vienne, et Julius mourut à l'âge de quelques mois. Freud conclut plus tard qu'il avait accueilli son frère d'un an plus jeune que lui avec de mauvais sentiments et une vraie jalousie enfantine, et que sa mort avait laissé en lui le germe du remords.

Freud était donc l'aîné à qui ses sœurs devaient obéissance. Anna, de deux ans et demi plus jeune que lui, décrivit par la suite son frère comme le privilégié de la famille. Il lui interdisait de lire Balzac et Dumas, et il était le seul à avoir sa propre chambre et une lampe à huile. Comme les exercices de piano le gênaient, on vendit l'instrument de musique et sa sœur dut interrompre ses études musicales.

Lors de ses premières années à Vienne, la famille Freud qui s'agrandissait sans cesse habita plusieurs appartements dans le quartier juif, jadis aisé, de Leopoldstadt avant de s'établir dans une maison au n° 1 de la Pfeffergasse. La prime enfance de Sigmund a été marquée par deux événements qu'il rapporta ultérieurement. Lorsqu'il eut cinq ans, son père lui offrit un livre en lui permettant d'en déchirer les pages, ce qui, note Freud, ne « pouvait guère se justifier sur le plan pédagogique », mais eut une influence décisive sur son amour ultérieur des livres. « La manière dont nous, les enfants, effeuillions ce livre (page par page, comme les feuilles d'un artichaut) est à peu près le seul souvenir visuel que je conserve de cette période de ma vie. Lorsque par la suite je devins étudiant, se développa en moi une envie très forte de collectionner et posséder des livres, comme un rat de bibliothèque. Depuis que je m'analyse, cette première passion de ma vie me renvoie toujours à cette impression d'enfance, ou plutôt j'ai découvert que cette scène infantile a servi de "souvenir-écran" à ma bibliophilie ultérieure. »

C'est à cette même époque que se situe le second événement, lorsque Sigmund urina dans la chambre de ses parents, ce qui amena son père Jakob à lui dire : « On ne fera jamais rien de toi. » Freud a décelé par la suite une certaine rivalité entre son père et lui pour gagner l'amour de sa jeune et jolie mère : « J'ai retrouvé chez moi aussi cet amour pour la mère et cette jalousie envers le père, et je les considère maintenant comme un trait commun à la petite enfance. » C'est précisément par l'analyse de sa petite enfance qu'il a découvert le complexe d'Œdipe, c'est-à-dire « la fixation sur le parent de sexe opposé ».

Freud reçut de ses parents les premiers rudiments d'enseignement. Puis, à partir de 1865, il fréquenta l'école communale de Leopoldstadt dans la Taborgasse, qui s'appellera plus tard le lycée Sperl. Le nom de cet établissement scolaire vient du fait qu'il a été édifié après que Freud eut passé son bac, à la place de la célèbre salle de bal *Zum Sperl* où se produisaient autrefois Johann Strauss et Joseph Lanner.

Un an après l'entrée de Freud au lycée, la monarchie fut ébranlée par la tragédie de Königgrätz. Bien qu'il n'eût que dix ans à l'époque, Sigmund fut profondément marqué par cet événement, comme le confirme sa sœur Anna : « La vision des blessés de la guerre entre la Prusse et l'Autriche arrivant à Vienne par la gare du Nord a tellement touché Freud qu'il quitta sa classe pour aller confectionner des bandages. »

Freud fut un élève modèle et le premier de sa classe, de la sixième à la terminale, sa position étant d'autant mieux assurée qu'il ne fut, comme il l'a dit lui-même, « presque jamais soumis à un examen ». On trouve pourtant un point sombre dans son bulletin scolaire en classe de troisième : sa note de discipline jusque-là « excellente » baisse de deux points et devient simplement « passable », à cause d'un scandale qui éclata dans sa classe et ébranla l'école tout entière. On peut en retrouver les détails dans les comptes rendus du conseil de classe du lycée.

Le directeur, Alois Pokorny, était un botaniste et un pédagogue réputé à qui le système scolaire autrichien est redevable des collèges *(Realgymnasium)*. Pokorny s'était souvent plaint que les enfants, ou plutôt leurs parents, devaient décider de leur orientation avant l'entrée au lycée, c'est-à-dire alors qu'ils avaient à peine dix ans. Comme cette décision était déterminante pour l'ensemble des études et la carrière d'un individu, Pokorny préconisa une réforme globale du système scolaire et parvint à la faire appliquer. Grâce à son idée de collège, l'orientation vers des études littéraires ou scientifiques n'intervenait qu'à l'âge de quatorze ans (l'enseignement restant identique pour tous dans le premier cycle). Freud choisit plus tard de s'orienter vers des études littéraires.

L'année précédant ce choix, Pokorny tint une conférence extraordinaire le 1er juillet 1869. Un « scandale » et la nécessité de s'en expliquer semblent en avoir été les raisons principales.

Que s'était-il passé ? Plusieurs élèves avaient depuis longtemps « un comportement contraire aux bonnes mœurs, ils s'étaient rendus coupables de mensonges, d'un manque de discipline et s'étaient absentés des cours », si bien que le conseil de classe et le professeur d'histoire Emanuel Hannak furent contraints de mener une enquête. On découvrit que des camarades de classe de Freud, Otto Drobil et Richard Olt, se rendaient depuis des mois dans des locaux malfamés et y fréquentaient des prostituées (si l'on songe qu'il s'agissait de collégiens de quatorze ans, il s'agissait là d'un fait peu ordinaire).

L'enquête préliminaire avait déjà établi que les deux mauvais éléments « allaient régulièrement dans des tavernes de Leopoldstadt et de Wieden où ils jouaient au billard, contractaient des dettes auprès de la caissière et fréquentaient des filles de joie ». Qui plus est, Drobil avait une liaison avec la fille du boucher Wisgrill et ses camarades interrogés par les professeurs déclarèrent l'avoir surpris « avec la jeune fille dans une rue donnant sur le Graben ».

Sigmund Freud fut lui aussi interrogé comme témoin et évoqua simplement « un établissement de mauvaise réputation près de la Rothenturmstrasse que Drobil et Olt fréquentaient tous les deux ». Sur quoi on baissa sa note de discipline, comme celle de presque tous ses camarades, parce qu'il avait depuis longtemps connaissance des faits et n'en avait pas averti le directeur ou le conseil de classe.

La sévérité de cette mesure se comprend car, à l'époque, un lycéen n'avait pas même le droit de se rendre dans un café sans être accompagné de ses parents ; alors fréquenter en public des filles de mauvaise vie...

Les deux garçons furent renvoyés du lycée car « leur présence eût constitué un danger pour les autres élèves ». A part cette mauvaise note, Freud restait un très bon élève. Le semestre suivant, sa conduite fut jugée « digne d'éloges » et un an après « exemplaire ». C'est à travers cet épisode que le « spécialiste de la sexualité » de notre siècle fut confronté pour la première fois de sa vie à la « dépravation morale » de ses congénères.

A la fin du premier cycle, la classe de Freud fut réduite de quarante à seize élèves, le « scandale » semble donc avoir fait plus de victimes que les deux principaux délinquants. Certains quittèrent aussi l'école à cause de leur mauvais niveau scolaire dont, entre autres, le meilleur ami de Freud, Heinrich Braun, qui devait devenir plus tard le beau-frère de Victor Adler. Braun, qui fut certainement l'élève le plus doué de la promotion de Freud, fut renvoyé car, durant la guerre franco-allemande de 1870-1871, au lieu d'étudier le latin, le grec et les mathématiques, il passait tout son temps dans les cafés à éplucher les journaux étrangers. « Nous étions des amis inséparables, écrivit bien plus tard Freud à la veuve de Braun, et c'est sous son influence que j'avais décidé d'étudier le droit à l'université. »

Freud ne s'intéressait guère à la médecine comme il l'a affirmé dans *Ma vie et la psychanalyse* : « Je n'ai jamais éprouvé dans ma jeunesse une attirance particulière pour la situation et l'activité de médecin, plus tard non plus d'ailleurs. J'étais mû par une soif de connaissance qui portait sur les rapports humains plutôt que sur les choses de la nature. » Ailleurs, Freud prétend « n'avoir jamais été médecin au sens véritable du terme ».

Son camarade de classe, Heinrich Braun, dut suivre des cours privés pour préparer le baccalauréat et il étudia par la suite les sciences politiques. Ainsi Freud et Braun se retrouvèrent-ils à l'université après s'être perdus de vue pendant des années. Braun fut avec Wilhelm Liebknecht le fondateur de la *Neue Zeit*, l'organe central du parti social-démocrate allemand. Et c'est par son intermédiaire que Freud fit la connaissance de Victor Adler, le fondateur de la social-démocratie autrichienne.

Les biographes de Freud mentionnent généralement la situation financière précaire dans laquelle il aurait grandi ; pourtant, durant ses années de collège, il n'a jamais été dispensé des frais de scolarité ni n'a bénéficié d'une bourse à laquelle ses résultats scolaires lui eussent donné droit. Jakob Freud, qui avait indiqué comme profession « négociant en laines », payait régulièrement 9 gulden et 45 kreuzer [1] par semestre pour la scolarité de son fils.

Freud relate un autre épisode de sa vie de lycéen dans *L'Interprétation des rêves*. En classe de seconde, ses camarades auraient décidé de se révolter contre un professeur aussi bête que tyrannique. « Une discussion sur l'importance du Danube pour l'Autriche servit de point de départ à une indignation générale. » Freud fut choisi comme porte-parole des protestataires. Seize ans plus tard, il mentionna de manière indirecte cet événement à sa fiancée : « On ne le croira peut-être pas mais, à l'école déjà, j'étais un homme d'opposition résolu, toujours là pour exprimer une opinion radicale, et, en règle générale, pour en assumer les conséquences. Comme le fait d'avoir été le premier de la classe durant de longues années me donnait une position privilégiée et que tout le monde me faisait confiance, on ne pouvait plus se plaindre de moi. »

Dans son essai *Psychologie du lycéen*, il décrit la puberté comme l'époque la plus importante du détachement par rapport au père et l'illustre par ses propres souvenirs d'écolier : « Je ne sais pas ce qui nous préoccupait le plus, ce qui avait pour nous le plus d'importance : ce qu'on nous enseignait, ou la personnalité de nos enseignants. On s'engageait à leurs côtés ou on les rejetait, on leur prêtait des sympathies ou des antipathies, sans doute imaginaires, on étudiait leur caractère et on construisait ou déconstruisait le nôtre en les prenant pour modèles ; on guettait leurs petites faiblesses et on était fier de leurs grandes qualités. »

Vient ensuite une remarque de portée générale : « Dans la seconde moitié de l'enfance se prépare une transformation du rapport au père dont on n'imagine jamais assez l'importance. Le petit garçon commence dans sa chambre d'enfant à regarder audehors le monde extérieur et il doit découvrir ce que son admiration originelle pour son père lui avait dissimulé et ce qu'exige la séparation d'avec cet idéal initial. Il se rend compte que son père n'est pas le plus puissant, le plus sage, le plus riche des hommes, il apprend à le critiquer, à le situer socialement. Tous les espoirs, mais aussi tous les conflits qui caractérisent la nouvelle génération dépendent de ce rejet du père. C'est dans cette phase de développement du jeune homme que se produit la rencontre avec les enseignants. Nous comprenons maintenant notre relation à nos professeurs de

1. Selon le Centre de statistiques de Vienne, cela représente en 1989 environ 900 schillings (440 F).

lycée. Ces gens qui n'étaient pas même tous pères sont devenus pour nous des substituts du père. »

Son professeur préféré fut le professeur juif de religion, Samuel Hammerschlag, avec qui il resta en contact étroit jusqu'à la mort de ce dernier en 1904. Bien que Freud ait grandi dans un milieu juif assimilé, donc sans recevoir une éducation « orthodoxe », il s'est toujours réclamé du judaïsme. A la maison on parlait allemand et Sigmund ne connaissait ni l'hébreu ni le yiddish, mais l'enseignement religieux était obligatoire et on devait appartenir à une communauté religieuse. Une lettre du jeune Dr Freud de 1884 montre à quel point il admirait son ancien professeur de religion et sa femme Betty : « Je ne connais personne qui ait meilleur cœur, qui soit plus humain, plus libre de toute mesquinerie et je ne parle même pas de la profonde sympathie qui me lie depuis le lycée à mon brave professeur de judaïsme. »

Une preuve supplémentaire : Freud n'a pas appelé sa fille cadette Anna en l'honneur de sa sœur, mais en souvenir d'Anna Hammerschlag, la fille de son professeur.

C'est la faute de Goethe,
mais il n'y était pour rien

Des études de médecine ou la conséquence d'une erreur

L'ANNÉE 1873, durant laquelle Freud passa son baccalauréat, s'annonçait pleine de promesses pour l'Autriche-Hongrie. Ce fut pourtant l'une des plus sombres de l'histoire de la monarchie danubienne. Vienne devait être le centre d'une gigantesque exposition universelle, mais cette rencontre internationale ne fut pas placée sous une bonne étoile. En effet, deux événements brisèrent les espoirs des organisateurs : un krach boursier et une épidémie de choléra.

Une semaine après l'ouverture de l'Exposition universelle, la Bourse de Vienne connut un vendredi noir, qui mit brusquement un terme à la conjoncture économique florissante de la Gründerzeit. Le développement économique fut entravé pendant de longues années et d'innombrables entrepreneurs perdirent tous leurs biens. Désespérés, certains même se suicidèrent. Entre juillet et octobre de la même année, près d'un demi-million de personnes furent victimes de la dernière grande épidémie de choléra, et, rien qu'à Vienne, on déplora trois mille morts. Ceux qui pouvaient se le permettre quittaient la ville par tous les moyens.

Après avoir visité deux fois l'Exposition, Freud écrivit à son ami Emil Fluss que ces pavillons internationaux ne l'avaient « ni étonné, ni charmé ». « Il y a beaucoup de choses qui doivent plaire aux autres, mais qui ne trouvent pas grâce à mes yeux. Seuls me fascinent les objets d'art et les effets d'ensemble. C'est en fin de compte un spectacle pour les beaux esprits sans inspiration. D'ailleurs, ils s'y précipitent. »

La famille Freud n'était pas assez aisée pour prendre la fuite devant le choléra : les affaires de Jakob Freud allaient plus ou moins bien et on peut imaginer sans mal que la grande crise économique eut des conséquences sur son petit commerce.

Indépendamment de tout cela, Freud passa son bac au lycée Sperl. Il obtint la mention très bien et s'inscrivit à la faculté de médecine de Vienne au début du semestre d'hiver de cette catastrophique année 1873.

Si l'antisémitisme était à peine sensible dans les premières années où Freud vécut à Vienne, il commença subitement à se manifester à la suite du krach boursier, car quelqu'un devait bien être « responsable » de cette catastrophe.

Dans *L'Interprétation des rêves*, Freud raconte comment, dans son enfance, il n'avait eu connaissance de la haine des juifs qu'à travers une anecdote rapportée par son père Jakob : alors que celui-ci, âgé de dix ou douze ans, marchait dans la rue, quelqu'un s'était approché, lui avait arraché sa casquette et s'était écrié après l'avoir jetée dans des détritus : « Juif, fous le camp du trottoir ! » Lorsque Sigmund avait demandé à son père comment il avait réagi, celui-ci avait répondu : « Je suis descendu sur la chaussée et j'ai ramassé ma casquette. » Sigmund avait été déçu et avait considéré comme une lâcheté cette incapacité de son père à se faire respecter. Cette anecdote ne montre pas seulement le fossé qui séparait le père du fils, mais aussi la totale incompréhension de la génération de Sigmund pour l'antisémitisme.

Freud ne pouvait même pas imaginer à quelles extrémités de l'aveuglement raciste, attisé par un régime criminel, il allait devoir assister plus tard.

Auparavant, les quelque 70 000 juifs viennois semblaient bénéficier de conditions de vie favorables. Avant de commencer ses études universitaires, Freud s'était particulièrement intéressé à la théorie de Darwin, alors très populaire, car elle « contenait la promesse d'une avancée exceptionnelle dans la compréhension du monde ». Toutefois, comme Freud l'a reconnu lui-même, sa décision de s'inscrire en médecine fut motivée par un essai aphoristique de Goethe, *Die Natur*.

Voilà une histoire bien étrange : un des plus grands médecins de tous les temps a étudié la médecine à la suite d'une erreur. Freud, en effet, s'est laissé abuser par une information fausse lorsqu'il a décidé d'étudier la médecine. Ce n'est pas Goethe qui a écrit *Die Natur*. Peu avant de passer son bac, le lycéen Freud avait suivi les cours du zoologue Carl Brühl qui avait attiré son attention sur cet ouvrage fascinant, éveillant ainsi son intérêt pour les sciences de la nature en général, et la médecine en particulier.

Pourtant, *Die Natur* figurait dans les œuvres complètes de Goethe, car on considérait cet essai comme un texte de jeunesse non publié. En vérité, comme on le sait aujourd'hui, cet opuscule fut écrit par un Suisse, Georg Christoph Tobler, qui l'envoya à Goethe qu'il vénérait. Comme on a trouvé ces feuillets dans ses œuvres posthumes, on les lui a faussement attribués. Cet essai, même s'il n'était pas de l'auteur auquel Freud pensait, l'incita à entreprendre des études de médecine. « La Nature, est-il écrit, nous entoure, nous enlace. Nous vivons en son sein et elle nous est étrangère. Elle nous parle sans cesse, mais ne nous livre pas ses secrets. Elle est vie, devenir et mouvement perpétuels... Elle est coupable de tout, et nous lui sommes redevables de tout. »

Au baccalauréat, les élèves pouvaient choisir eux-mêmes leur sujet de dissertation. Freud disserta sur « Les considérations qui président au choix d'une profession ». Wilhelm Knoepfmacher raconta comment Sigmund et lui-même passèrent plusieurs nuits dans l'appartement de la famille Freud « à boire du café noir et du vin pour rester éveillés afin de se préparer à l'examen ». La copie de Freud fut découverte et détruite soixante-dix ans plus tard par les nazis.

Peu de temps avant l'examen, Freud connut sa première amourette, une rencontre importante avec l'autre sexe. Lors des dernières vacances scolaires, ses parents l'avaient envoyé se reposer dans sa ville natale de Freiberg. Il y avait fait la connaissance de Gisela Fluss, la sœur de son ami Emil. Il écrivit plus tard : « J'avais dix-sept ans et dans la famille de nos hôtes, il y avait une fille de quinze ans dont je tombai immédiatement amoureux. Ce fut ma première amourette, intense mais gardée totalement secrète. Quelques jours après, la jeune fille repartit dans son pensionnat. Elle était, elle aussi, venue en vacances. Cette séparation après une aussi brève rencontre me remplit de nostalgie. Je passais des heures entières à me promener en solitaire dans ces merveilleuses forêts retrouvées, l'esprit occupé à construire des châteaux en Espagne. »

Dans son essai *Des souvenirs-écrans*, Freud s'étonne que ces pensées ne soient pas tournées vers le futur, mais vers le passé : « s'il n'y avait pas eu cette faillite, si j'étais resté au pays et si j'avais grandi à la campagne, je serais devenu fort comme les jeunes gens de la maison, les frères de ma bien-aimée, et si j'avais exercé le métier de mon père et finalement épousé la jeune fille, oui, j'aurais pu rester dans son intimité toutes ces années. Je ne doutais pas un instant que dans ces conditions, telles que l'imagination les recrée, j'eusse été aussi amoureux que je l'étais à ce moment-là. »

Malheureux à cause de ce grand amour qui ne put aboutir, Freud revint à Vienne préparer son baccalauréat. Comme il l'obtint avec mention, son père lui offrit un voyage en Angleterre où il retrouva son demi-frère. Une preuve de plus que la famille Freud n'était pas aussi démunie qu'on a bien voulu le dire, car le coût d'un tel voyage eût été prohibitif dans un milieu petit-bourgeois.

Le baccalauréat lui donnait accès à l'université. L'École viennoise de médecine avait justement atteint un nouveau sommet, c'était l'ère du grand médecin Josef Skoda et de Carl von Rokitansky qui avaient mis au point le diagnostic moderne. C'est ici que furent inventés le laryngoscope, le gastroscope et le tensiomètre qui permirent une spécialisation médicale inconcevable jusque-là. C'est également à Vienne que s'ouvrit la première clinique ophtalmologique du monde (par la suite, grâce à Freud, elle gagna encore en notoriété). Theodor Billroth, dont Freud suivit les séminaires de chirurgie, était lui aussi au faîte de sa gloire. Et c'est précisément durant le premier semestre d'études de Freud que le célèbre chirurgien de l'École viennoise pratiqua l'ablation du larynx et, quelques années plus tard, celle d'une partie de l'estomac, sur des malades atteints du cancer.

L'École viennoise de médecine a vu le jour grâce à l'impératrice Marie-Thérèse, qui avait fait venir à Vienne, sur les conseils du futur chancelier Kaunitz, le médecin hollandais Gerard Van Swieten. Ce médecin renommé se rendit immédiatement compte que la médecine en Autriche en était restée à un stade médiéval et il se mit à réorganiser les différents services. En l'espace de quelques années, il parvint à supprimer la conception hippocratique fondée sur la théorie des humeurs et à introduire une médecine orientée vers la pratique. Van Swieten bouleversa aussi les études médicales en introduisant, à côté de l'enseignement théorique, un contact direct avec le malade. Il instaura également la prise de température quotidienne, ce qui lui permit d'en déduire la température moyenne de l'être humain. Alors que jusque-là la dissection était interdite et considérée par l'Église catholique comme un outrage au défunt, il prit des dispositions afin de soumettre à l'autopsie tous les malades décédés à l'hôpital. C'est sur la table de dissection que, par la suite, tous les médecins acquièrent les connaissances qui devaient leur permettre de guérir de nombreuses maladies.

Certes, un fossé séparait l'époque de Van Swieten de celle de Billroth (au cours de laquelle Freud entreprit ses études). L'Autriche avait perdu sa réputation légendaire au bénéfice de Paris, devenu « La Mecque de la Médecine ».

Freud devait s'imposer par la suite comme un des plus éminents représentants de « la seconde École de médecine ». Mais, en 1873, il commençait juste ses études. Tout comme l'écolier, l'étudiant est appliqué, ambitieux, curieux de tout. En plus des cours obligatoires, il fréquente pour son plaisir des séminaires de physiologie, d'histologie, de zoologie, il se rend même deux fois dans un laboratoire de Trieste où on étudie les animaux marins et il publie son premier travail scientifique, *Les Organes sexuels des anguilles*. Ces intérêts annexes amenèrent Freud à prolonger sensiblement la durée de ses études. Alors que l'on pouvait terminer sa médecine en dix semestres, il n'obtint le titre de docteur qu'au bout de huit ans malgré d'excellents résultats à ses examens. Dans *L'Interprétation des rêves*, qui contient de nombreuses indications biographiques, Freud admet avoir flâné durant ses études.

Pourquoi le célèbre médecin a-t-il eu besoin d'autant de temps pour achever ses études ? Voilà qui demeure encore un mystère pour ses biographes.

Freud a certes « flâné » mais il était, semble-t-il, impatient de porter le titre tant convoité, car l'étudiant fut assez vaniteux pour faire imprimer des cartes de visite portant la mention suivante : « Sigmund Freud, candidat au doctorat de médecine. »

Outre Billroth, on trouve parmi les autres enseignants éminents de Freud le psychiatre Theodor Meynert, l'ophtalmologiste Ferdinand von Arlt, le dermatologue Ferdinand von Hebra et le pathologiste Salomon Stricker. Freud avait étudié la physiologie et l'histologie à l'institut du légendaire professeur Ernst Wilhelm von Brücke pour lequel il éprouvait une profonde estime. Ce fut Brücke qui confia au jeune étudiant ses premiers travaux scientifiques.

« En tant que technicien à l'Institut de physiologie, se souvient Freud, j'étais de service tôt dans la matinée et Brücke avait appris que j'étais arrivé plusieurs fois en retard au laboratoire. Un jour, il vint à l'heure précise d'ouverture et m'attendit. Il fut sec et concis. » Brücke avait la réputation d'être un examinateur très sévère qui recalait sans pitié l'étudiant qui ne pouvait pas répondre à la première question posée.

C'est dans le laboratoire de Brücke que Freud fit la connaissance de Josef Breuer — une rencontre qui allait être déterminante. Ce dernier poursuivait à l'institut des travaux de recherche lorsqu'il rencontra l'étudiant Freud, avide de connaissances. Ce spécialiste de la pathologie interne fut d'abord son protecteur, avant de devenir un collègue serviable lorsque Freud ouvrit son cabinet, puis un interlocuteur important au cours des discussions qui allaient conduire à l'élaboration de la psychanalyse.

« C'était un homme d'une intelligence hors pair, écrit Freud dans sa courte présentation autobiographique. Il était de quatorze ans mon aîné et nous avions pris l'habitude de nous faire part de nos préoccupations scientifiques. Bien sûr, c'était moi le gagnant dans cet échange. »

Né à Vienne en 1842, fils d'un professeur de religion juive, Breuer avait été élevé par sa grand-mère car sa mère était morte jeune. Ses dons s'étaient manifestés très tôt : il avait passé son baccalauréat à seize ans et, à l'âge de vingt-deux ans, il devint l'un des plus jeunes docteurs en médecine de son temps. Il ouvrit un cabinet et commença une brillante carrière scientifique, interrompue toutefois à la mort de son patron, le célèbre Johann Oppolzer, après qu'un candidat peu compétent eut été désigné comme successeur, alors que lui-même avait demandé ce poste. Assistant à l'université, il renonça au professorat bien que soutenu par Theodor Billroth en personne, car « il se sentait tellement responsable de ses patients qu'il n'eût pas voulu les abandonner au profit d'une carrière universitaire ». Parmi ses travaux de recherche, figure la découverte de la régulation des mouvements respiratoires. Ce fut Breuer qui démontra que le canal auditif est responsable de notre sens de l'équilibre. Enfin il élabora « la méthode de traitement cathartique » qui allait conduire à la psychanalyse freudienne.

Ce dévouement à ses patients n'était pas un vain mot. Josef Breuer, qui possédait un des cabinets les plus fréquentés de Vienne, était aisé et jouait dans la société viennoise un rôle non négligeable. Preuve de sa compétence médicale, presque tous les grands médecins de l'époque comptaient parmi ses patients, entre autres : Sigmund Exner, Ernst von Fleischl, Ernst Wilhelm Brücke et Theodor Billroth. Grand voyageur, homme de culture et amateur d'art, il fréquentait les salons viennois des familles Wertheimstein et Gomperz et avait pour amis Arthur Schnitzler, Hugo Wolf et Johannes

Brahms (qui était aussi un de ses patients), ainsi que la poétesse Marie von Ebner-Eschenbach, qui lui dédia un poème malicieux :

> *Au docteur Josef Breuer*
> *A l'ami qui m'est cher*
> *Au médecin auquel je confie*
> *Mon corps, mon âme, mon esprit.*

Breuer consacra une part importante de son temps à réconforter des pauvres et des démunis qu'il soignait gratuitement. Il soutint aussi Freud à ses débuts par des prêts substantiels et désintéressés. Lorsque le jeune homme ouvrit son propre cabinet, il lui envoya plusieurs de ses patients.

Le cas de la patiente de Breuer, Bertha Pappenheim, connue dans l'histoire de la psychanalyse sous le pseudonyme d'« Anna O. », anticipe sur la méthode freudienne.

Pour l'instant, Freud est encore étudiant et poursuivre des études de médecine en cette seconde moitié du xixᵉ siècle n'est pas chose aisée.

« L'ancienne université », située place des Jésuites, était fermée depuis la révolution de 1848 et la « nouvelle université » sur la Ringstrasse n'était pas encore ouverte. Ainsi les étudiants passaient leur temps à déambuler à travers Vienne d'un institut à l'autre. Josef Breuer, qui fit ses études avant Freud, relate les « incommodités inhérentes aux études de médecine à l'époque ». Les départements de l'université étaient disséminés à travers toute la ville. Il décrit ainsi la dure vie quotidienne des médecins : « La plupart d'entre eux délaissaient la botanique car ils auraient dû se lever à cinq heures du matin pour suivre des cours à six heures sur le Rennweg dans le 3ᵉ arrondissement. Les cours de chimie commençaient ensuite à sept heures trente sur la Wieden, suivis à neuf heures par les cours d'anatomie dans la Schwarzspanierstrasse (9ᵉ arrondissement), si bien que dans un laps de temps très court, on devait se rendre sans tramway ni autre moyen de transport de la Favoritenstrasse à la Währingerstrasse. Je me rappelle très bien les congères près du Schottentor qui retardaient notre progression. C'est pourquoi les sciences naturelles étaient négligées. »

La situation ne s'était guère améliorée à l'époque où Freud poursuivit ses études, le bâtiment de la nouvelle université étant encore à l'état d'immense chantier.

Il y avait déjà des cours de psychiatrie, mais Freud ne s'est jamais inscrit dans cette discipline subsidiaire qui en était encore à ses premiers balbutiements. Les cas psychiatriques et neurologiques aboutissaient chez les médecins des maladies internes qui s'occupaient aussi bien de gynécologie que d'oto-rhino-laryngologie. C'est pourquoi il était parfaitement naturel que Breuer s'occupât de nombreux patients souffrant de troubles psychiatriques et neurologiques et qu'il comptât parmi les « neurologues » les plus en vue à Vienne.

Après avoir passé deux examens, Freud dut interrompre ses études de médecine en 1879, car il fut appelé comme « élève médecin militaire » à l'hôpital de la garnison viennoise de l'armée impériale. On ne put jamais transformer l'aspirant officier en un guerrier si on en juge par ses écrits ultérieurs. « L'état guerrier, dit-il, s'autorise des injustices et des violences qui déshonoreraient n'importe quel individu. »

Les citoyens d'Autriche-Hongrie accédaient à la majorité à vingt-quatre ans. Un jour important, sans aucun doute, que Freud passa aux arrêts. Son supérieur hiérarchique, le major Josef Podrazky, l'y avait mis « pour retards fréquents et absences injustifiées lors des visites aux malades ».

Cela mis à part, il ne semble pas que le service militaire l'ait trop accaparé car c'est durant cette période que Freud réalisa son premier travail scientifique indépendant. Il traduisit le douzième volume des œuvres complètes du célèbre philosophe anglais John Stuart Mill, après la mort subite du traducteur chargé de cette tâche. Si ses qualités de traducteur furent unanimement reconnues, lui-même se sentait bien loin des thèses avancées par l'auteur. Freud considérait l'essai de Mill sur l'émancipation de la femme comme une rêverie utopique, une opinion à laquelle il est resté fidèle toute sa vie, considérant la femme, de son point de vue patriarcal, comme une sorte d'« homme castré ». Une vision des choses que la postérité allait lui reprocher.

En tout cas, ce premier succès public fut une sorte de stimulation pour notre « flâneur », car à peine eut-il quitté la vie de caserne qu'il se consacra entièrement à ses études. Il passa son troisième examen au début de 1880 et obtint un an plus tard, le 31 mars 1881, le titre de docteur en médecine.

Il détenait désormais les titres universitaires nécessaires pour commencer une carrière scientifique.

« *Plutôt que de pouvoir baiser tes tendres lèvres* »

Freud tombe amoureux

MARTHA Bernays était la fille pleine de charme d'une famille de la bonne bourgeoisie originaire de Wandsbek, près de Hambourg. Elle émigra en 1869 avec ses parents et ses deux sœurs à Vienne lorsque son père accepta le poste de secrétaire du célèbre économiste Lorenz von Stein. La famille Bernays jouissait d'une excellente réputation en Allemagne. Le grand-père de Martha était connu à Hambourg comme un rabbin exceptionnel ; un frère de son père était un éminent philologue, un autre était spécialiste de Goethe et bénéficiait des faveurs de Louis II de Bavière auprès duquel il faisait des conférences.

Lorsque le père de Martha mourut après avoir séjourné dix ans à Vienne, son frère Eli reprit son poste auprès du professeur Stein et se chargea de pourvoir aux besoins de la famille. C'est en avril 1882 que Martha, tout juste âgée de vingt et un ans, fit la connaissance du docteur en médecine Sigmund Freud, de cinq ans son aîné. Sa jeune sœur Minna et elle-même avaient rencontré dans un salon les cinq sœurs de Freud et avaient été invitées dans la maison familiale.

Sigmund se sentit naïf et désarmé face à la jolie jeune fille de Wandsbek « qui me conquit dès la première rencontre, malgré moi ; je craignais de me déclarer, et elle vint à ma rencontre en toute simplicité, renforça ma confiance en ma propre valeur, m'insuffla un nouvel espoir et me donna du courage, au moment où j'en avais le plus besoin ». C'est ainsi que Freud décrit sa rencontre dans une lettre à l'amie qui « restera mienne aussi longtemps qu'existera une Martha ».

Deux mois après leur rencontre, le jeune couple célébra ses fiançailles. « Martha est mienne, la douce jeune fille dont tout le monde fait l'éloge. » Freud était comblé. En vérité, son entourage la décrit non seulement comme une jeune fille particulièrement jolie, mais aussi comme une jeune femme de caractère, simple et naturelle, qui ressemblait à bien des égards à la mère de Freud. Voilà une preuve claire du lien positif qu'il avait avec sa mère, il l'exposera par la suite sous l'appellation de complexe d'Œdipe.

« Je n'avais pas de plaisir avant de te connaître, écrivit Freud à sa fiancée le 19 juin 1884, et maintenant que tu es mienne, du moins en principe, te posséder entièrement est le but que je me fixe dans l'existence. Sans quoi, j'attache peu de prix à la vie. »

De fait, elle ne lui appartenait qu'« en principe » car il ne pouvait songer au mariage. Selon les mœurs de l'époque, une union ne pouvait être scellée que si les conditions financières à la fondation d'un foyer étaient réunies. On en était loin, c'est pourquoi les fiançailles durent d'abord rester secrètes. Seuls quelques amis en avaient été informés, mais ni les parents de Freud, ni ses sœurs, ni non plus la famille de Martha n'étaient au courant. Même son ami Breuer ne l'apprit que le jour où il lui dit en face que « sous la timidité se dissimulait un homme froid et résolu ». Freud voulut lui prouver combien il était décidé « en lui dévoilant le secret de ses fiançailles ».

C'est seulement après que le secret eut été dévoilé aux familles que le couple d'amoureux prit conscience que sa situation était sans issue. La mère de Martha était extrêmement rigide et ne voulait pas consentir au mariage tant que le fiancé ne serait pas en mesure d'assurer une position stable à sa fille. C'est ainsi que Sigmund et Martha durent patienter quatre ans avant de pouvoir se marier, vivre sous un même toit, mettre au monde des enfants. « Quand tu reviendras, chère enfant, j'aurai surmonté le trouble et la gaucherie qui m'ont saisi en ta tendre présence. Nous nous retrouverons seuls à nouveau, dans notre chambrette, et ma petite fille s'assiéra dans le fauteuil brun... et nous parlerons du temps où nous ne serons plus séparés par le passage du jour à la nuit, par l'irruption d'étrangers, par les départs et les tracas. »

Comme si cela ne suffisait pas, la mère de Martha, Emmeline Bernays, prit des dispositions afin d'assurer une séparation physique. « De longues fiançailles au même endroit n'amènent rien qui vaille, expliquait-elle, la jeune fille s'anémie et l'homme échoue à ses examens. » Elle partit donc s'installer avec sa fille à Wandsbek, loin du fiancé malheureux. Quatre ans s'écoulèrent et les deux amoureux eurent à peine l'occasion de se voir. Pourtant, durant ces quatre années difficiles, ils entretinrent une correspondance régulière, presque quotidienne ; « Je suis assez malheureux de devoir t'écrire plutôt que de pouvoir baiser tes tendres lèvres. »

Ces lettres témoignent d'un grand amour. « Ma chère petite fille bien-aimée », « Adorable petite fiancée », « Mon tendre amour », « Ma petite princesse », ou tout simplement « Ma Martha bien-aimée », ainsi s'adresse-t-il à sa fiancée dans les quelque quinze cents lettres conservées. Elles s'achèvent de manière aussi romantique qu'elles commencent : « Porte-toi bien et n'oublie pas le pauvre homme que tu as rendu si heureux ! » ou bien : « Bonne nuit, mon doux trésor, ton Sigmund qui t'embrasse de tout son cœur. »

Au départ, le jeune Dr Freud gagnait juste de quoi subvenir, avec peine, à ses propres besoins. La plupart de ses travaux n'étaient pas rémunérés car, à l'époque, une carrière universitaire était presque exclusivement réservée aux classes aisées, Freud n'aurait pas pu prendre en charge une épouse, encore moins une famille. Quand il se fiança avec Martha, il ne disposait pas d'un appartement et vivait dans une chambre de service à la clinique où il travaillait, et il bénéficiait toujours du soutien financier paternel.

Ce fut Wilhelm von Brücke « qui me fit prendre conscience de ma situation matérielle précaire et me conseilla d'abandonner une carrière consacrée à la théorie. Je suivis son conseil, quittai le laboratoire de physiologie et entrai comme stagiaire à l'hôpital ». C'est ici que Freud fut confronté à la recherche histologique dans le service de psychiatrie du célèbre Theodor Meynert. Tout d'abord à nouveau sans rémunération mais avec l'espoir d'être un jour intégré à l'équipe et d'ouvrir par la suite son propre cabinet. Freud choisit cette voie pour atteindre au plus vite son but : se marier et fonder un foyer.

Freud décrit dans une lettre à Martha, en y joignant un croquis de sa main, la chambre mise à sa disposition dans le service du professeur Meynert. Il divise sa petite pièce en deux parties, l'une « animale » et l'autre « végétative ». « La partie animale de cette caverne qui me va, comme à un escargot sa coquille, est assez réussie ; la partie "végétative" l'est moins (c'est-à-dire celle que je réserve aux activités de la vie quotidienne, à la différence de la partie animale où j'écris, je lis, je pense). Ainsi par exemple, on ne peut pas ouvrir le tiroir de la table sans que celle-ci se mette de travers ; pourtant, ma domestique, qui m'a beaucoup aidé lors du déménagement, a été étonnée car elle ne pensait pas que tout tiendrait, moi non plus d'ailleurs. »

Theodor Meynert, l'ancien professeur et l'actuel patron de Freud, comptait parmi les médecins les plus réputés de Vienne. Un de ses collaborateurs l'a décrit comme « une curieuse créature : une énorme tête posée sur un petit corps, des cheveux ébouriffés avec des boucles qui avaient la fâcheuse habitude de retomber sur le front et devaient par conséquent être sans arrêt rejetées en arrière ». Un autre assistant se déclara déçu du fait « que plusieurs régions du cerveau que Meynert était censé avoir découvertes relevaient en fait de son imagination ». Toutefois, les nombreuses critiques qui lui furent adressées ne changèrent rien à sa position : il reste le plus célèbre anatomiste du cerveau de son temps. Et Vienne lui doit la création, en 1870, de la première clinique psychiatrique.

Freud établit d'assez bonnes relations avec cet homme qui avait la réputation d'avoir un caractère renfermé et qui travaillait dans un laboratoire en désordre où il laissait jouer ses enfants. C'est dans le service de Meynert que s'éveilla l'intérêt de Freud pour la neurologie.

Freud profitait de toutes les occasions pour écrire à Martha : tôt le matin, à midi, le soir après le théâtre, dans sa chambre ou au laboratoire. « J'ai arraché quelques pages de mon carnet de travail pour t'écrire pendant que se déroule l'expérience. J'ai volé la plume sur le bureau du professeur. Les gens autour de moi pensent que je suis en train de me livrer à des calculs concernant l'analyse. A côté de moi, un pauvre bougre de médecin est en train de tester une pommade pour savoir si elle n'est pas mauvaise pour la santé. Ça bout dans l'appareil qui est devant moi, les gaz que je dois introduire sont en ébullition. Tout cela s'annonce comme une nouvelle déception, attendre. »

Le jeune Freud ne décrit pas seulement son habitat modeste, il parle aussi des conditions catastrophiques de travail et du traitement inhumain réservé aux quelque cinq mille malades de l'Hôpital général. Le jeune médecin ne pouvait pas comprendre que, « dans les chambres des malades, on n'ait pas installé le gaz, si bien que les patients devaient rester couchés dans l'obscurité lors des longues soirées d'hiver et que même les médecins au cours des visites, voire lors des opérations, devaient s'éclairer à la bougie. Tu auras aussi du mal à croire qu'on ne lave pas les sols et les tapis et que dans des salles communes, où parmi vingt malades il y a dix pulmonaires, on se contente de balayer une fois par jour en soulevant dans la pièce des nuages de poussière. Voilà à quoi ressemble l'humanité à notre époque. C'est vrai, les pauvres diables bénéficient d'un lit et de soins dont ils ne disposaient pas auparavant, mais les malades n'ont-ils pas le droit d'être mieux traités par la société qui se retranche derrière son endettement ? Que représenterait le coût de telles améliorations qui apporteraient aux démunis un sursis humains, comparé aux futilités des armées d'Europe ? ».

Freud dut travailler deux ans comme stagiaire non rémunéré, avant d'obtenir enfin un poste. Tous ses efforts à l'époque tendaient à obtenir un emploi l'autorisant à percevoir des honoraires. Il voulait à tout prix bénéficier d'une situation matérielle qui lui permît de retrouver Martha et de l'épouser. Il ne cessa de prendre des initiatives en ce sens. C'est ainsi que dans les premiers jours d'octobre 1882, il se présenta au professeur Hermann Nothnagel, qui venait d'être nommé directeur de la deuxième clinique de Vienne. Nothnagel bénéficiait d'une notoriété mondiale grâce à ses expériences qui avaient permis entre autres de déterminer le rôle de la tension artérielle. Freud décrivit à sa fiancée la rencontre tant attendue avec le célèbre médecin :

« Je me rendis donc chez Nothnagel, muni de mes différents travaux et d'une recommandation de Meynert. La maison est neuve, à peine terminée, l'intérieur sent l'encaustique, la salle d'attente est somptueuse. Au mur, un tableau représentant quatre enfants, un superbe jeune homme qui dans vingt ans va ravir aux médecins les meilleures places. Un grand portrait de femme aux cheveux foncés posé sur une sorte de chevalet avec, à ses côtés, l'homme dont dépend notre destin. Il est désagréable de se trouver ainsi face à un homme dont on dépend autant et sur lequel on ne peut rien. Non, l'homme n'appartient pas à la même race que nous. C'est un Germain sorti des forêts. Des cheveux très blonds ; la tête, les joues, le cou, les sourcils très hauts, les cheveux et la chair presque de la même couleur. Deux puissantes cicatrices sur la joue et à la naissance du nez ; on ne peut pas parler de beauté, mais de quelque chose de particulier. Dehors, j'étais un peu tremblant, à l'intérieur j'étais sûr de moi. »

Vient ensuite un compte rendu précis de l'entretien avec Nothnagel. « J'ai été chargé, commença Freud sur un ton très cérémonieux, de vous transmettre une recommandation du professeur Meynert, de vous faire part de sa considération et de vous exprimer son regret de ne pas vous avoir rencontré récemment. Quant à moi, je me permets de vous remettre cette carte. »

Cette carte portait les lignes suivantes : « Cher et honoré collègue, je vous recommande le Dr Sigmund Freud pour ses très intéressants travaux en histologie et je vous prie de bien vouloir prêter attention à ses souhaits. Dans l'espoir de vous rencontrer bientôt, Theodor Meynert. »

« Cette recommandation de mon collègue Meynert a beaucoup de valeur à mes yeux, dit Nothnagel. Quels sont donc vos souhaits, docteur ? — Vous les aurez devinés, répondit Freud, il est de notoriété publique que vous allez nommer un assistant et on dit aussi que vous allez créer à plus ou moins long terme un autre poste. On prétend également que vous êtes attentif aux travaux scientifiques, eh bien, j'ai entrepris des recherches et j'ai de plus l'opportunité de les poursuivre, c'est pourquoi je tiens à me porter candidat. »

Freud fit part à Nothnagel de certains de ses travaux et lui décrivit en quelques mots (avec beaucoup d'aplomb pour un jeune homme) son cursus : « J'ai d'abord été zoologiste, puis physiologiste, avant de travailler en histologie. J'ai continué dans cette discipline jusqu'à ce que le professeur Brücke m'ait annoncé qu'il ne se séparerait pas de ses assistants et m'ait conseillé de ne pas rester auprès de lui si je voulais assurer ma situation matérielle. »

La réaction de Nothnagel fut plutôt décevante : « Je ne veux pas vous cacher que plusieurs personnes ont déjà posé leur candidature et je ne veux pas vous donner de faux espoirs. Ce ne serait pas honnête de ma part. Cependant, je veux bien prendre en considération votre candidature et la retenir au cas où un autre poste serait créé. Comme je vous l'ai dit, je ne peux vous faire aucune promesse, mais d'ailleurs vous n'en attendiez pas de ma part... Je conserve vos travaux. »

Freud décrit aussi l'impression que lui a laissée cet entretien : « Le ton général était plus amical que ne le laisse entendre la reconstitution ; il ne s'est pas montré trop brusque, il a plutôt fait preuve d'une retenue teintée de cordialité. » Le jeune visiteur fit remarquer au professeur Nothnagel la précarité de sa situation. « Je suis pour l'instant stagiaire à l'Hôpital général et, si vous ne me laissez pas d'espoir, je peux aussi demander un poste ailleurs.

— Qu'est-ce que cela signifie ? demanda Nothnagel qui venait juste d'arriver à Vienne après avoir mené une brillante carrière à Berlin, Zurich et Iéna. Je ne connais pas encore la situation ici. »

Là-dessus, Freud lui décrivit la triste situation des jeunes médecins à Vienne : « Il faut que j'ouvre mon propre cabinet, probablement en Angleterre où j'ai de la famille. J'ai si longtemps travaillé sans être rémunéré.

— Je ne dis pas que vous devriez publier, rétorqua le célèbre médecin, mais poursuivez votre travail dans un esprit scientifique ; on peut aussi exercer la médecine de cette manière.

— Donc, si j'ai bien compris, insista Freud, je dois me comporter comme si je n'avais aucune chance auprès de vous dans l'immédiat.

— Oui, en tout cas, assurez votre situation matérielle. Je ne peux rien vous promettre, ce serait malhonnête. Allez-vous choisir une carrière universitaire ou libérale ?

— Mes goûts et la vie que j'ai menée jusqu'à présent me feraient plutôt pencher vers la première solution, mais je dois...

— Oui, vous devez d'abord assurer votre existence. Je retiens donc votre candidature.

— Puis-je venir rechercher mes travaux dans quelque temps ? Ce sont là mes derniers exemplaires.

— Je vais les lire. Repassez, je vous prie, dans trois ou quatre semaines. Je suis très occupé pour l'instant.

— Je suis votre obligé, Monsieur le Professeur. »

Encore une révérence et Freud prend congé de Nothnagel.

Toutefois, Freud demeure optimiste. « Eh bien, ma chère enfant, au départ il n'en est rien sorti. Le premier poste est perdu, mais pour le second, je suis certainement sur les rangs, car l'homme s'est montré honnête. Dans les prochains jours, Meynert, pour lequel Nothnagel a une grande considération, va sûrement intervenir personnellement et, si d'autres professeurs agissent de même, je monterai certainement dans son estime. Pour l'instant, je vais me remettre au travail comme si de rien n'était. Je suis en train de penser à ce à quoi je dois me consacrer maintenant. Je veux dire par là le domaine peu appétissant, mais si important pour la pratique et si intéressant en soi, des maladies de peau... »

Il évoque sans cesse dans ses lettres sa situation matérielle dont dépend l'avenir du couple : « Ne te rends-tu pas compte que la science peut devenir notre pire ennemie ? Si je n'y prends garde, la tentation de consacrer ma vie, sans être rénuméré ni reconnu, à résoudre des problèmes sans rapport avec notre situation personnelle pourrait repousser, voire empêcher, notre projet de vie commune. Non, c'est hors de question. J'ai bien l'intention de tirer parti de la science et non de me laisser exploiter à son profit. » En 1889, alors qu'il est chargé de cours et médecin établi, Freud écrit à son ami Wilhelm Fliess à Berlin qu'il a « connu la pauvreté et la redoute toujours ; tu verras, mon style s'améliorera et mes idées seront plus précises lorsque cette ville me permettra de vivre correctement ».

En attendant, Freud s'efforçait de gagner les faveurs de sa future belle-mère. « J'espère avoir de meilleures relations avec ta mère qui m'est sympathique en dépit de son hostilité à nos projets. »

Il passa quelques jours de l'été 1882 auprès de Martha à Wandsbek. Sur le chemin du retour à Vienne, il s'arrêta à Hambourg pour commander à un imprimeur juif du papier à lettres pour leurs intenses échanges épistolaires. « Les initiales M et S étaient enlacées et rendaient donc le papier impropre à toute autre correspondance que celle entre Martha et moi. »

Décrit par ses contemporains comme une personne sérieuse malgré son attrait pour la satire et les anecdotes, Freud se révèle espiègle dans sa relation amoureuse. Il joue la comédie devant l'imprimeur, se présentant dans la petite boutique comme le Dr Wahle de Prague. Ce docteur Wahle existait réellement, c'était un ami et un ancien admirateur de Martha pour qui Freud éprouvait une jalousie presque maladive, comme d'ailleurs à l'encontre de toute connaissance masculine aussi innocente fût-elle. La jalousie de Wahle était encore pire, car il menaça un jour de se tuer et de tuer Freud si celui-ci ne rendait pas Martha heureuse.

Le vieil imprimeur de Hambourg raconta à Freud sa jeunesse : « Il reste encore ici quelques personnes de la vieille école et nous tenons fermement aux principes de la religion, sans pour autant nous couper de la vie. Nous sommes redevables de notre éducation à un certain Bernays. »

Freud était donc tombé par hasard sur quelqu'un qui avait connu le grand-père de Martha, le célèbre, le légendaire rabbin Isaac Bernays. Il eut envie d'en savoir plus sur lui pour en faire part à sa fiancée dans sa lettre suivante « Était-il originaire de Hambourg ? » interroge Freud de manière rhétorique, avant d'apporter lui-même la réponse : « Non, il est venu de Würzburg où, grâce à Napoléon 1er, il a pu poursuivre des études. Il est arrivé ici tout jeune et y vivait encore il y a trente ans. » Isaac était philologue et commentateur de textes bibliques ; il a eu deux fils tout aussi érudits. Mais son troisième fils, un homme taciturne et renfermé qui vécut à Vienne et y mourut, « a été relégué dans l'ombre par ses deux frères ». Il s'agissait du père de Martha. Cependant, Freud ne pouvait se résigner à rester sur une appréciation aussi négative de son beau-père qu'il n'avait pas connu. « Il avait une vision plus profonde de la vie que celle que procurent la science ou l'art, il était très humain et il a créé de nouvelles richesses, plutôt que de faire étalage des anciennes. Je chéris son souvenir car il m'a fait don de ma chère Martha. »

Sigmund Freud, l'estivant venu de Vienne, éprouvait un malin plaisir à dissimuler son identité au commerçant chez qui il trouvait des ressemblances avec Nathan le Sage. « Ah, si ce vieux juif qui parle avec tant de déférence de l'enseignement de son maître avait pu deviner que son client, le Dr Wahle de Prague, avait embrassé ce matin même la petite fille de son maître vénéré... »

Freud termine par une pirouette touchante cette lettre de plusieurs pages : « Un client entra et Nathan redevint un simple commerçant. Je pris congé de lui, plus ému qu'il ne pouvait le soupçonner. S'il venait à Prague, il aurait plaisir à me rendre visite. Il ne me trouvera pas à Prague, mais je veux lui procurer une autre joie. Si ma petite Martha veut bien aller chercher ce papier à lettres, elle doit se rendre sur l'Adolphsplatz auprès de notre vieux juif, l'élève de son grand-père, et lui dévoiler son identité. Il se rendra compte alors que la descendance de son maître ne s'est pas dégradée depuis le temps où il était assis à ses pieds. »

Les relations de Freud avec la mère de Martha s'améliorèrent avec le temps, mais elle resta toujours aussi intransigeante. Sa fille ne devait pas épouser un « homme pauvre ». Or, il fallut attendre encore longtemps avant que ne s'améliorât la situation financière de Freud. Après une brève période en chirurgie, il rejoignit le service du professeur Nothnagel, une fois encore comme stagiaire non rémunéré. C'est seulement en mai 1883 que son patron, Theodor Meynert, le nomma assistant. Alors commença pour Freud une période réellement importante de sa vie.

« *La cocaïne* »

Freud et la cocaïne

Lᴀ clinique psychiatrique ouvrit à Freud les chemins de la Science. Dès le départ, ceux-ci furent semés d'embûches. Après avoir lu dans la *Deutsche Medezinische Wochenschrift* un essai du Dr Theodor Aschenbrandt sur la cocaïne, il commença à expérimenter sur lui-même et sur les autres cette drogue méconnue à l'époque et considérée comme inoffensive, et il établit son efficacité pour lutter contre la fatigue, les maux d'estomac, l'asthme, le mal de mer et pour calmer différents symptômes névralgiques. Dans la *Central-blatt für die gesamte Therapie*, Freud publia ses premiers travaux sur la « coca » et vanta également les vertus aphrodisiaques de cette drogue.

C'est l'archiduc Maximilien qui, trente ans auparavant, avait ramené du Pérou les premières feuilles de coca en Autriche après un de ses périples sur la frégate *Novara*, parce que les membres de l'expédition avaient constaté que les Indiens vénéraient la « plante divine » comme un remède miracle. La plupart des scientifiques européens traitaient cette drogue par la dérision et considéraient ses propriétés stimulantes comme une légende jusqu'à ce que Freud démontre que « les gens de race indienne n'étaient pas les seuls à être sensibles aux effets de la feuille de coca ».

Dans une lettre à Martha, Freud décrit le collègue qui allait devenir son premier « patient cobaye » : « Hier, j'étais avec mon ami Ernst von Fleischl que j'enviais terriblement avant que je fasse la connaissance de ma petite Martha. Il était fiancé depuis dix ou douze ans, je crois, à une jeune fille du même âge que lui, prête à l'attendre indéfiniment et avec laquelle il s'est brouillé pour des raisons que j'ignore. C'est une personne tout à fait remarquable en qui la nature et l'éducation se sont alliées pour produire le meilleur. Il est riche, l'exercice l'a développé physiquement et il porte la marque du génie sur ses traits énergiques ; il est beau, délicat, doté de tous les talents et peut émettre un jugement personnel sur presque n'importe quel sujet. Il a toujours été mon idéal et je n'ai été tranquillisé que lorsque nous sommes devenus amis et que j'ai pu tirer un réel plaisir de ses connaissances et de ses qualités... Il m'a appris le jeu japonais de go et m'a étonné en m'annonçant qu'il apprenait le sanscrit. »

Ce que Freud ignorait au départ, c'est que l'assistant du professeur Brücke, qu'il admirait et jalousait tant, souffrait de violentes névralgies et était morphinomane. Tout avait commencé par une blessure au pouce au cours d'une dissection. Après la nécessaire amputation du doigt, des irritations nerveuses étaient apparues au moignon, que seule la morphine pouvait calmer. « Je serais très affecté par sa déchéance », écrivit Freud à Martha sitôt qu'il eut appris que Fleischl était toxicomane, « comme un Grec de l'Antiquité eût été affligé par la destruction d'un temple célèbre et sacré. » Freud espérait pouvoir aider avec la coca le médecin réputé, de sept ans son aîné. Toutefois, le succès ne fut pas évident car, à la fin du traitement, Fleischl était devenu cocaïnomane.

Freud avait découvert les avantages, mais pas les dangers de la coca. C'est ainsi qu'il consomma lui-même cette drogue qui l'éleva à des sommets physiques et psychiques. Comme si cela ne suffisait pas, il envoya des petites doses à Martha afin de lui donner des forces et de l'énergie, en proposa à des collègues, à des amis, à des parents. Lui-même ne devint pas dépendant de la cocaïne, car il s'injectait cette drogue dangereuse en très petite quantité, si bien qu'il était en mesure de s'en passer à tout moment.

Freud dut bientôt abandonner l'espoir de guérir par la cocaïne les névralgies et les maladies psychiques ; cependant, ses recherches débouchèrent sur une découverte qui fit date : dans le cadre des expériences qu'il menait sur sa propre personne, il se rendit compte que lors des prises orales « la langue devenait pâteuse. Il n'y avait aucun doute possible : la drogue avait un effet analgésique sur la peau et les muqueuses ».

Freud commit alors une grave erreur pour un scientifique : avant même de publier le résultat de ses recherches, il parla de ses travaux à des collègues. C'était en été 1882 — il venait d'être muté dans le service de neurologie et se trouvait dans la cour de l'hôpital lorsque survint un assistant qui souffrait d'une rage de dents. Freud lui dit :

« Je crois que je peux vous aider car j'ai découvert que la cocaïne provoque une anesthésie de la langue. » Curieux, les médecins accompagnèrent Freud et l'assistant dans une salle de soins voisine. Dès qu'il eut versé quelques gouttes de cocaïne sur la langue du patient, ses douleurs se calmèrent. Parmi les jeunes médecins, se trouvaient les docteurs Koller et Königstein.

Immédiatement après cet épisode, Freud alla voir Martha à Wandsbek, non sans l'avoir préparée à cette visite. « Si tu es sceptique, tu verras bien qui de nous deux est le plus fort, une gentille petite fille qui ne mange pas assez ou un homme grand et sauvage qui a de la cocaïne dans le corps. » Le départ de Freud ne pouvait que réjouir Koller et Königstein qui brûlaient d'impatience de devenir célèbres grâce à une publication importante. Ils poursuivirent donc leurs recherches indépendamment l'un de l'autre dans la même direction. Carl Koller testa dans le laboratoire du professeur Stricker les vertus anesthésiantes de la cocaïne sur les yeux d'une grenouille dérobée dans l'aquarium de l'institut, tandis que Leopold Königstein menait des expériences sur des sujets humains. Ce fut Koller qui remporta cette « course ». « Le résultat fut stupéfiant, écrivit le médecin Gustav Gärtner, un témoin du premier test de Koller sur la grenouille, au bout de quelques minutes, la cornée était devenue tellement insensible qu'elle ne réagissait plus au toucher, pas même à une blessure. Le rêve de tout ophtalmologue, opérer l'œil sans douleur, pouvait enfin se réaliser. »

Peu de temps après, lors d'un colloque à Heidelberg, le 17 octobre 1882, le docteur Koller « lâcha sa bombe ». Là-dessus, il publia le résultat de ses travaux sous le titre « Communication sur l'anesthésie locale de l'œil » dans la *Klinische Monatsblättern für Augenheilkunde* et, peu après, on put en lire le compte rendu dans le *Medical Record* de New York avant que la découverte ne fût diffusée dans les quotidiens et les hebdomadaires de par le monde.

Qui plus est, en employant la même méthode, des médecins de la polyclinique de Vienne mirent au point l'opération du larynx et de la cavité nasale. Vienne fut donc reconnue comme le lieu de naissance de l'anesthésie locale et Koller devint célèbre.

Sans se douter de quoi que ce soit, Freud revint joyeux de Wandsbek, mais sa bonne humeur passa très vite lorsqu'il apprit par les journaux spécialisés et les feuilles de boulevard la « découverte sensationnelle » de ses collègues. Freud, qui espérait gagner la notoriété grâce à ses recherches sur la cocaïne, en fut très affecté.

Koller avait atteint son but : on le citait en exemple pour montrer qu'une carrière médicaie pouvait être très utile.

Dans *L'Interprétation des rêves*, Freud revient quelques années plus tard sur cet épisode, se montrant tout d'abord magnanime : « Koller passe à juste titre pour l'inventeur de l'anesthésie locale par la cocaïne, qui est devenue si importante en microchirurgie. Je n'ai pas à reprocher à ma fiancée ma négligence d'alors », prétend-il, alors que c'est à cause de Martha qu'il avait renoncé à publier à temps sa découverte. En vérité, il lui en a toujours voulu pour cette faute impardonnable dont il était en fait seul responsable. C'est ainsi que bien plus tard, dans *Ma vie et la psychanalyse*, Freud écrivit : « Si on y pense rétroactivement, ce fut à cause de ma fiancée que je ne fus pas célèbre dès mon jeune âge. »

Peu d'années après cette mésaventure, Freud évita par un hasard extraordinaire un autre malheur du même genre. Durant un bref séjour de travail à Berlin, il rencontra le Dr Darkschewitsch, un anatomiste du cerveau, et raconta à ce collègue russe qu'il avait fait une intéressante découverte concernant le cerveau humain mais qu'il ne l'avait pas encore publiée par précaution. Freud relate cet épisode dans une lettre à Martha : « Là-dessus, il me montra ses notes où il était arrivé aux mêmes résultats et me raconta qu'il en avait parlé à un collègue et concurrent qui allait en tirer profit. "Mon cher ami, lui dis-je, nous allons publier ces travaux en commun et sur-le-champ." Accord conclu. Le premier jour, nous avons passé cinq heures et demie à étudier des préparations, clarifier nos recherches et dissiper nos doutes jusqu'à ce qu'il tombât de sommeil, tandis que moi je continuais à travailler, la tête bourdonnante. » De fait, « la communication du Dr L. Darkschewitsch de Moscou et du Dr Sigmund Freud de Vienne » parut dans la livraison suivante du *Neurologische Centralblatt* ; il y est question des rapports entre le cervelet et la moelle épinière.

Si, cette fois, Freud put sauver sa découverte à la dernière minute, il dut abandonner l'idée de devenir célèbre grâce à ses recherches sur l'effet de la cocaïne. Toutefois, il continua à travailler dans cette direction. Cela lui permit d'acquérir une certaine notoriété, même si ce ne fut pas de la manière dont il le souhaitait. Après avoir, lors d'une conférence, préconisé l'emploi de la cocaïne en psychiatrie pour le traitement de l'hystérie, de l'hypocondrie et de la dépression, le Pr Albrecht Erlenmayer répliqua par un pamphlet publié dans le *Centralblatt für Nervenheilkunde* où, sur la base d'un nombre impressionnant d'expériences, il démontrait que la cocaïne était une substance dangereuse.

Tandis que Koller, grâce à ses travaux sur la cocaïne, bénéficiait d'une notoriété mondiale, Freud, pour la même recherche, se voyait sévèrement critiqué. « La recommandation de la cocaïne que je fis en 1885 m'a exposé à de vives critiques », écrit Freud, puis il revient une fois encore sur la tragédie de son collègue Ernst von Fleischl : « Un ami cher, mort en 1895 [1], a précipité sa fin par un mauvais usage de cette substance. Ce fut une mort affreuse que la sienne. » La prise de cocaïne en doses toujours plus importantes provoqua une intoxication chronique, puis des délires au cours desquels Fleischl voyait des serpents blancs ramper sur sa peau. Freud, sa vie durant, se reprocha d'avoir rendu plus pénible la mort de son ami, au lieu de l'avoir adoucie.

Pour Freud, le moment du premier scandale était venu, d'autant que son ami Fleischl ne fut pas la seule victime de cette drogue. Il poursuivit ses expériences et recommanda la cocaïne, alors en vente libre dans toutes les pharmacies et drogueries, à toute personne souffrant de dépression. « La coca, disait Freud, est un stimulant bien plus puissant et moins néfaste que l'alcool et on doit s'étonner que son emploi suscite autant de résistance. » Ses expériences lui valurent une réputation de fanatique et bientôt les professeurs Meynert et Richard von Krafft-Ebing protestèrent à leur tour violemment.

Toutefois, on ne pouvait freiner dans ses ardeurs le disciple exemplaire de Meynert, tant il était persuadé de la justesse de ses thèses. C'est seulement après avoir observé chez son ami Fleischl les effets secondaires dangereux des injections qu'il interrompit ses expériences sur la cocaïne pour laquelle il avait éprouvé, comme il devait le reconnaître plus tard, « un intérêt singulier mais profond ».

Même si Freud avait fait preuve d'une certaine légèreté dans son expérimentation de la « drogue miracle », ses recherches allaient se révéler décisives pour le développement de la psychanalyse. En effet, l'idée de pouvoir influer sur le comportement psychique de l'homme n'allait plus le quitter. Si on ne pouvait y parvenir par la pharmacopée, on devait chercher d'autres possibilités. Il parvint à la psychanalyse par un chemin semé de pierres et de ronces ; et la cocaïne joua un rôle important dans cet itinéraire.

En dépit de toutes les déceptions que lui apporta l'étude de la

---

1. En réalité, Fleischl est mort en 1891.

cocaïne, l'effet analgésique de la drogue lui permit de vivre une expérience touchante. A cette époque, le père de Freud dut se faire opérer d'un glaucome à l'œil. Ainsi, Jakob Freud fut une des toutes premières personnes à bénéficier de la découverte de son propre fils. C'est en présence de Sigmund Freud que le Dr Koller versa quelques gouttes de cocaïne dans l'œil du patient, après quoi le Dr Königstein entreprit son intervention chirurgicale. « Koller fit remarquer qu'en cette circonstance les trois personnes qui avaient découvert le pouvoir anesthésiant de la cocaïne se trouvaient réunies », écrivit Freud ultérieurement.

Freud mit à profit son célibat pour bâtir sa carrière. Il pria Martha d'être compréhensive, de lui laisser quelque temps avant de fonder un foyer, car il était sans cesse occupé par de nouvelles expériences. « Je veux te faire part aujourd'hui d'une petite nouvelle heureuse : je serais très étonné si je n'étais pas sur la voie d'une toute nouvelle méthode [...]. Ne sois pas triste si je t'écris que cela ne marche pas. Trouver demande de la patience, du temps et de la chance. Cela commence toujours comme ça. Du courage, donc, ma petite princesse. »

C'est en juin 1885, lorsqu'il effectue un remplacement de quelques semaines dans le très chic asile d'aliénés d'Oberdöbling, à la périphérie de Vienne, que Freud parle pour la première fois de son travail sur les maladies de nerfs. Il constate l'impuissance de la profession à l'époque : « Soixante malades sont soignés dans cette institution, cela va des dérèglements mentaux les plus bénins, que le profane ne remarque pas, aux cas les plus graves de prostration psychique. » Parmi les patients aisés, on trouve des « marquis, des princes, des comtesses, des barons... » Il nomme « deux célébrités, le prince S. et le prince M., ce dernier étant un fils de Marie-Louise, l'épouse de Napoléon et, comme notre empereur, un petit-fils de l'empereur François ». Cette institution privée pour malades mentaux était dirigée par le célèbre psychiatre Maximilian Leidesdorf. Comme tous les médecins de cet établissement, Freud devait faire ses visites quotidiennes en frac, chapeau haut de forme et gants blancs.

La même année, Freud chercha à devenir chargé de cours en pathologie nerveuse et tenta en même temps de décrocher une bourse de recherche à l'étranger, que l'université de Vienne accordait aux jeunes médecins. Il effectua encore un bref stage à la clinique ophtalmologique et dans le service de dermatologie, puis il fut nommé chargé de cours le 18 juillet 1885 après avoir passé avec succès ses derniers examens.

Cependant, lorsque Freud apprit que grâce à l'intervention de ses maîtres Brücke et Meynert — et ce, malgré l'épisode de la cocaïne —, il avait obtenu une bourse de recherche, il décida de différer sa carrière universitaire pour faire un stage de six mois auprès du professeur Charcot à Paris et se consacrer avant tout à la recherche sur l'anatomie du cerveau.

Freud expliqua plus tard pourquoi il avait quitté Vienne. « Beaucoup diront que c'est idiot de refuser ce qu'on s'est évertué à obtenir pendant quatre semaines. Mais c'est le démon qui est le plus fort en l'homme. Il vaut mieux ne rien entreprendre, si c'est sans amour. » On rencontrera ce « démon » à plusieurs étapes de la vie de Freud.

Jean Martin Charcot, directeur du légendaire hôpital de la Salpêtrière à Paris — construit sur une ancienne fabrique de poudre —, comptait parmi les plus célèbres neuropsychiatres d'Europe. Son plus jeune élève, venu d'Autriche, se montra aussitôt enthousiaste. « Charcot, un des plus grands médecins, un homme génial et modeste, a carrément bouleversé mes conceptions, écrivit Freud à Martha. Je sors de certaines conférences comme on sortirait de Notre-Dame, avec une sensation de plénitude. Il me captive. Lorsque je m'éloigne de lui, je n'ai plus envie de m'occuper de mes propres petites affaires... Mon esprit est comblé, comme après une représentation théâtrale. Je ne sais si la semence germera, mais ce dont je suis certain, c'est qu'aucun homme n'a exercé une telle influence sur moi. »

Si, au départ, Freud n'était qu'un des multiples visiteurs étrangers, il sut bientôt attirer l'attention de Charcot, si bien qu'un jour, un des assistants lui proposa d'accompagner le maître lors d'une consultation de patients. « La consultation ne se termina qu'à quatre heures de l'après-midi, fit-il savoir à sa lointaine fiancée, et l'assistant m'invita à déjeuner avec lui et les autres médecins dans la salle des internes où je fus traité comme un invité. Et tout cela à un pas du Maître ! Comme cette petite conquête m'a paru difficile ! Il est dommage que la nature ne m'ait pas doté de ce je-ne-sais-quoi qui attire les hommes. Si je repense à ma vie passée, voilà ce qui m'a manqué pour que je voie la vie en rose. J'ai mis tant de temps à gagner la confiance de mes amis, j'ai dû tellement me battre pour ma chère petite fiancée, et chaque fois que je rencontre quelqu'un, je remarque qu'il a d'abord tendance à me sous-estimer. Ce qui me console, c'est le lien profond qui m'unit à ceux qui, par la suite, deviennent mes amis. »

Si le Freud de vingt-neuf ans exprime ici et à d'autres occasions un certain manque de confiance en lui, voire un sentiment d'infériorité, dans d'autres lettres c'est exactement le contraire. Ainsi, lorsque le jeune médecin totalement inconnu évoque ses futurs « biographes », il fait part de son intention de détruire la plupart de ses lettres et manuscrits : « Les biographes pourront se plaindre que nous ne leur avons pas facilité la tâche. Chacun devra se faire sa propre opinion sur "le développement du héros". »

Freud, de plus en plus fasciné par Charcot, boit les paroles du maître. Rien d'étonnant à ce que le célèbre médecin soit parvenu à communiquer à son jeune hôte viennois son enthousiasme pour sa marotte, l'hypnose. La médecine classique n'était pas capable en ce temps-là de traiter les cas graves d'hystérie et on niait en général l'« hystérie masculine » ou, dans le meilleur des cas, on la considérait avec dérision comme une curiosité, tandis que l'hypnose était ravalée au rang de la magie et du charlatanisme. C'est à Paris, chez Charcot, que Freud observa pour la première fois des symptômes hystériques qui se manifestaient sous forme de convulsions épileptiques secouant tout le corps, et qui pouvaient conduire au délire en passant par la paralysie et des troubles de la vision. Il put observer comment ces terribles symptômes disparaissaient sous hypnose.

Après son retour à Vienne, Freud fit tout pour propager en Autriche le traitement hypnotique. Mais il rencontra une telle résistance de la part du corps médical viennois que même son professeur, Theodor Meynert, si bien intentionné à son égard, fut amené à prendre ses distances. A la fin de son séjour à Paris, Freud avait proposé à Charcot, qu'il vénérait tant, de traduire en allemand son ouvrage *Nouvelles conférences sur les maladies du système nerveux, en particulier l'hystérie.*

Celui-ci accepta avec plaisir, si bien que les contacts de Freud avec son maître devinrent encore plus étroits. Le « prince des hommes de science » français invita son collègue viennois à plusieurs réceptions élégantes, qui impressionnèrent beaucoup Freud, élevé dans un milieu modeste. En plus de l'audace impressionnante de ses conceptions sur l'hypnose, l'hystérie, les névroses trauma-tiques, Charcot faisait maintenant découvrir à son jeune collègue viennois le mode de vie grand-bourgeois.

Alors qu'à Vienne, il avait dû « loger » dans des conditions inhumaines, à Paris il habitait « une jolie chambre » au rez-de-chaussée du petit hôtel Royer-Collard, près du Panthéon, ainsi qu'une plaque le rappelle encore aujourd'hui : « Sigmund Freud, créateur de la psychanalyse, habita cette maison. 1885-1886. » Dans *L'Interprétation des rêves*, il raconta plus tard que, « durant ces mois, Notre-Dame était son lieu préféré et qu'il aimait passer toutes ses après-midi de liberté à gravir les tours de l'église entre monstres et lumière ».

Freud commença à se consacrer entièrement aux possibilités offertes par l'hypnose, se forma à cette technique et, après avoir ouvert son propre cabinet, amena les patients à parler sous sugges-tion hypnotique de leur passé. Josef Breuer se révéla dans ce domaine un fidèle compagnon de route. C'est ensemble qu'ils publieront ultérieurement les *Études sur l'hystérie*.

Il est intéressant de noter que Freud a maintenu une relation amicale avec Carl Koller, qui lui avait « volé » la reconnaissance scientifique, comme le prouve une lettre qu'il lui envoya à son retour de Paris et où il lui fait part de son admiration pour Charcot : « Tu as raison de supposer que Paris a représenté pour moi un nouveau départ dans mon existence, j'y ai trouvé un maître comme on en rêve et j'ai appris à observer sur le plan clinique, si bien que j'en ramène une moisson de connaissances. »

Bien qu'il eût acquis une notoriété mondiale après avoir publié la découverte de l'anesthésie locale, le destin personnel de Carl Koller prit un tour tragique. Un an plus tard, il dut quitter l'Autriche pour une affaire de duel et alla s'installer comme ophtalmologue à New York. Il s'y fit une très bonne réputation et il y mourut en 1944. Mais jusqu'à la fin, il resta inconsolable d'avoir été obligé de quitter son pays en de telles circonstances.

Après un autre séjour à Berlin, Freud revint à Vienne, cette fois comme chargé de cours en neuropathologie. Il décrit ainsi à Martha les avantages que lui procure ce titre : « Cela ne donne droit à aucun salaire mais offre sans aucun doute des avantages : tout d'abord, la possibilité (et aussi le devoir) de tenir des conférences qui, si elles attirent du monde, peuvent rapporter suffisamment d'argent pour vivre. Ensuite le passage à un échelon supérieur tant vis-à-vis des médecins que du public, et l'espoir de recevoir des patients et de toucher des honoraires plus élevés, en un mot de se faire un nom. Bien sûr, il y a des chargés de cours sans patients, notre avenir s'annonce donc encore sombre en dépit du succès de mes travaux. »

A Paris, Freud découvrit qu'à côté de la pensée consciente existait une pensée inconsciente, et ce fut la découverte la plus importante pour la suite de sa carrière. Une phrase de Jean Martin Charcot lui tenait particulièrement à cœur : « La plus grande satisfaction que puisse éprouver un homme, c'est de voir quelque chose de nouveau, c'est-à-dire de reconnaître quelque chose comme nouveau. » Freud prit cette phrase très au sérieux : il « vit », durant les décennies suivantes, plus de choses nouvelles que n'importe quel autre chercheur de son temps.

Le général ressemble à un perroquet

Freud, l'armée et le mariage

FREUD, médecin militaire en manœuvres en Moravie, écrivit à Josef Breuer : « Nous jouons toujours à la guerre. La seule chose qui soit supportable à Olmütz, c'est un grand café où on peut trouver de la glace, des journaux et de bonnes pâtisseries. » A la fin de l'été 1886, peu après son retour de Paris, il fut mobilisé pour des manœuvres dans le 15ᵉ bataillon d'infanterie impérial et royal d'Olmütz.

Les serveurs du café d'Olmütz, tels que l'officier de réserve Freud les décrit, « sont soumis comme tout le monde à la hiérarchie militaire. Lorsque les deux ou trois généraux qui me font toujours penser à des perroquets (je n'y peux rien, mais quels mammifères oseraient porter des couleurs pareilles ?) s'assoient quelque part, tous les serveurs s'empressent autour d'eux et plus rien d'autre n'existe. Une fois, de désespoir, j'ai dû recourir à une fanfaronnade ; j'ai crié en empoignant un de ces serveurs par la jaquette : "Hé, vous ! moi aussi je pourrais devenir un jour général, alors, apportez-moi un verre d'eau !" Et ça a marché ».

Tandis que Freud ironisait sur les officiers supérieurs en les traitant de perroquets, ceux dont il se gaussait semblaient satisfaits de ses services, comme on peut le déduire de leurs observations sur le médecin militaire Sigmund Freud, alors âgé de trente ans :

« Connaissance des langues : très bonne maîtrise orale et écrite de l'allemand ; bonne connaissance du français et de l'anglais ; notions d'italien et d'espagnol. Très habile dans son travail, connaît parfaitement les prescriptions sanitaires. Bénéficie d'une grande estime, aussi bien de la part des militaires que des civils. Homme de caractère et d'honneur de nature gaie, doté d'un grand sens du devoir et de l'ordre ; consciencieux dans son travail. Porte un uniforme réglementaire et une trousse de pansements. Face à l'ennemi : n'a jamais servi. Face aux ordres : obéissant et ouvert, en même temps modeste. Face à ses camarades : amical. Face à ses subordonnés : bienveillant, exerçant une bonne influence. Face aux malades : très attentif et humain. De bonnes manières. État de santé : de constitution fragile, bien qu'en bonne santé. Apte à la guerre. »

Après les manœuvres d'Olmütz, le médecin chef Freud fut promu médecin du régiment, mais il demanda peu après à abandonner ses fonctions d'officier de réserve dans l'armée impériale et royale. Il semble que Freud ait livré un peu de son propre inconscient lorsque, vingt ans plus tard, dans son ouvrage sur *Le Mot d'esprit et ses rapports avec l'inconscient*, il rapporte cette histoire juive : Ilzig a été versé dans l'artillerie. C'est, semble-t-il, un garçon intelligent, mais peu accommodant, qui ne manifeste aucun intérêt pour la carrière des armes. Un de ses supérieurs, bien intentionné à son égard, le prend à part et lui dit : « Ilzig, tu ne nous es d'aucune utilité. Je vais te donner un bon conseil, achète-toi un canon et mets-toi à ton compte. »

La nature profondément antimilitariste de Freud apparaît ici, lorsque, par le biais d'une plaisanterie, il associe tunique militaire et négoce.

C'est la même année que le jeune médecin des maladies nerveuses ouvre son premier cabinet à Vienne en faisant référence à son expérience à l'étranger, comme l'annonce la *Neue Freie Presse* du 25 avril 1886 : « Le Dr Sigmund Freud, chargé de cours en neuropathologie à l'université de Vienne, ouvre son cabinet au 7 de la Rathausstrasse après un séjour de six mois à Paris. »

Il écrit à son ami Carl Koller : « J'ai rapidement dépensé tous mes fonds en louant une pièce, en prenant un assistant et en achetant l'équipement minimum nécessaire. Pourtant, les résultats dépassent mes espérances. Qu'est-ce qui a le plus joué, l'aide de Breuer, le prestige de Charcot ou peut-être l'attrait naturel de la nouveauté ? Je n'en sais rien mais en l'espace de trois mois et demi, j'ai gagné 1100 gulden[1] et je me suis dit que je pouvais désormais me marier si les choses continuaient ainsi. »

1. Environ 110 000 schillings en 1989 = 55 000 F.

Enfin, après une attente de quatre ans qui leur avait paru une éternité, les deux fiancés Martha Bernays et Sigmund Freud purent célébrer leur mariage. La mère de Martha avait donné son aval et Freud réalisa ainsi ce qu'il avait annoncé, plein d'espoir, avant son départ pour Paris : « Petite princesse, ô ma petite princesse, comme ce sera beau... je vais à Paris, et je deviendrai un grand savant, et je rentrerai à Vienne auréolé de prestige — et ensuite nous nous marierons et je guérirai tous les malades nerveux incurables et tu me maintiendras en bonne santé et je t'embrasserai jusqu'à ce que tu deviennes joyeuse et heureuse — et si nos espoirs survivent jusque-là, c'est qu'ils sont très forts. »

Bien que ce ne fût pas le souhait de Freud, le couple se maria civilement et religieusement. Le mariage civil eut lieu à la mairie de Wandsbek le 13 septembre 1886 et les faire-part furent envoyés le lendemain. Après une lune de miel de quelques semaines sur la mer Baltique, Martha et Sigmund Freud revinrent à Vienne. Il renonça bientôt à son cabinet et à son appartement de la Rathausstrasse car un loyer de 80 gulden [1] par mois lui paraissait trop cher, et il déménagea avec sa jeune épouse sur le Schottenring, à peine moins élégant. Sa belle-mère, désormais bienveillante, concourut à l'ouverture du cabinet et à l'entretien du ménage par une dot substantielle. En plus de ses fonctions de chargé de cours, Freud comptait une clientèle privée. Les investissements nécessaires le contraignirent à s'endetter, ce qui au demeurant est l'usage lors de l'ouverture d'un cabinet.

Le nouveau cabinet de Freud était situé sur un lieu historique. Cinq ans auparavant, la monarchie avait été ébranlée par un événement aux conséquences catastrophiques. Le 8 décembre 1881, un incendie s'était déclaré dans le théâtre du Ring durant une représentation des *Contes d'Hoffmann* et 386 personnes avaient péri.

On avait renoncé à reconstruire l'Opéra-Comique au même endroit sur le Schottenring par respect pour les victimes, si bien que l'architecte Friedrich von Schmidt, constructeur de l'hôtel de ville, avait érigé à la place une « Institution de charité impériale » que les Viennois appelaient « la Maison de l'Expiation ». Le 1er octobre 1886, Freud annonça l'ouverture de son nouveau cabinet « dans la plus belle maison de Vienne », comme il le déclara fièrement.

---

1. Environ 8 000 schillings en 1989 = 4 000 F.

L'entrée de l'appartement de quatre pièces et du cabinet se trouvait à l'arrière du bâtiment en forme de palais du 8 de la Maria-Theresienstrasse.

L'importante clientèle tant espérée ne fut toutefois pas au rendez-vous car pour l'instant Freud n'avait pas d'autres méthodes que ses confrères à proposer pour soigner les cas neurologiques : les bains, la diète, l'électrothérapie. Il se heurtait aux mêmes limites que ses collègues. Dès qu'il en eut pris conscience, il « écarta l'appareil électrique ». Dans *Ma vie et la psychanalyse*, il cite le Dr Paul Möbius à qui on doit ce jugement définitif : « Les résultats du traitement électrique sur les malades nerveux se révèlent être le pur effet de la suggestion médicale. »

Sans cesse en quête de nouvelles méthodes de traitement pour les patients hystériques, Freud revenait toujours à l'hypnose et désirait s'en servir. Tandis que Charcot s'y était plutôt intéressé sur un plan théorique, on apprit dans les cercles médicaux, même si l'information fut diffusée sous le manteau, que les médecins Bernheim et Liébeault, de Nancy, étaient parvenus à des résultats non négligeables en appliquant cette méthode sur leurs malades.

Freud traduisit en allemand l'ouvrage d'Hippolyte Bernheim sur l'hystérie et entreprit un second voyage en France, cette fois pour étudier la pratique de l'hypnose. Il passa plusieurs semaines à l'« École de Nancy » et, là-bas, « la possibilité de dévoiler les phénomènes de l'âme qui restent dissimulés à la conscience de l'homme » lui procura les plus vives émotions.

Freud décrit « comme un cas de guérison par hypnose » un des premiers résultats auxquels il soit parvenu par suggestion. Le Dr Breuer lui avait recommandé une jeune femme qui venait d'accoucher d'un second enfant. Freud connaissait par hasard la patiente depuis son enfance. En raison de ses mérites, de sa pondération et de son naturel, personne ne l'avait jamais considérée comme une malade des nerfs, son médecin de famille non plus. Après la naissance de son premier enfant, elle n'avait pas pu l'allaiter : elle n'avait pas assez de lait et les séances de tétée lui faisaient mal. Elle manquait d'appétit et manifestait de l'aversion pour la nourriture ; ses nuits étaient agitées, si bien qu'au bout de deux semaines, pour préserver la santé de la mère et de l'enfant, on avait confié le bébé à une nourrice.

Trois ans plus tard, après la naissance d'un second enfant, les mêmes symptômes réapparurent, sous une forme plus aiguë encore, chez cette épouse heureuse. La jeune femme vomissait tout ce qu'elle mangeait, commençait à s'agiter dès qu'on lui apportait de la nourriture dans son lit et devenait insomniaque. On fit alors appel à Freud. « Je la trouvai étendue dans son lit, les joues enflammées, furieuse de ne pas être capable d'allaiter son enfant, incapacité qui s'aggravait à chaque tentative et contre laquelle elle luttait de toutes ses forces. Pour éviter de vomir, elle n'avait rien absorbé ce jour-là... Je ne fus pas vraiment le bienvenu et on m'avait visiblement appelé à contrecœur, je ne pouvais donc pas compter sur une grande confiance. J'essayai aussitôt d'avoir recours à l'hypnose en suggérant les symptômes du sommeil. Trois minutes plus tard, la malade était profondément endormie, le visage paisible. Je me servis de la suggestion pour démentir ses craintes et les sentiments sur lesquels elles reposaient : "N'ayez pas peur, vous serez une excellente nourrice et votre enfant va merveilleusement s'épanouir auprès de vous. Votre estomac est parfaitement calme, votre appétit excellent, vous avez envie de manger." »

Le jour même, après cette « représentation contradictoire » (comme Freud devait plus tard appeler cette méthode), on nota une amélioration passagère, mais bientôt la patiente refusa à nouveau d'absorber toute nourriture. « Lors de la seconde séance d'hypnose, je me montrai plus énergique et plus persuasif. Cinq minutes après mon départ, la malade devint agressive envers les siens ; où donc y avait-il quelque chose à manger, avait-on l'intention de l'affamer, comment pourrait-elle allaiter son enfant si on ne lui donnait rien à elle ? Lorsque je revins le troisième jour, la jeune mère refusa tout traitement. Elle avait tout ce qu'il lui fallait, un excellent appétit et du lait en abondance pour son enfant, la tétée ne lui posait plus la moindre difficulté, etc. Il avait semblé quelque peu étrange à son mari que, la veille au soir, après mon départ, elle eût réclamé à manger avec tant de véhémence et adressé des reproches à sa mère (ce qui n'avait jamais été dans ses habitudes). Depuis lors, tout s'est passé pour le mieux. »

Cette mère allaita son enfant pendant huit mois, mais lorsqu'elle accoucha pour la troisième fois, on fit à nouveau appel à Freud. « J'ai trouvé cette femme dans le même état que l'année précédente et, qui plus est, elle était en colère contre elle-même de ne pouvoir utiliser sa volonté pour lutter contre son rejet de la nourriture et d'autres symptômes. La séance d'hypnose du premier soir n'eut pour effet que de rendre la malade plus désespérée encore. Mais après la seconde séance, l'ensemble des symptômes disparut, tant et si bien qu'une troisième séance fut inutile. La femme a allaité sans autre problème cet enfant âgé aujourd'hui d'un an et demi. »

Toutefois, cette patiente, guérie avant que Freud eût élucidé la cause inconsciente (subconsciente) de tels symptômes, constitue une exception. La salle d'attente que Martha avait aménagée avec amour restait désespérément vide. Cette époque fut propice à la constitution de la famille. Entre 1887 et 1895, en l'espace de huit ans donc, Martha mit au monde six enfants. Les trois premiers naquirent dans l'appartement de la Maria-Theresienstrasse.

La vie de couple des Freud se révéla particulièrement harmonieuse. Après le mariage, Martha et Sigmund avaient dit en plaisantant qu'ils devaient se préparer à « une guerre de trente ans ». Or, en cinquante-trois ans de mariage, n'a surgi qu'un seul différend « sérieux » : fallait-il préparer les cèpes avec ou sans leur pied ?

En 1886 mourut Ignaz Schönberg, un des amis les plus intimes de Freud, en même temps que le fiancé de sa belle-sœur. Ce jeune chercheur de trente ans, spécialiste de sanscrit, était tombé amoureux de Minna Bernays, la plus jeune sœur de Martha. Lorsqu'il attrapa la tuberculose et que son état fut jugé désespéré, il rompit les fiançailles pour lui « rendre sa liberté ». Minna Bernays resta célibataire et vécut dans la maison des Freud. Le frère de Martha, Eli, épousa Anna, la sœur aînée de Sigmund, ce qui fut l'occasion de multiplier les liens de parenté entre les familles Freud et Bernays.

Avant le décès de son ami Schönberg, Freud avait déjà « côtoyé la mort ». Son collègue, le Dr Nathan Weiss, chargé de cours à la clinique de neurologie, s'était suicidé à l'âge de trente-deux ans. En septembre 1883, alors que Martha vivait encore à Wandsberck, Freud lui avait décrit comment cette catastrophe était survenue. La lettre détaillée qu'il envoya à sa fiancée constitue un des premiers « rapports psychiatriques » de la plume de Freud : « Le 13 à 2 heures de l'après-midi, il s'est pendu dans un bain de la Sandstrasse, commence-t-il. Il était marié depuis moins d'un mois et cela faisait dix jours qu'il était rentré de voyage de noces. » Aucun de ses collègues ne pouvait comprendre pourquoi ce brillant médecin, « en passe d'atteindre son objectif, avait pris congé de la vie ». Freud avait précisément cru que ce qui le caractérisait le mieux était son immense joie de vivre. Freud raconta, plus tard, l'enfance de ce fils d'une famille nombreuse et pauvre, dont le père était rabbin et professeur de religion, mais « aussi un homme sévère, dur et méchant ».

Une carrière brillante semblait s'ouvrir à Nathan Weiss qui dirigeait déjà un service de la clinique neurologique et venait de réaliser dans sa vie privée un rêve qu'il poursuivait depuis longtemps. Freud se rappelait encore parfaitement « quand, trois ans auparavant, il lui avait dit : aujourd'hui une femme est venue chez moi se faire soigner, accompagnée de ses deux filles. Des gens charmants ; si j'avais de l'argent, j'épouserais l'aînée sur-le-champ ». Pendant trois ans, il avait tenté de conquérir la jeune fille qui, sans cesse, l'avait repoussé. Pourtant, au bout de trois ans, il était parvenu à ses fins. Il avait épousé la femme qu'il avait poursuivie de son amour. Quelques jours plus tard, il se donnait la mort. Pour Freud, le suicide était sans aucun doute lié au mariage, d'autant que Weiss s'était peu avant confié à son ami : « Il y avait des tensions (dont il avait tu la cause), la jeune fille était devenue mélancolique, pleurait, ne parlait plus, n'éprouvait plus de plaisir à le fréquenter. Il était aussi apparu que toutes ses sœurs étaient hystériques. J'essayai de le consoler en lui disant que la jeune fille, manifestement sensible et scrupuleuse, éprouvait des réticences face à ce mariage proche. »

La date des noces avait été légèrement repoussée et la jeune fille était partie en voyage. Quand Freud avait appris cela à Breuer, celui-ci avait dit : « Le plus grand malheur peut survenir lorsqu'une jeune fille se prépare au mariage dans ces conditions. » Freud avait tenté de faire comprendre à Weiss que sa fiancée ne l'aimait pas, mais celui-ci ne pouvait supporter l'idée d'être repoussé et était prêt à tout sacrifier pour ne pas apparaître aux yeux des autres comme la victime d'un échec.

Devant la tombe ouverte de Nathan, un rabbin sermonna l'épouse et sa famille, « avec la voix d'un fanatique, avec l'ardeur enflammée d'un juif impitoyable » : « Lorsqu'on trouve un cadavre et qu'on ignore par quelle main il a péri, il faut se retourner vers ses proches, ce sont ses meurtriers. » Freud et d'autres amis juifs furent « stupéfaits, déçus et honteux, face aux chrétiens qui se trouvaient parmi eux : C'est comme si nous leur avions donné le droit de croire que nous priions le Dieu de la vengeance et non celui de l'amour ».

Plusieurs journaux « désignèrent des responsables » dans « l'affaire du Dr Weiss », dont le suicide fit grand bruit à Vienne. Freud tenait en piètre estime ces suspicions. « Le monde a formulé les plus odieuses accusations à l'encontre de cette malheureuse femme en guise d'explication. Je n'y crois pas. Je crois plutôt à un grave échec, à la rage d'une passion éconduite... et en plus à l'incapacité de la reconnaître en public, tout cela a pu conduire au désespoir cet homme d'une vanité sans limites qui s'emportait facilement, et auquel une série de scènes a pu faire prendre conscience de sa situation. Il est mort à la fois à cause de ses qualités, et de son orgueil maladif et mal placé... »

Freud devait déclarer plus tard à propos du suicide que « personne peut-être ne trouverait la force psychique de se tuer s'il ne tuait par là-même un objet auquel il s'identifie... ».

Au début, Freud publia peu, « afin de se plonger dans son nouveau travail et d'assurer sa situation matérielle tout comme celle de sa famille qui s'agrandissait rapidement ».

Presque simultanément à l'ouverture de son cabinet dans la « Maison de l'Expiation », Freud commença à travailler à l'institut Kassowitz, un hôpital pour enfants malades, le premier du genre fondé en 1882 par l'empereur Joseph II, à la suite d'un accroissement inhabituel de la mortalité infantile. Les enfants des familles démunies étaient soignés gratuitement dans cet établissement situé en plein cœur de Vienne au 2 de la Steindlgasse. Freud portait le titre, très gratifiant pour un jeune médecin, de « Directeur du service neurologique ». Toutefois, ce titre demeura purement honorifique, car une fois de plus non rémunéré, au nom du principe assez étrange selon lequel cette activité « concourait à la réputation d'un médecin et l'aidait ainsi à développer sa clientèle privée ».

En fait, Freud fut quasiment contraint d'accepter la proposition du Pr Max Kassowitz de diriger le service des enfants atteints de maladies nerveuses. Car sinon, comment se serait-il procuré son « potentiel de malades » après avoir renoncé à son activité à l'Hôpital général et avoir été obligé en tant que chargé de cours « de diriger à l'université des travaux pratiques » ?

Non seulement Freud, mais tous les autres médecins, y compris le Pr Kassowitz lui-même, travaillaient à cet hôpital pour enfants malades sans être rémunérés. Ce poste devait réserver à Freud une nouvelle déception et en conséquence restreindre encore son activité universitaire. En compagnie de deux collègues, il avait écrit en 1886 au ministère de l'Éducation pour demander l'autorisation de tenir des conférences publiques au sein de cet institut. Cette permission fut refusée, car le public aurait pu penser que cette clinique, financée par des fonds privés, « avait un statut analogue à l'université ». Voilà qui aurait pu avoir pour conséquence de détourner des patients d'autres cliniques, car « cet établissement fournissait aussi gratuitement les médicaments ».

En d'autres termes, l'institut Kassowitz, à vocation sociale, devait demeurer le plus confidentiel possible, afin de ne pas porter tort à la concurrence.

Freud, qui devait travailler onze ans dans cette clinique pour enfants, réduisit à la suite de cette décision bureaucratique le nombre d'heures d'enseignement à l'université afin de pouvoir se consacrer davantage à sa clientèle privée qui, lentement, se développait.

Les chicaneries causées par l'administration à l'institut rappellent celles que Schnitzler décrivit plus tard dans sa pièce *Le Docteur Bernhardi*. A la suite de son travail à l'institut Kassowitz, Freud publia quelques écrits remarquables sur la neurologie infantile.

L'hôpital pour enfants malades le plus ancien du monde fut fermé en 1938, l'année de son 150e anniversaire, par les nazis, car tout au long de son histoire ce furent presque exclusivement des médecins juifs qui en eurent la charge.

Si, lors de ses recherches sur la cocaïne, Freud avait déjà eu « maille à partir » avec le corps médical viennois, cette situation se reproduisit à son retour de Paris, lorsqu'il prit fait et cause pour son maître vénéré, le professeur Charcot.

Le 15 octobre 1886, dans le cadre de la Société de médecine impériale, le Dr Sigmund Freud fit une conférence à l'Académie des Sciences, sur l'hystérie. Le public était composé, comme chaque vendredi soir, de médecins renommés, la plupart du temps des professeurs ultraconservateurs, par principe sceptiques envers toute innovation technique ou médicale, qui tenaient pour suspects de prétendus succès obtenus, de surcroît, à l'étranger. La suffisance des personnes établies faisait que les jeunes médecins avaient du mal à être pleinement acceptés. Les médecins viennois n'étaient des « dieux en blanc » que le jour, le soir ils déambulaient en frac noir ou en jaquette grise.

Après quelques phrases d'introduction, Freud rendit compte à ses collègues, sensiblement plus âgés, de son séjour à Paris et du cas d'un jeune homme qui, à la suite d'un accident du travail, avait été admis à la Salpêtrière avec un bras paralysé et toute une série de symptômes hystériques. Après avoir présenté ce cas, Freud exposa la théorie très discutée de Charcot, selon laquelle l'hystérie pouvait survenir à la suite d'un traumatisme, aussi bien chez l'homme que chez la femme. « On doit à Charcot d'avoir démontré que les hystériques ne sont pas des simulateurs, que l'hystérie ne provient pas de troubles des organes génitaux, que l'hystérie masculine est plus fréquente qu'on ne l'imagine ici en Autriche. »

Déconcertées, les sommités médicales viennoises ne tardèrent pas à répliquer. Le Pr. Rosenthal dit qu'il ne s'agissait pas là d'un phénomène nouveau et que cela faisait déjà plusieurs années qu'il décrivait des cas d'hystérie masculine, cependant ceux-ci étaient l'exception et l'hystérie apparaîtrait vingt fois plus fréquemment chez la femme que chez l'homme. Le président, le Pr Bamberger, « malgré le grand respect qu'il portait à Charcot et l'intérêt qu'il manifestait pour l'exposé du Dr Freud, ne voyait là rien de bien neuf... que l'hystérie se manifestât chez l'homme était somme toute connu ; ce qui serait nouveau, c'est que l'hystérie surviendrait à la suite d'un traumatisme, mais voilà qui n'était pas entièrement établi. Le cas mentionné par le Dr Freud renvoyait en fait à une disposition héréditaire ».

Ce furent là les objections les plus anodines, car la plupart des professeurs rejetèrent vigoureusement la théorie selon laquelle un homme pouvait être victime de troubles hystériques. Piquées au vif, les sommités médicales rappelèrent à Freud avec condescendance que le terme « hystérie » dérivait du mot grec « matrice » et qu'il était par conséquent absurde de vouloir identifier cette maladie chez l'homme.

Les conditions dans lesquelles le chargé de cours de trente ans avait pris la parole devant cette honorable société n'étaient pas particulièrement propices, le jeune débutant était de surcroît suffisamment naïf pour penser qu'il pouvait transgresser les règles d'airain de la profession, l'usage voulant que les rencontres du vendredi soir fussent exclusivement réservées à des conférences suivies de publications, portant sur des expériences nouvelles. Or, Freud, sciemment ou pas, traitait d'un thème exposé avant lui. Comme il devait le mentionner ultérieurement, il rencontra « un accueil plutôt hostile ». « Les personnes donnant le ton, tel le président Bamberger, expliquèrent qu'on ne pouvait accorder crédit à mes explications. »

Son maître, Meynert, exigea que Freud trouvât à Vienne un cas semblable à celui observé à Paris et le produisît devant l'Académie de médecine. « ... J'ai tenté cela, mais les médecins chefs du service où j'avais découvert de tels cas me dissuadèrent de les étudier ou de m'en occuper. L'un d'entre eux, un vieux chirurgien, m'a lancé de manière abrupte : "Mais mon cher collègue, comment pouvez-vous proférer de telles sottises... comment un homme pourrait-il être hystérique ?" C'est en vain que j'ai tenté de lui faire comprendre que j'avais besoin d'un cas et non de voir agréer mon diagnostic. »

Après de longues recherches, presque policières, Freud découvrit, en dehors de l'hôpital, un « homme hystérique ». Cinq semaines plus tard, le 26 novembre 1886, il le présenta à l'Académie de médecine : « Messieurs..., le malade que vous voyez ici est un orfèvre de vingt-neuf ans, August P. ; c'est un homme intelligent qui a bien voulu se soumettre à mon observation dans l'espoir d'une guérison rapide. »

Freud commença à décrire les relations familiales chaotiques de son patient, élevé dans une famille de six garçons dont certains étaient morts en bas âge, alors que d'autres « avaient mené une vie dissolue ». August P. avait eu le malheur d'être renversé dans la rue par une voiture à l'âge de huit ans, « à la suite de quoi il a été blessé au tympan, à part cela le patient s'est développé normalement. Après avoir terminé l'école primaire et perdu ses parents, il est entré comme apprenti chez un orfèvre et, ce qui parle en sa faveur, il est resté dix ans compagnon chez le même maître ».

Freud en vint ensuite à la cause de l'hystérie : « Sa maladie actuelle remonte à environ trois ans, quand il est entré en conflit avec son frère débauché qui refusait de lui rendre une somme d'argent qu'il lui avait prêtée. Son frère a menacé de le tuer et s'est jeté sur lui avec un couteau. Sur quoi le malade a été pris d'une peur panique, il a senti sa tête bourdonner comme si elle allait exploser, il s'est précipité chez lui sans se souvenir dans quelles conditions et s'est effondré, sans connaissance, sur le pas de sa porte. Il a appris par la suite qu'il avait été victime pendant deux heures de très violentes convulsions et qu'il avait parlé de la scène avec son frère. Il s'est réveillé épuisé. »

Après avoir souffert pendant six semaines de violentes migraines et s'être senti rapidement fatigué à son travail, son état s'améliora. Peu avant que Freud ne le présentât à l'Académie de médecine, il avait été à nouveau perturbé : « Le malade a été accusé de vol par une femme, il a ressenti de violentes palpitations, puis il a sombré quatorze jours dans la dépression pensant au suicide... il lui a paru que la partie gauche de sa tête avait reçu un coup, sa vision a baissé, il voyait parfois tout en gris. Son sommeil a été troublé par des visions effrayantes et par des rêves où il croyait être précipité dans un gouffre. » En raison de ces symptômes, le patient a dû s'arrêter de travailler.

« Observez maintenant ce malade quelque peu blafard et chancelant, demanda Freud à ses auditeurs. Comme vous le remarquerez, je peux introduire une aiguille pointue sous un pli de sa peau sans que le malade réagisse... je lui bande les yeux et lui demande ensuite ce que j'ai fait de sa main gauche. Il l'ignore... » Freud fit encore remarquer qu'August P. souffrait de légers troubles moteurs, bien qu'une investigation médicale n'ait signalé aucune lésion organique. En ce qui concerne ce cas précis, Freud réussit, non par l'hypnose, mais par un traitement électrique, à ce que le malade « retrouve en peu de temps une sensibilité normale ».

Il rendit compte ultérieurement du « succès » de cette seconde conférence devant l'Académie de médecine : « Cette fois on m'applaudit, mais on continua de ne me manifester aucun intérêt. Avec l'hystérie masculine et un traitement par suggestion de la paralysie hystérique, je fus rejeté dans l'opposition. Peu après, on m'interdit l'accès au laboratoire d'anatomie du cerveau, pendant plusieurs semestres je ne disposai plus d'aucun local pour tenir mes conférences et je pris mes distances avec la vie publique et le monde universitaire. »

Arthur Schnitzler, alors jeune médecin inconnu âgé de vingt-cinq ans, publia dans la *Wiener Medizinishen Presse* un rapport détaillé de la conférence de Freud et de l'écho critique qu'elle eut dans le milieu médical. L'année suivante, Schnitzler rendit compte avec enthousiasme dans l'*Internationale Klinische Rundschau* de la traduction de Charcot par Freud. « Le Dr Freud a si bien traduit cet ouvrage qu'on n'a jamais l'impression de lire une traduction, il a enrichi par cette œuvre la littérature allemande, si bien que les médecins allemands comme **les critiques** lui sont hautement redevables. »

On commença à parler de Freud à Vienne, surtout pour le critiquer. Néanmoins, son nom commence à être connu. Les malades qui n'étaient pas guéris par les méthodes traditionnelles se raccrochaient à n'importe quel espoir, et Freud en représentait un. Des patients vinrent le consulter. Dès qu'il avait l'impression que l'hypnose pouvait améliorer les choses, il employait la méthode apprise à Nancy.

Il fut donc classé comme « hypnotiseur » par les scientifiques conservateurs. Le psychiatre Richard von Krafft-Ebing avait hypnotisé quelqu'un qui, en état de transe, avait dérobé sa montre au célèbre acteur Alexander Girardi. Sur quoi le chirurgien Theodor Billroth avait traité d'escroc son collègue.

Freud fut confronté à une histoire du même genre, si on en croit un extrait du journal du voyant Hermann Steinschneider originaire de Vienne, qui allait devenir célèbre sous le nom de « Hanussen » : « Aujourd'hui, au café de l'hôpital Flora à Prague, j'ai fait la connaissance d'un homme qui se livre à des expériences d'hypnotisme. C'est un médecin de Vienne qui s'appelle le Dr Freud. J'ai fait avec lui une partie de billard que j'ai gagnée haut la main. Le serveur venait juste d'accrocher notre tableau, lorsque j'ai raconté au Docteur que j'étais l'assistant de Rubini et que je me livrais par ailleurs à des expériences d'hypnose. Le Docteur m'a dit qu'il en pratiquait aussi, mais seulement à des fins thérapeutiques. Tout le reste serait du charlatanisme. Je n'ai pas répondu à cette provocation, ayant observé qu'il était de mauvaise humeur à la suite de sa défaite et je l'ai invité à prendre un café. Il m'a tenu ensuite un discours difficilement compréhensible sur sa découverte de l'inconscient. Fadaise ! Pourquoi serait-ce précisément lui qui aurait découvert l'inconscient ? Comme il m'ennuyait, je l'ai obligé à faire une quatrième partie que j'ai également gagnée. »

Plus tard, le voyant Hanussen, pour avoir prédit l'incendie du Reichstag, sera fusillé dans un bois des environs de Berlin, sur ordre de Hitler.

Le cas « Anna O. »

Sur la voie de la psychanalyse

« L A patiente était une jeune fille exceptionnellement cultivée et douée qui était tombée malade tandis qu'elle soignait son père qu'elle aimait tendrement. » C'est en ces termes que Sigmund Freud décrit le cas de Bertha Pappenheim qui est entrée dans l'histoire de la psychanalyse sous le surnom d'« Anna O. ».

Freud entendit parler pour la première fois de Bertha Pappenheim dans les derniers jours de l'année 1882 par son ami Breuer dont elle était la patiente. Lors de son séjour à La Salpêtrière, à son tour, il avait parlé d'elle à Charcot qui n'était toutefois pas intéressé par un cas de psychologie pure. « De retour à Vienne, je me suis à nouveau penché sur les observations de Breuer et je lui ai demandé de me donner davantage de précisions. » Bertha Pappenheim était âgée de vingt-neuf ans lorsque sa famille s'était tournée en désespoir de cause vers le Dr Breuer. L'interniste qui soignait aussi des malades des nerfs diagnostiqua « un tableau complexe de paralysies et de contractions (raideurs des articulations), d'inhibitions et de confusions psychiques », autrement dit un cas d'hystérie grave.

Le père de Bertha, Sigmund Pappenheim, qui était un négociant en grains viennois, avait contracté quelques mois auparavant la tuberculose. Même une maladie aussi grave n'était pas à l'époque soignée à l'hôpital. Sa femme s'occupait de lui le jour, sa fille le veillait la nuit.

Si Bertha avait mené jusqu'alors la vie à la fois insouciante et monotone d'une fille de bonne famille, cette situation nouvelle modifia entièrement son mode de vie. Les nuits passées auprès de ce grand malade pesèrent sur elle, tant sur le plan physique que psychique. Au bout de quelques semaine, elle manifesta des accès

71

de faiblesse de plus en plus prononcés. Lorsqu'elle se mit à éprouver du dégoût pour la nourriture et à souffrir d'anémie, sa mère se vit forcée de lui retirer la garde de son père bien-aimé et de consulter toute une cohorte de spécialistes qui ne purent déceler aucune cause organique. Comme l'état de la jeune fille qui « auparavant avait toujours été en bonne santé et n'avait jamais souffert de troubles nerveux » ne s'était pas amélioré à la fin de l'année, la famille Pappenheim alla chercher conseil auprès du Dr Breuer, déjà célèbre et très estimé.

Lorsque Breuer se rendit la première fois auprès d'elle, le 8 décembre 1880, « Anna O. » souffrait de troubles auditifs et visuels, de fortes migraines, d'une toux nerveuse et d'hallucinations, ainsi que d'une paralysie cervicale et du bras droit. A quoi s'ajoutèrent de nouvelles paralysies et des troubles de l'élocution. Bientôt elle ne reconnut plus son environnement familier et tomba dans un état de prostration. Tout d'abord, Breuer ne put lui conseiller que de « rester alitée » ; ce qu'elle fit jusqu'au 1er avril de l'année suivante.

Son état s'améliora, du moins jusqu'à la mort de son père, le 5 avril 1881, quatre jours après la fin du repos imposé. Ensuite les symptômes réapparurent. Dans *L'Histoire de la maladie de Anna O.* que Breuer publia plus tard, sur les instances de Freud, il ressort qu'il considéra tout d'abord la patiente comme une malade mentale. Il décrit les symptômes comme « le passage très rapide d'une humeur extrême à une autre », « un état de gaieté éphémère suivi de très fortes angoisses, une opposition farouche à tout traitement, des hallucinations cauchemardesques, où ses cheveux et ses ceintures prenaient l'apparence de serpents noirs. Elle essayait pourtant de se convaincre qu'elle n'était pas si bête et qu'il ne s'agissait que de ses cheveux. Pendant ces moments de lucidité, elle se plaignait de l'obscurité de son esprit, de ne pouvoir réfléchir, de devenir aveugle et muette, du dédoublement de son moi ; il y avait le sien propre et un autre qui la poussait au mal ». Selon Breuer, tous ces troubles corporels « provenaient d'une très forte névrose et d'une psychose de nature hystérique ».

Comme Bertha n'était pas capable, en pleine conscience, d'indiquer à son médecin l'origine de ses symptômes, Breuer, la seule personne en qui elle eût confiance, essaya l'hypnose. Lui-même considéra le résultat comme un miracle : sitôt placée en état de transe et interrogée sur ses paralysies et ses autres troubles corporels, elle laissait entrevoir leur origine. « J'allais la chercher le matin, l'hypnotisais et lui demandais de concentrer sa pensée sur le symptôme traité afin de décrire les circonstances où il était apparu. Là-dessus, la patiente racontait en des phrases brèves les raisons extérieures que je notais. Durant l'hypnose du soir, elle s'expliquait de manière assez précise sur les raisons. A l'origine de chaque symptôme semblait surgir soudain une explication : comme Bertha le raconta sous hypnose, le premier trouble visuel était apparu lorsqu'au pied du lit de son père malade elle n'avait plus pu lire à cause des larmes qui emplissaient ses yeux. Sa toux nerveuse s'était installée alors que, veillant le malade, elle avait entendu de la musique dans la maison voisine mais n'avait pu aller rejoindre ces joyeux jeunes gens. Les troubles de l'ouïe et de l'élocution étaient survenus lorsqu'elle n'avait pas voulu admettre que son père bien-aimé avait une crise d'étouffement. Elle avait perdu la parole lorsqu'elle s'était sentie si lasse et si troublée auprès de son père qu'elle n'avait plus conversé avec lui.

Sous hypnose, les causes furent « extirpées », pour employer le terme de Breuer. Aussitôt après avoir décrit les expériences douloureuses qu'elle avait vécues au cours de ces nuits de garde et de sacrifice, les symptômes disparaissaient. « Sa psyché était totalement libérée après que, frémissante de peur et de terreur, elle eut reproduit et exprimé ces images d'horreur. »

Sous hypnose, elle avouait spontanément qu'elle eût préféré « aller danser plutôt que de soigner son père ». Voilà qui était clair : elle enfouissait la vérité, refoulait ses expériences lorsqu'elle prenait conscience des mots qu'elle prononçait. Dès lors qu'elle s'exprimait librement sous hypnose, échappant au conflit de sa conscience, ses troubles visuels et auditifs, sa paralysie, sa toux, ses tremblements, ses difficultés d'élocution disparaissaient. Elle retrouvait son appétit.

L'état de Bertha Pappenheim s'améliorait chaque fois qu'elle était « confessée » par Breuer. Le fait que durant des semaines et des mois elle ait effacé de sa mémoire sa langue maternelle et ne se soit entretenue avec son médecin qu'en anglais, nommant le traitement *« talking cure »*, prouve qu'elle avait identifié la nature de la thérapie.

Rien d'étonnant à ce qu'elle fût, comme le déclara Breuer, « d'une prodigieuse intelligence, douée à la fois d'une étonnante capacité de raisonnement et d'une intuition pénétrante... seuls les arguments, jamais de simples affirmations, pouvaient l'influencer... ses états d'âme étaient toujours quelque peu excessifs, que ce soit la gaieté ou la tristesse, d'où une humeur changeante ».

Et plus loin : « La dimension sexuelle était étonnamment peu développée ; la malade dont la vie me devint transparente, comme cela n'arrive que rarement dans les relations d'un être à un autre, n'avait jamais été amoureuse et dans ce foisonnement d'hallucinations propres à sa maladie, cet élément de sa vie spirituelle n'apparaissait jamais. »

Au printemps 1882, Breuer interrompit brusquement le traitement de Bertha Pappenheim. Si Breuer, dans ses *Études sur l'hystérie*, a décrit la fin de la thérapie comme une transition harmonieuse, en réalité la phase finale ne fut en rien paisible, mais prit au contraire un tour dramatique. L'épouse de Breuer, Mathilde, avait laissé paraître au cours de ce traitement intensif une telle jalousie envers Bertha que leur union fut menacée. Afin de ne pas compromettre sa vie familiale, heureuse jusqu'alors, Breuer informa sa patiente qu'elle devait aussitôt cesser de le voir.

Cette décision entraîna une nouvelle catastrophe. Si quelques jours auparavant elle avait pu paraître presque guérie, le soir même où lui fut annoncée l'interruption du traitement, le 7 Juin 1882, Breuer dut se précipiter auprès de Bertha. Allongée et dans la plus grande confusion elle semblait éprouver les douleurs de l'enfantement et criait : « C'est l'enfant de Breuer qui avoue ! »

La patiente s'était visiblement éprise de son médecin, un phénomène courant dans ce type de thérapie, dans la mesure où la qualité de la relation patient-médecin est précisément une condition du succès de la thérapie. Une fois encore, le médecin plaça Bertha sous hypnose, afin de l'apaiser. Ensuite Breuer quitta précipitamment la maison Pappenheim pour partir avec sa femme à Gmunden sur le Traunsee — où ils étaient allés en voyage de noces.

Breuer ne reprit jamais le traitement d'« Anna O. ». Il l'expédia dans un sanatorium privé en Suisse, à Kreuzlingen, sur le Bodensee. Le « retrait » de Breuer eut des conséquences épouvantables. La plupart des anciens symptômes réapparurent, Bertha souffrit de douloureuses névralgies faciales, devint par intermittence morphinomane, si bien que Breuer, qui restait informé de l'état de sa patiente par l'intermédiaire de son frère, dit une fois à Freud qu'il lui souhaitait de mourir « afin que la malheureuse soit enfin délivrée de sa souffrance ».

Freud était encore étudiant en médecine lorsque Bertha était devenue la patiente de Breuer, il était « stagiaire » non rémunéré, quand le professeur mit au point la « méthode cathartique », comme il appelait cette « expression de soi » sous hypnose. Quand

Breuer parla pour la première fois de Bertha à Freud, le jeune homme dynamique et plein d'énergie fut fasciné en même temps que surpris. Pourquoi Breuer avait-il interrompu le traitement ? Pourquoi n'avait-il pas poursuivi et publié ses recherches, à n'en point douter révolutionnaires ?

De toute évidence, Freud n'avait pas encore trouvé le courage de remettre en question le scientifique vénéré, son aîné. Un demi-siècle plus tard, dans une lettre à Stefan Zweig, il critiqua le manque de persévérance de Breuer, souscrivant aux affirmations de Bertha, selon lesquelles Breuer serait le père de son enfant. « A ce moment, il détenait la clef qui lui eût ouvert la voie vers les mères, mais il la laissa choir. Malgré tous ses dons intellectuels, il lui manquait un côté faustien. De manière très conventionnelle, il prit la fuite et remit la malade à un de ses collègues. Elle lutta durant de longs mois dans un sanatorium pour se rétablir. »

Martha Freud était une parente éloignée de Bertha Pappenheim dont la mère était issue d'une famille de banquiers de Francfort ; le cas était donc une « affaire familiale ». C'est ainsi que Freud, après une visite à Breuer, écrivit à Wandsbek à celle qui était alors sa fiancée : « Suivit une longue discussion médicale sur la "moral intensity" et les maladies nerveuses ; puis on en vint à parler du cas de ton amie Bertha Pappenheim et, dans un climat de confiance réciproque, il me confia certaines choses dont je ne pourrai faire part que lorsque j'aurai épousé Martha. »

Ce cas passionna tant Freud qu'il décida de se consacrer à la psychopathologie et aux maladies de l'âme. Depuis le début des années quatre-vingt-dix, il poussait Breuer à publier *L'Histoire de la maladie d'Anna O.*, qui devint en 1895 une des bases de leurs *Études sur l'hystérie* publiées conjointement par les deux médecins. Le cas exceptionnel d'Anna O. fut alors le point de départ de nouvelles connaissances sur la névrose, domaine jusqu'alors peu exploré.

S'il leur fallut tant de temps pour parvenir à publier leur conclusion, cela tient à une divergence de points de vue. Ce fut Breuer qui tergiversa de longues années avant de se décider à prendre part à la publication. Ils avaient tous deux une conception différente de la signification de la sexualité.

Le fait que Breuer eût été personnellement impliqué dans la grossesse de Bertha joua certainement un rôle. Le psychologue Fritz Schweighofer explique dans son livre sur *La Vie privée d'Anna O.*

« la scène fantomatique de la naissance » en ces termes : « L'accusation portée contre Breuer d'être le père de l'enfant laisse supposer qu'il existait une relation intime entre les deux êtres. »

Le psychiatre américain George H. Pollock propose une autre thèse. Il pense que le rejet par Breuer de l'origine sexuelle de la névrose s'expliquerait par un traumatisme remontant à l'enfance : sa mère était morte en couches alors qu'il était âgé de trois ans. Des souvenirs refoulés de ce drame auraient pu empêcher Breuer de poursuivre les observations faites auprès de Bertha Pappenheim et de les élargir à d'autres cas.

Il est étonnant que Breuer ait accordé aussi peu d'importance à la sexualité dans cette affaire, qu'il ne l'ait jamais évoquée avec sa patiente, tandis que Freud pensait que l'hystérie avait une origine *exclusivement* sexuelle. Freud accomplit ainsi un pas de plus, un pas décisif. Grâce à cela, il devint un des chercheurs les plus importants de ce siècle. Il devait plus tard placer la sexualité au centre de sa théorie. La patiente de Breuer, « Anna O. », qui ne fut jamais en traitement chez Freud, servit donc de point de départ à la psychanalyse, cette nouvelle méthode si importante pour la connaissance de l'âme humaine.

Freud et Breuer en étaient encore à se « chamailler » et à tirer ensemble les conclusions du cas « Anna O. », mais on sentait déjà qu'ils allaient emprunter des chemins divergents. Un destin qui allait se répéter bien souvent avec la plupart de ses compagnons de route.

Le fait de s'« épancher », de se « laisser aller à sa douleur » et l'effet de libération qui en résultait, cela n'a pas été inventé par Breuer ou Freud. Toutefois, ce furent eux qui érigèrent en thérapeutique ce phénomène connu depuis des millénaires.

Freud vit dans « la méthode cathartique » de Breuer les prémisses qui lui permettraient de développer la psychanalyse. Il n'a jamais nié le rôle de Breuer dans cette découverte essentielle. « S'il y a quelqu'un à qui revient le mérite d'avoir insufflé vie à la psychanalyse, écrit Freud, ce n'est pas moi [...] j'étais étudiant [...] lorsqu'un autre médecin viennois, le Dr Breuer, a employé pour la première fois ce procédé sur une jeune fille hystérique. » D'éminents psychanalystes pensent que Freud a lui-même surestimé l'importance de Breuer dans la naissance de cette discipline.

Bernheim, Liébault, Freud et Breuer ne furent pas les seuls à poursuivre des recherches sur l'hystérie. L'assistant qui succéda à

Freud auprès de Charcot, Pierre Janet, s'occupa lui aussi des mêmes symptômes, afin d'être le premier à publier et à accéder à la notoriété. En 1898, ayant à nouveau peur d'être doublé par un autre chercheur, Freud écrivit à un ami : « Janet vient de publier un ouvrage, *Hystérie et Idées fixes*, que j'ai ouvert le cœur battant et que j'ai reposé, soulagé. Il n'a pas trouvé la clef. »

Quelle était donc cette « clef » ? Freud dut d'abord dépasser l'hypnose. En traitant ses patients avec la méthode de Breuer, il s'aperçut qu'il ne pouvait l'employer que sous la contrainte, celle du médecin. C'est ainsi que Freud développa la « libre association » où, au dialogue médecin-patient, il substitua le monologue du malade mental. Si, dans le dialogue, l'influence du médecin interférait trop souvent avec les souvenirs issus du subconscient, la nouvelle méthode de Freud permettait d'éliminer cette « falsification ». Avec la libre parole du patient qui ouvrait au psychiatre — mais avant tout à lui-même — l'accès à son inconscient, l'heure de la psychanalyse avait sonné. Le médecin a pour seul pouvoir l'interprétation des souvenirs refoulés par la conscience. La contrainte extérieure disparaît, le patient subit uniquement sa propre contrainte intérieure qui lui est imposée par l'inconscient. A la différence de toutes les méthodes employées jusqu'alors, la psychanalyse renonce à toute influence médicale, aux conseils et aux admonestations, le médecin demeure un auditeur.

Aussi près que Breuer se fût approché de la psychanalyse, il lui manqua la dimension de Freud pour déduire, à partir du cas singulier d'« Anna O. », une méthode de guérison des maladies mentales. Il était sur le point de guérir une patiente, mais il ne sut pas en tirer les conséquences scientifiques. Le cas « Anna O. » fut réglé pour lui dès lors qu'elle cessa d'être sa patiente. Freud se livra à une des plus importantes découvertes scientifiques du XXe siècle lorsqu'il se rendit compte que l'accès à une vérité dissimulée n'avait pas seulement un effet libérateur, mais ouvrait la voie à la connaissance de soi. C'est seulement quand le patient prend conscience des liens, comprend et ressent d'où vient son malaise, que sa guérison devient possible. Breuer ne pouvait combattre que des symptômes extérieurs comme l'angoisse, la toux, la paralysie. Freud atteignit par sa méthode l'origine profonde du trouble, la source de la souffrance.

« Anna O. », qui a déclenché tout ce processus, connut par

la suite un destin inattendu. Après de nouveaux accès de folie, accompagnés d'une indescriptible souffrance, de séjours en sanatorium et de cures de désintoxication, elle sembla guérie, comme Breuer en fit part au Dr Robert Binswanger qui, désormais, la traitait à Bad Kreuzlingen : « J'ai vu aujourd'hui la petite Pappenheim. Elle est en parfaite santé, sans douleur, sans rien. »

Le diagnostic de Breuer était un peu hâtif, comme en témoigne, trois ans plus tard, une lettre de Martha Freud à sa mère, après que Bertha Pappenheim lui eut rendu visite. « Elle se sent très bien le jour, mais la nuit elle souffre encore d'hallucinations. » En 1889, Bertha émigra à Francfort. A partir de ce moment-là, sa vie prit un cours inattendu. Si elle avait énormément souffert durant les années qui suivirent la maladie et la mort de son père, tant sur le plan physique que psychique, elle devint dès lors le modèle d'une génération émancipée qui combattait pour les droits de la femme. Elle se passionna pour l'équitation et milita dans des associations caritatives. Après avoir fondé — en partie avec ses propres fonds — un orphelinat pour enfants juifs, elle s'engagea dans la lutte contre la traite des Blanches alors très répandue : des jeunes femmes de Pologne et de Galicie étaient envoyées au Caire, à Constantinople, à Alger ou en Amérique du Sud, où elles étaient enfermées dans des bordels. Bertha Pappenheim, autrefois si malade, entreprit des voyages dans le monde entier pour lutter contre la misère. Elle rédigea des articles, écrivit des livres, tint des conférences, prit contact avec des personnes influentes pour défendre sa cause. Une résolution présentée à la Société des Nations à Genève fut défendue par Albert Einstein.

A la fin de la Première Guerre mondiale, Bertha Pappenheim était devenue célèbre comme pionnière de l'émancipation féminine, porte-parole des femmes juives et comme une des dirigeantes du mouvement féministe en Allemagne. Elle consacra toutes ses forces aux faibles et aux handicapés, défendit les filles en danger, les mères célibataires et abandonnées, les nourrissons, les jeunes enfants, les écoliers.

Elle mourut en 1936, à l'âge de soixante-dix-sept ans, dans l'Allemagne nazie, après avoir sous-estimé le danger hitlérien et refusé d'émigrer. C'est seulement vingt-cinq ans après la mort de Bertha que fut dévoilé le pseudonyme d'« Anna O. », imposé par le secret médical. Ce fut Ernest Jones, collaborateur et biographe de Freud, qui révéla qu'Anna O. était en réalité Bertha Pappenheim. On ne put comprendre alors comment une jeune femme perturbée avait pu devenir la pionnière dynamique et intrépide des droits de la femme.

Nul doute que la thérapie de Breuer, malgré des récidives passagères, a contribué à l'éclosion de la vie chez cette femme hors du commun.

Vienne IX, Berggasse 19

Une adresse devenue mondialement célèbre

L E 16 octobre 1887, Freud se sentit « extrêmement fatigué, comme si j'avais fait moi-même tout le travail. A huit heures moins le quart, donc, nous avions un enfant ». Le soir même, il s'assoit à son bureau pour informer sa belle-mère de la naissance de leur premier enfant. « Elle pèse trois kilos quatre cents grammes, ce qui est très correct ; elle est terriblement laide, elle a sucé dès le premier instant sa main droite, à part cela elle paraît très à l'aise et se comporte comme si elle appartenait vraiment à la maison. En dépit de sa superbe voix, elle pleure peu et semble très satisfaite, elle est allongée avec délices dans son magnifique berceau et ne donne pas l'impression d'être malheureuse de sa grande aventure. Elle s'appelle naturellement Mathilde, comme la femme de Breuer. Comment peut-on écrire autant sur une chose âgée de cinq heures ? Je l'aime déjà beaucoup, bien que je ne l'aie pas encore vue à la lumière. » Visiblement très excité, comme tout homme qui devient père pour la première fois, Freud se répète au bout de quelques lignes : « Elle est née à huit heures moins le quart. »

Les heureux événements se renouvelèrent à intervalles réguliers. Deux ans après Mathilde, ce fut Jean-Martin, son premier fils, qui vint au monde, et son père, très fier, le prénomma comme son maître et modèle Charcot. Le suivant fut Oliver — le prénom de Cromwell —, qui naquit en 1891 dans la Maria-Theresienstrasse. Freud pouvait être satisfait de la manière dont ses enfants grandissaient. « La canaille pousse bien », écrit-il à sa belle-sœur Minna, l'été suivant la naissance d'Oliver.

Dans la mesure où la famille s'agrandissait sans cesse et où après la naissance du troisième enfant un nouvel héritier était déjà attendu, les Freud déménagèrent en septembre 1891 dans un appartement plus vaste situé dans le faubourg d'Alsergrund, dans le IXᵉ arrondissement, au n° 19 de la Bergasse. Une adresse qui devait devenir mondialement célèbre.

Freud avait repris l'appartement du premier étage, qui appartenait jusqu'alors au Dr Victor Adler, chef du parti social-démocrate autrichien, qui y avait établi son cabinet médical.

Victor Adler et Freud s'étaient connus en 1873 au sein de l'Association de lecture des étudiants viennois de langue allemande. Cette rencontre n'avait pas été sereine. Ils s'étaient querellés sur la « philosophie du matérialisme », qu'Adler à cette époque rejetait, et ils en étaient presque venus à se battre en duel. Dans son ouvrage sur *L'Interprétation des rêves*, Freud décrit ce débat virulent : « Moi qui étais un jeune homme tout feu tout flamme pour l'enseignement matérialiste, je défendais avec passion un point de vue dogmatique. Alors se leva un collègue plus âgé et plus mûr qui, depuis lors, a fait la preuve de sa capacité à diriger les hommes et à organiser les masses. Cet homme, qui porte un nom emprunté au monde animal (Adler = aigle), nous fit la leçon — lui aussi dans sa jeunesse était allé garder les cochons et était revenu depuis, repentant, au domicile familial. Je fondis sur lui (comme dans un rêve), je devins grossier et répondis que depuis que je savais qu'il gardait les cochons, je ne m'étonnais pas de son discours (en rêve, je m'étonnais de mes opinions nationales allemandes). Grosse agitation ; on me somma de retirer mon offense, mais je restai de marbre. La personne offensée se montra assez compréhensive pour ne pas répondre à la provocation [1], alors qu'on l'y poussait, et laissa tomber l'affaire. »

Cinq ans après cette dispute, Adler épousa la sœur du camarade de classe de Freud Heinrich Braun, qu'il avait connue au café Griensteidl sur la Michaelerplatz. Cette union fit que Freud et Adler entrèrent à nouveau en contact. Adler établit son cabinet au 19 de la Berggasse, en 1879, après l'avoir hérité de son père, et invita Freud à déjeuner en compagnie de Heinrich Braun, sans que surgisse le moindre différend au cours de cette rencontre.

Dix-huit ans après avoir failli se battre en duel, ils envisagèrent la possibilité que Freud reprenne l'appartement d'Adler et y transfère

---

1. A cette époque, il était courant chez les aristocrates, les officiers, les universitaires et les étudiants, d'exiger un duel après avoir été offensé de la sorte.

son cabinet. Entre-temps, Victor Adler était devenu célèbre. Son père, issu d'un milieu modeste, était à présent un commerçant aisé. Disposant de revenus propres, Victor Adler avait pu se permettre de devenir médecin des pauvres, de soigner gratuitement les malades, mieux encore, de procurer à ses patients les plus démunis vivres et médicaments. En 1886, Adler, autrefois national-allemand, adhéra à la social-démocratie. Deux ans plus tard, au Congrès de réunification de Hainfeld, il parvint à regrouper plusieurs organisations. Les sociaux-démocrates se constituèrent en parti. Adler en devint le premier président et, peu après, fonda l'*Arbeiter Zeitung*, dont il fut aussi rédacteur en chef.

Ce fut à peu près à ce moment-là que Freud reprit son appartement et son cabinet de la Berggasse. Le « médecin des pauvres » avait poussé la générosité si loin qu'il s'était ruiné ! Il dut vendre l'appartement de la Berggasse et abandonner le cabinet attenant.

Si Adler est passé de l'extrême droite à la gauche, l'itinéraire politique de Freud apparaît rétrospectivement encore plus sinueux. Après une période nationale-allemande dans sa jeunesse, il se rangea plus tard aux côtés des sociaux-démocrates sans jamais avoir été « de gauche ». Bien que par son mode de pensée et de vie il eût été plutôt un bourgeois libéral, en raison de sa position foncièrement anticléricale, il n'avait jamais voulu voter pour les chrétiens-sociaux, d'autant plus que ce parti véhiculait l'héritage spirituel de l'antisémite Karl Lueger. Lorsque, en 1895, l'empereur François-Joseph refusa pour la troisième fois de ratifier la nomination de Lueger comme bourgmestre de Vienne, Freud jubila : « Je respectais jusqu'alors la prescription de ne pas fumer, mais le jour où la nomination de Lueger fut refusée, de joie, j'ai transgressé cette règle. »

Si les trois premiers enfants naquirent dans la Maria-Theresienstrasse, les trois suivants virent le jour dans la Berggasse : en 1892, son fils Ernst, prénommé d'après son maître Brücke ; l'année suivante, sa fille Sophie, qui portait le prénom de la mère de son professeur de religion Hammerschlag ; enfin en 1895, Anna, la cadette, qui devait le sien à la fille de Hammerschlag. Il y avait donc trois filles et trois garçons. « Trois et trois, cela fait ma fierté et ma richesse », déclare Freud dans *L'Interprétation des rêves* où il en vient aussi à parler du choix des prénoms : « J'ai tenu à ne pas choisir les prénoms selon la mode du jour, mais en fonction de personnes qui me sont chères, ce qui fait de ces enfants des revenants. En fin de compte, avoir des enfants n'est-il pas pour nous tous le seul moyen d'être immortel ? »

Les enfants, garçons et filles, appelaient Martha « Mama », son mari aussi.

Freud, qui n'avait tout d'abord repris à Victor Adler que le premier étage de la maison, loua après la naissance de Sophie, son cinquième enfant, le rez-de-chaussée, pour y installer son cabinet et faire face ainsi à l'accroissement régulier de sa famille.

L'appartement et le cabinet médical étaient spacieux, mais meublés modestement. L'écrivain Ernst Lothar, qui avait accompagné sa mère, venue consulter Freud dans la Berggasse, dans les dernières années de la monarchie, lui rendit visite ultérieurement pour une interview. Dans ses Mémoires, il décrit « cet appartement de médecin, typiquement autrichien : on pénétrait dans une entrée sombre, éclairée même de jour par la lumière artificielle, puis dans une salle d'attente, oppressante comme toutes les salles d'attente. L'homme qui après un certain temps apparaissait sur le seuil de la porte, en disant de manière conventionnelle : "entrez, s'il vous plaît", ressemblait à un médecin autrichien traditionnel. Une moustache et un collier de barbe coupé court encadrant un visage mince, un large col où le cou pouvait se mouvoir à son aise, un petit nœud papillon noir ».

Le visiteur suivit l'injonction du médecin et entra dans le cabinet. « Passant derrière son bureau, Freud dit : "Asseyez-vous", comme n'importe quel médecin autrichien. Pourtant, dès le premier instant, on percevait chez lui quelque chose de différent, un certain sourire flottait sur ses lèvres, tandis que ses yeux étaient illuminés de l'intérieur. Un homme était assis derrière son bureau et se livrait à une radiographie de l'âme, seulement avec ses yeux. Cela ne durait pas longtemps et n'avait rien à voir avec du charlatanisme. C'est comme s'il administrait une injection, un mélange d'imagination et de savoir ; un savoir fait de précision, de pénétration, qui devait autant à la puissance d'imagination qu'à l'exactitude, à la poésie qu'à la médecine. Était-ce cela qui le rendait si suspect aux médecins viennois, au point qu'ils lui refusaient une chaire de professeur ? En face de moi était assis quelqu'un de typiquement autrichien envers qui l'Autriche ne manifestait aucune bienveillance et qui posait des questions inhabituelles. Mais je me défendais, je n'étais pas venu comme patient — "bien que vous en soyez un, dit-il". »

D'autres visiteurs ont trouvé la Berggasse « indigne » d'un

homme aussi prodigieux. Bien plus tard, André Breton décrivit le grand psychiatre, vivant et travaillant « dans une maison banale située dans un quartier perdu de Vienne. La jeune fille qui ouvrit la porte n'était pas belle. Je me trouvai face à un homme de petite taille, modeste, qui me reçut dans un salon miteux, comme un médecin pauvre ». Il évoqua ailleurs le bureau de Freud comme celui d'un professeur d'université anodin, et non d'un médecin mondialement célèbre.

Si, en 1893, lorsqu'il avait aménagé son appartement, Freud était loin d'être mondialement connu, du moins était-il en train de jeter les bases de sa future notoriété. Durant ses premières années de pratique dans la Berggasse, Freud employa la « méthode cathartique » de Breuer et laissa donc les patients raconter leurs problèmes en état d'hypnose. Il publia avec Breuer un article dans la *Neurologische Centralblatt* sur les « Mécanismes psychiques des phénomènes hystériques », article présenté comme une « communication préliminaire » qui devait être suivie d'une publication plus étoffée sur le même sujet. Mais ce travail en commun engendra une divergence d'opinions qui mit fin à leur relation.

Les *Études sur l'hystérie* publiées en 1895 furent accueillies dans la *Morgenpresse* par une critique dithyrambique d'Alfred von Berger. Le futur directeur du Burgtheater pensait qu'il était temps que la science s'occupât enfin de ce domaine où « les poètes étaient ceux qui avaient le plus et le mieux exprimé les secrets de l'âme humaine ».

L'installation dans la Berggasse entraîna une transformation des conditions de vie de Freud qui était alors au milieu de la trentaine. C'est à peu près à cette époque que la famille se hissa dans les classes moyennes, puis ensuite dans la bourgeoisie aisée, le cabinet marchant de mieux en mieux. Au temps de sa splendeur, Freud prenait dix, parfois onze patients par jour en analyse, chacun restant près d'une heure.

Toutefois, il ne percevait souvent ses honoraires qu'ultérieurement, n'étant pas très habile pour les « rentrées d'argent ». Il écrit à Breuer : « Les bénéfices reposent constamment sur des recouvrements de créances, ce à quoi nous contraint notre profession. » Pour expliquer cette situation, il cite l'exemple d'une patiente : « Mlle N.N. exigea dans son exaltation d'être traitée comme toutes les autres patientes. Je tenais moi aussi à ce qu'elle ne se sente pas trop redevable ; d'autre part, je ne voulais en aucune manière mettre la main sur les quelques biens de cette pauvre fille. On a fini par trouver un arrangement : je facturais chaque séance cinq guldens [1], comme pour tout le monde, mais sur la somme globale de sept cent cinquante guldens (pour cent cinquante séances), je ne lui faisais payer que cent cinquante guldens ; le reste, soit six cents guldens, étant crédité sur l'héritage à venir de sa mère, qui est encore vivante. Comme vous le voyez, je ne percevrai des honoraires pour le traitement de Mlle N.N. que lorsqu'elle aura hérité. »

Freud consacrait sa vie quotidienne à la médecine et à ses recherches scientifiques révolutionnaires ; par ailleurs, il menait déjà à la fin du siècle la vie typique d'un grand bourgeois viennois. Il lisait tous les jours la *Neue Freie Presse*, pouvait s'offrir tous les ans trois mois de vacances estivales, comme c'était alors l'usage dans la « bonne société », il avait plusieurs domestiques et fréquentait les milieux « de même niveau ». Mais à la différence des autres universitaires, il allait peu au théâtre et quasiment jamais à l'Opéra, bien que les scènes viennoises aient été florissantes à la fin du siècle ; il s'intéressait avant tout à la lecture et à la littérature.

Toutefois, son cabinet et ses autres activités lui laissaient peu de loisirs : une fois par semaine, il faisait une conférence à l'Université ; son cabinet médical était ouvert même en soirée ; ensuite, jusque tard dans la nuit, il évaluait le résultat des analyses en cours, écrivait des livres ou le texte de ses conférences, et répondait à une abondante correspondance. Durant toutes ces années, il n'a jamais eu de secrétaire ni d'assistante.

Pendant les cinquante ans passés à la Berggasse, Freud traita près de mille patients, des cas graves et bénins, mais aussi des cas incurables auxquels il ne pouvait apporter qu'un léger soulagement. Toutes les conclusions auxquelles il aboutit dans son travail scientifique provenaient de l'expérience acquise auprès de ses patients. Il résuma avec modestie et pessimisme ces nombreux itinéraires névrotiques : « Pour toute l'humanité comme pour chacun en particulier, la vie est dure à supporter. »

---

1. Environ 500 schillings en 1989 (200 F).

« *Je continue de fumer,*
malgré ton interdiction »

L'ami Fliess et l'incessante peur de la mort

« Lorsque notre petite Mathilde rit, nous nous imaginons que l'entendre rire est la plus belle chose qui puisse nous arriver. » On trouve ces quelques lignes personnelles de Freud dans une lettre adressée à son ami le Dr Fliess.

Wilhelm Fliess, un oto-rhino-laryngologiste de deux ans plus jeune que Freud, fut à partir de 1887 son confident, tant sur le plan personnel que médical. Mais les deux médecins durent entretenir une amitié à distance car le meilleur ami de Freud, son « premier public » et son « juge suprême », passa les quinze ans qui suivirent à Berlin. Lors de son séjour à Vienne, sur les conseils de Breuer, Fliess avait assisté à une conférence de Freud sur les « paralysies hystériques » ; ce fut le point de départ de contacts intenses et durables. Fliess devint le correspondant privilégié avec qui Freud discuta de la psychanalyse.

Fliess, dont le cabinet était très fréquenté, s'occupait de problèmes dépassant largement sa spécialité, notamment de troubles neurologiques. Dès le début, Freud fut fasciné par Fliess, comme l'atteste sa première lettre : « Mon courrier d'aujourd'hui a un but précis ; toutefois, je voudrais commencer par vous dire que j'espère poursuivre cette relation avec vous, car vous m'avez fait une très forte impression... » A la base de cette amitié, il y avait des intérêts médicaux communs, certes, mais aussi une conception politique, sociale et culturelle analogue du monde.

Très tôt, Freud vit en Fliess, non seulement un confident, mais aussi un médecin de famille, si tant est que les conseils, voire les soins, puissent s'accommoder d'un éloignement physique. En tout cas, il se livra corps et biens à Fliess, plus encore qu'à Breuer. Fliess fut pour lui le « type d'homme entre les mains de qui on pouvait remettre en toute confiance sa vie et celle des siens ».

Freud fut « de santé délicate presque toute sa vie. Nothnagel avait déjà diagnostiqué chez le jeune médecin de vingt-six ans une légère affection typhoïde ; tout jeune, il souffrait de sciatique et, semble-t-il, il attrapa la variole, même si cela ne lui laissa aucune cicatrice. A cette époque, il était très amoureux et, malgré la mise en quarantaine qui lui avait été prescrite, il avait poursuivi sa correspondance avec sa chère Martha : « Mon médecin a trouvé un moyen pour que je puisse continuer à t'écrire : Tu déposeras cette lettre dans son enveloppe pendant quelques heures dans une boîte portée à la température de 120° afin de la débarrasser de ses propriétés dangereuses. Ce type de censure ne nous dérangera pas trop, n'est-ce pas ? »

Ces lettres à Wilhelm Fliess nous révèlent une foule de détails sur son état de santé — pas très brillant — à l'âge de la maturité. Freud se plaignait de troubles récurrents, par exemple de maux de tête persistants, décrits comme des « attaques de migraine », qui l'empêchaient par moments de travailler et qui ne purent jamais être traités de manière satisfaisante. Il attrapait aussi sans cesse des rhumes et des catarrhes dus à une inflammation chronique du sinus. Il souffrait de douleurs stomacales et intestinales, de problèmes digestifs et de palpitations cardiaques. Fliess le pressait sans cesse de s'arrêter de fumer. Freud tenta à de nombreuses reprises de suivre ce conseil médical. Il abandonna plusieurs fois, mais jamais très longtemps. Au cours des nombreuses et brèves périodes où il se passa de nicotine, Freud connut les troubles du sevrage. Il respectait cette prescription amicale, mais néanmoins stricte, de ne plus fumer, chaque fois que ses troubles cardiaques s'aggravaient. Il écrivit ainsi à la fin de 1883 : « Je continue de fumer, malgré ton interdiction. Penses-tu que ce soit un grand plaisir que de passer de longues années dans la détresse ? » Peu de temps après, à la suite de troubles cardiaques aigus, il écrivit : « Comme chacun éprouve le besoin de s'épargner les critiques de quelqu'un qui a de l'influence sur lui, depuis ce moment (c'est-à-dire depuis maintenant trois semaines), je n'ai plus rien de brûlant entre les lèvres, je peux voir les autres fumer sans envie, je peux m'imaginer vivre et travailler sans ce soutien. Il n'y a pas très longtemps qu'il en va ainsi, l'abstinence m'avait plongé dans un état de détresse indescriptible et c'est tout naturel. »

Freud mentionne dans une lettre que ses troubles cardiaques

seraient apparus la première fois en 1889, « assez soudainement après une séance de suggestion ». Il n'était pas d'accord avec les médecins qui le soignaient sur la cause de ses troubles qui se manifestaient sans répit depuis l'âge de trente-trois ans. Il en fit part à Fliess : « Pour un médecin qui passe toute la journée à comprendre la névrose, il est pénible de constater qu'il ne sait s'il doit attribuer ses troubles à un dysfonctionnement de nature organique ou hypocondriaque. »

Durant toutes ces années, Freud fut d'humeur dépressive et poursuivi par la peur de la mort. Il n'avait pas encore quarante ans, quand il pria Fliess de lui annoncer sans ménagement ce qui l'attendait : « Si tu peux affirmer quelque chose avec certitude, fais-le-moi savoir. Moi, je ne suis pas très sûr de mes responsabilités, ni du fait que je sois irremplaçable. J'accepte très bien cette incertitude quant à la durée de ma vie, étant donné ce diagnostic de myopathie cardiaque [inflammation du muscle cardiaque], peut-être puis-je en tirer profit pour organiser ma vie en me réjouissant du temps qui me reste à vivre. »

Freud se confia sans doute davantage à son ami qu'à sa propre famille, qu'il ne voulait surtout pas inquiéter. « Les petits et la femme vont bien, je n'ai pas raconté à cette dernière mes délires morbides. » Si un médecin avait garanti à Freud alors âgé de trente-huit ans qu'il atteindrait cinquante et un, « il ne m'eût pas dégoûté des cigares. J'ai l'idée, mais cela ne repose sur aucune base scientifique, que je vais encore souffrir quatre, cinq, huit ans de troubles épisodiques avec des périodes plus fastes ou plus mauvaises et puis je disparaîtrai entre quarante et cinquante ans à la suite d'un infarctus ; s'il ne survient pas trop près des quarante ans, voilà qui ne sera déjà pas si mal ».

Freud allait avoir quarante ans lorsque se produisit un événement qui lui fit penser que sa fin approchait. Le 16 avril 1886, trois semaines avant son anniversaire, mourut le célèbre sculpteur Viktor Tilgner à qui Vienne doit les monuments de Mozart, Makart et Bruckner, et qui érigea des sculptures pour le Burgtheater, la Hofburg et les grands musées de la Ringstrasse. Comme Freud l'apprit par la notice nécrologique publiée dans la *Neue Freie Presse*, Tilgner mourut à cinquante-deux ans d'un infarctus du myocarde causé par une thrombose coronaire, ce qui présentait des analogies avec les maux dont il souffrait lui-même. Rien d'étonnant donc à ce que Freud, qui depuis un certain temps déjà éprouvait un « manque d'énergie vitale », se soit identifié au cas

Tilgner. « Je note chez moi des crises... d'angoisse de mort », écrit-il à Fliess le jour où paraît dans la *Presse* l'annonce de la mort du sculpteur.

Si on pense que Freud a vécu jusqu'à quatre-vingt-trois ans, le fait qu'il ait été habité par des pensées aussi sombres au beau milieu de sa vie semble exprimer plus qu'un « sain » pessimisme. Lui-même l'a reconnu et a qualifié sa crainte de la mort de névroti-que.

A peine Freud se sentait-il mieux qu'il allumait un cigare après l'autre. Cette inconséquence dura des décennies. Il demeura, avec de brèves interruptions, un grand fumeur jusqu'à la fin de sa vie, grillant en général vingt cigares par jour. Alors qu'il n'avait pas encore entamé ses recherches sur l'acte manqué, il en offrit lui-même une illustration. C'est ainsi qu'il écrivit dans un moment où il se portait bien « qu'il avait devant lui une longue vie et le désir grandissant de fulminer » (au lieu de fumer[1]). Max Schur, son médecin de la dernière période, distingue dans ce lapsus classique, au sens freudien du terme, le désir de se battre pour ses chers ciga-res.

Sa dépendance à l'égard du tabac et ses conséquences consti-tuent un thème essentiel de sa correspondance avec Fliess. Voici un exemple de ce combat désespéré contre la nicotine : « Du jour de ton interdiction, je n'ai pas fumé pendant sept semaines. Comme je m'y attendais, au début cela se passa mal : troubles cardiaques, mauvaise humeur et détresse consécutive à l'abstinence... J'étais incapable de travailler, j'étais un homme fini. Au bout de sept semaines, malgré la promesse que j'avais faite, j'ai recommencé à fumer... Dès les premiers cigares, mon humeur est devenue plus joviale et je me suis senti capable de travailler. Je n'ai pas constaté un accroissement des troubles après un cigare. Je fume désormais modérément : trois cigares par jour, je me sens mieux qu'auparavant, il y a une amélioration, mais ce n'est pas encore tout à fait parfait. »

Si son collaborateur Ernest Jones explique exclusivement ces troubles corporels par la névrose, autrement dit s'il considère Freud comme un hypocondriaque « qui ultérieurement eût certainement considéré sa souffrance comme une hystérie d'angoisse », tel n'est pas l'avis du Dr Schur : « Nous ne possédons aucune preuve

---

1. En allemand le désir d'en découdre se dit *Rauflust* et le désir de fumer *Rauchlust* (N.d.T.).

convaincante qui justifierait la théorie de Jones selon laquelle tous ces troubles ne seraient que des manifestations de sa névrose. » De son côté, Schur, dont Freud fut le patient les dix dernières années de sa vie, attribue les douleurs de Freud abordant la maturité (douleurs cardiaques partant du bras gauche, difficultés respiratoires, oppressions) au début d'une angine de poitrine. « Durant cette période, on pouvait observer chez Freud les symptômes d'une légère défaillance du ventricule gauche, un souffle court ou ce qu'il décrira plus tard comme une "insuffisance motrice". Sa névrose amplifia certainement ses troubles physiques, mais il n'y a aucun doute qu'il souffrait d'une maladie organique. »

En 1929, Freud, alors mondialement célèbre, répondit au questionnaire d'un journal concernant les habitudes liées au tabac : « J'ai commencé à fumer à l'âge de vingt-quatre ans, d'abord des cigarettes, ensuite des cigares. Je fume aujourd'hui encore à l'âge de soixante-douze ans et j'ai du mal à me priver de ce plaisir. Entre trente et quarante ans, j'ai été obligé de m'arrêter de fumer pendant un an et demi à cause de troubles cardiaques, dus peut-être à la nicotine, mais qui étaient probablement la conséquence d'une grippe. Depuis, je suis resté fidèle à mon habitude, ou à mon vice, et je dois au cigare un accroissement de ma capacité de travail et un relâchement de mon self-control. Mon père, qui fut un grand fumeur et le demeura jusqu'à sa quatre-vingt-unième année, me servit de modèle. »

Max Schur se demande même si Freud eût été capable de porter son œuvre à de tels sommets, s'il avait arrêté de fumer : « Comme il en va pour toute dépendance, il est très difficile de déterminer si, sans la nicotine, Freud eût pu accéder à la concentration nécessaire pour résoudre des problèmes très difficiles, soit que les conséquences du sevrage eussent diminué sa capacité d'attention, soit qu'il eût été privé du stimulant de la nicotine. »

On pourrait désigner de manière plus noble la souffrance de Freud comme un cas classique de « maladie de la créativité », que le psychologue Henry Ellenberger définit ainsi : « Il y a alternance de périodes d'accalmies, de rechutes. Pendant la durée de la maladie, la personne ne perd jamais le fil de l'idée qui la poursuit. Voilà qui peut fort bien s'accommoder d'une vie professionnelle et familiale normale. Mais même lorsque la personne souffrante assume ses fonctions sociales, elle est presque uniquement préoccupée par elle-même. Elle souffre d'un sentiment profond d'isolement, même si elle est guidée dans l'épreuve. Celui qui est victime de cette maladie sort de cette expérience avec une personnalité transformée, persuadé qu'il a découvert une vérité profonde ou un nouveau monde spirituel. Dans le cas de Freud, on retrouve tous ces traits. »

Durant ces années d'amitié avec Fliess, tandis que Freud élaborait les grandes lignes de la psychanalyse et pouvait donc, à juste titre, être persuadé d'« avoir découvert un monde spirituel nouveau », Fliess poursuivait à Berlin ses propres recherches scientifiques. Parmi ses nombreuses hypothèses, il attribua aux muqueuses nasales la responsabilité d'une quantité de maladies allant des migraines aux douleurs intestinales et stomacales en passant par les troubles cardiaques et les problèmes sexuels. Dans la mesure où Freud souffrait lui-même de plusieurs symptômes décrits par Fliess, il manifesta tout naturellement un grand intérêt pour sa théorie. Dans une thèse ultérieure, l'oto-rhino-laryngologiste prétendit que non seulement la femme était soumise à des cycles (de 28 jours), mais l'homme aussi, et qu'ils étaient de 23 jours. En fin de compte, Fliess fut persuadé de la bisexualité de chaque être vivant.

Aussi aventureuses que ces idées aient pu lui paraître, Freud estimait son ami, non seulement comme correspondant épistolaire et comme médecin personnel, mais aussi pour ses idées scientifiques. Il fit même appel à ses compétences de chirurgien pour une de ses malades. Cette affaire donna aux deux amis l'occasion de se retrouver pour des vacances qu'ils qualifièrent de « congrès » et de poursuivre ensemble une activité professionnelle. Cette collaboration intervint lors du « cas Emma » tristement célèbre. Emma était en traitement chez Freud pour une douleur à l'estomac d'origine nerveuse et pour des troubles du cycle menstruel. Selon Fliess, elle souffrait aussi d'une maladie nasale qui aurait été à l'origine de son hystérie. Freud pria son ami berlinois de venir à Vienne, ce qu'il fit en 1894, pour opérer Emma du nez, après l'avoir examinée.

Ensuite, Fliess retourna à Berlin en confiant les soins post-opératoires à ses collègues viennois. Quelques jours plus tard, des complications apparurent et le médecin de garde de l'hôpital établit que Fliess avait oublié par étourderie un pansement de gaze dans la plaie. Peu après survint une hémorragie qui mit en danger les jours d'Emma.

Pour Freud, cette affaire fut doublement gênante. « Emma » s'appelait Emma Eckstein et était la sœur de son ami Friedrich Eckstein, qui comptait parmi les personnes les plus érudites de

Vienne, où il avait la réputation d'avoir une culture universelle et de s'intéresser à tout. On prétend qu'il pouvait répondre à n'importe quelle question sur n'importe quel sujet. On murmurait, rapporte Friedrich Torberg, que lorsqu'il ne savait pas quelque chose, le grand Brockhaus [1] allait trouver Eckstein en cachette. Eckstein était marié à l'écrivain Bertha Diener, connue sous le pseudonyme de *Sir* Galahad, et comptait Gustav Mahler, Franz Liszt, Adolf Loos, Karl Kraus, Peter Altenberg et Hans Makart parmi ses amis intimes. Si Hofmannsthal, Werfel ou Rilke doutaient de la qualité d'un de leurs poèmes, ils allaient trouver Eckstein à sa table, au Café impérial. Par ailleurs, Friedrich Eckstein jouait avec Freud au tarot ; on peut donc aisément imaginer la manière dont cette faute médicale se répandit dans les cercles viennois et causa un tort indirect à Freud. Envers et contre tous, il prit la défense de son ami berlinois.

De cette abondante correspondance entre les deux amis, il nous reste 284 lettres de Freud. Elles constituent une source essentielle pour l'histoire de la psychanalyse, car elles datent précisément de l'époque où la nouvelle science a vu le jour. Si la première lettre écrite en 1887 commence très cérémonieusement par un « Distingué collègue et ami », cinq ans plus tard on est passé au tutoiement, au « Cher Ami », ou encore « Cher Wilhelm ».

Ce qui revient comme un leitmotiv dans les lettres de Freud, quelle que soit la forme de l'apostrophe, c'est l'angoisse de la mort. En plus des soucis qu'il pouvait se faire pour sa famille, il craignait de ne pouvoir mener à bien son travail de recherche, qui, il en était conscient, lui prendrait beaucoup de temps. Le traitement de chaque patient le rapprochait de son but, mais chaque cure durait des mois, voire des années. Aurait-il l'opportunité d'apporter la preuve de ses théories à des collègues plus que sceptiques ? Ou mourrait-il, comme il l'a plusieurs fois répété, « tel Moïse avant d'avoir atteint son but » ? Voilà ce qui taraudait Freud au cours de ces années décisives pour la découverte de la psychanalyse.

---

1. Auteur de la plus prestigieuse encyclopédie de langue allemande *(N.d.T.)*.

« *Mon principal patient, c'est moi* »

Le divan

C'EST au milieu des années quatre-vingt-dix que Freud en vint à abandonner la « méthode cathartique ». Elle lui apparut alors comme une « méthode contraignante », car le patient sous hypnose est amené à mélanger ses propres pensées à des influences extérieures, et, de plus, tout le monde n'est pas apte à répondre aux forces hypnotiques. Il était donc à la recherche d'un nouveau procédé qu'il qualifia pour la première fois en 1894 de « psychanalyse ». « L'idée libre », ou encore « l'association libre », devait permettre de se passer de l'hypnose et d'ouvrir la voie à l'inconscient.

Une patiente dénommée « Elisabeth von R. » dans les écrits de Freud, qui se révéla plus tard être Elisabeth Weiss, joua un rôle important dans ce passage de l'hypnose à la psychanalyse. Lors du traitement de ce cas très intéressant, Freud eut recours aux deux méthodes.

« Elisabeth von R. » était une belle jeune fille de vingt-quatre ans, très intelligente, qui avait grandi dans un milieu familial uni et protégé. Toutefois, le bonheur de la famille Weiss se brisa en l'espace de deux ans. Le père d'Elisabeth, qu'elle chérissait par-dessus tout, mourut à la suite d'une grave maladie ; peu après, sa mère dut subir une opération des yeux, extrêmement dangereuse à l'époque et risqua de perdre la vue ; l'aînée de ses deux sœurs épousa un homme qui exerça une mauvaise influence sur toute la famille et, après tous ces malheurs, survint le choc le plus dur, lorsque la sœur cadette qui avait fait un mariage heureux mourut en couches d'un arrêt cardiaque.

Freud fut donc confronté à une situation terrible lorsqu'un collègue lui présenta Mlle Weiss à l'automne 1892. Ses symptômes ressemblaient à ceux d'« Anna O » : Elisabeth souffrait de graves douleurs aux jambes au point que, par moments, elle ne pouvait plus marcher. Qui plus est, la jeune femme était sceptique vis-à-vis de toute forme de thérapie psychiatrique et doutait de l'efficacité d'un traitement de ce type.

Après l'avoir examinée, Freud en conclut qu'elle ne souffrait d'aucune lésion organique et qu'il se trouvait face à un cas très clair d'hystérie. Il commença à soigner les muscles des jambes par des massages et par l'électrothérapie « afin de pouvoir rester en contact avec la malade », comme il le dit dans les *Études sur l'hystérie*. Une légère amélioration s'ensuivit. « Elle paraissait être tout spécialement sensible aux décharges douloureuses de la machine et plus ces décharges étaient violentes, plus ses propres douleurs semblaient régresser. » Quatre semaines plus tard, après avoir gagné la confiance d'Elisabeth grâce à ce traitement, que Freud qualifiait lui-même de « simulacre », il proposa à cette patiente sceptique un traitement psychologique.

Le plan réussit, Mlle von R., jusque-là réticente, accepta. « Le travail que je commençai à partir de ce moment se présentait comme l'un des plus difficiles auxquels j'eusse été confronté. » Freud voulut tout d'abord découvrir le lien qui existait entre l'histoire de la douleur et les symptômes de la patiente. Dès le début, il avait soupçonné que derrière la maladie se cachait un « secret ». Il chercha donc à l'élucider.

« Je dus tout d'abord renoncer à l'hypnose, me réservant la possibilité d'y avoir recours ultérieurement, si au cours de sa confession survenaient des événements que sa mémoire ne parvenait pas à clarifier. Au cours de cette première analyse complète d'une hystérie, je mis ainsi au point un procédé que j'ai plus tard érigé en méthode. » Le cas Elisabeth von R. marqua l'heure de naissance de la psychanalyse.

Freud laissa d'abord la malade raconter ce qu'elle savait, « faisant particulièrement attention là où un lien restait énigmatique, là où un élément de la chaîne de causalité manquait, puis je pénétrai dans les couches plus profondes de la mémoire en ayant alors recours à l'hypnose ou à une technique similaire [...] l'histoire de sa souffrance, telle que Mlle Elisabeth me la racontait, était tissée d'une longue suite d'expériences douloureuses. Elle ne parlait pas sous hypnose, mais je lui avais demandé de s'allonger et de fermer les yeux, sans pour autant protester si par moments elle ouvrait les yeux, changeait de position, s'asseyait, etc. ».

Pour ce cas spécifique, le psychiatre poursuivit en partie le traitement dans l'appartement de la famille Weiss, ce qui joua un rôle déterminant dans la résolution du conflit. « J'entendis un jour, alors que je m'occupais de la malade, les pas d'un homme dans la pièce voisine et une voix agréable qui semblait poser une question ; là-dessus, ma patiente se leva, et me pria de suspendre la séance. Elle avait entendu son beau-frère arriver et la demander. Jusque-là, elle n'avait pas éprouvé de douleur, mais après cette perturbation, son visage et son pas trahirent une profonde souffrance. Je fus confirmé dans mon hypothèse et je décidai de provoquer l'explication décisive. »

Lors de la séance suivante, Freud amena sa patiente vers cette « hypothèse » : la « voix agréable » de la dernière fois provenait du mari de sa sœur morte. Cette personne était déjà apparue lors de plusieurs récits, mais cette fois on en vint au fait. Peu de temps avant la mort de sa sœur, Elisabeth s'était longuement promenée avec son beau-frère. Les premiers symptômes de paralysie s'étaient manifestés au retour de cette promenade commune, confia-t-elle à Freud. Après quoi, elle avait sans cesse rêvé d'avoir un « homme comme lui » à ses côtés. La sœur d'Elisabeth mourut quelques jours après cette promenade. Freud décrit en ces termes la phase suivante, cruciale, de l'analyse : « Ils étaient debout au pied du lit, regardant la disparue, éprouvant cette certitude épouvantable que la chère sœur était morte sans avoir pris congé d'eux, sans qu'ils aient adouci par leurs soins ses derniers jours — au même instant, une autre pensée vint à l'esprit d'Elisabeth sans qu'elle puisse l'en chasser, une pensée qui traversa l'obscurité comme un éclair éblouissant : maintenant il est à nouveau libre, je pourrais devenir sa femme. »

Désormais, tout était clair, « la peine de l'analyste avait été récompensée ». Freud avait amené sa patiente à exprimer une émotion psychique qui avait été détournée dans son corps. « La jeune fille avait éprouvé pour son beau-frère un penchant que tout son être moral réprouvait. Elle était parvenue à faire l'économie de ce sentiment douloureux, l'amour pour son beau-frère, en se créant des douleurs physiques » qui étaient précisément survenues au moment (au cours de la promenade) où elle avait pris conscience de ce sentiment.

Le fait de reconnaître et d'exprimer la vérité n'entraîna pas une guérison ; au contraire, la patiente comme le thérapeute connurent ensuite des moments difficiles.

« Revivre cette scène refoulée eut un effet accablant sur la pauvre enfant. Lorsque je résumai les faits en des termes précis, elle s'écria qu'elle était amoureuse depuis longtemps de son beau-frère. Au même moment, elle se plaignit de douleurs insupportables et se livra à une tentative désespérée pour repousser cette explication. Ce n'était pas vrai, je l'aurais influencée, elle n'était pas capable d'une pareille abomination. Il fut simple de lui démontrer que ses propres aveux ne laissaient pas de place à une autre explication, mais il fallut longtemps avant que mes deux arguments de réconfort — on n'était pas responsable de ses sensations, tandis que son comportement, sa maladie étaient des preuves suffisantes de sa moralité —, avant que ces tentatives de réconfort, dis-je, fissent leur effet. »

Lors de la rencontre suivante, la patiente parvint, par réaction, à se libérer de son émoi. Comme Freud le découvrit grâce à une discussion avec la mère d'Elisabeth, une relation avec le beau-frère bien-aimé n'était pas possible car celui-ci était tombé malade et ne s'était pas remis de la mort de sa femme. Toutefois, à l'approche des vacances d'été, Freud considéra sa patiente comme guérie. Bien que durant les vacances il apprît par Mme Weiss qu'Elisabeth avait été victime de rechutes, à l'automne 1893, un an après le début du traitement, elle était entièrement rétablie. « Au printemps 1894, conclut Freud, on me dit qu'elle devait se rendre à un bal où je pouvais me faire inviter. Je ne voulais pas rater l'occasion de voir mon ancienne malade se laisser emporter dans la danse. Depuis, elle s'est mariée, de sa propre volonté, avec un étranger. »

Conséquence indirecte de la guérison heureuse d'« Elisabeth von R. », Freud se détourna de l'hypnose pour adopter une méthode thérapeutique, « l'association libre », qui allait rester liée à son nom, et faire la conquête du monde sous l'appellation de psychanalyse. Lors des premières années dans son cabinet de la Berggasse, Freud avait fait l'expérience que « même au cours de la meilleure hypnose, la suggestion a un pouvoir non pas illimité, mais seulement circonscrit. La personne hypnotisée ne consent qu'à de petits sacrifices, elle retient les grands, exactement comme en état de veille ».

Sigmund Freud nous a décrit en détail en quels termes il s'adressait au patient au cours de la psychanalyse, autrement dit comment il « utilisait » la thérapie. Il s'agissait en quelque sorte d'« un mode d'emploi » destiné aux collègues intéressés : « Il faut étendre le malade mental sur un canapé, en même temps qu'on se place derrière lui sans qu'il puisse vous voir. Peu importe en général par quoi on commence la cure, qu'il s'agisse de l'histoire de sa vie, de sa maladie, ou de ses souvenirs d'enfance. En tout cas, il faut laisser le patient parler et lui laisser le libre choix du commencement. »

Une fois que le patient s'est confortablement installé sur ce qui deviendra plus tard le célèbre divan freudien, le médecin ouvre la discussion : « On dit ainsi (au patient) : Avant que je puisse vous dire quoi que ce soit, il faut que vous m'ayez parlé de vous. Dites-moi, s'il vous plaît, ce que vous savez de vous-même. Toutefois, encore quelque chose avant que vous ne commenciez : Votre récit doit se différencier d'une conversation habituelle. Alors que d'habitude vous essayez, à juste titre, de fournir un récit cohérent en écartant toutes les impulsions ou les idées subites qui vous viennent à l'esprit pour ne pas passer, comme on dit, du coq à l'âne, vous devez procéder ici différemment. Dites ainsi tout ce qui vous passe par la tête. Conduisez-vous comme un voyageur assis à la fenêtre d'un train, qui décrirait la manière dont le paysage défile sous ses yeux. Enfin, n'oubliez jamais que vous avez promis une parfaite sincérité et n'omettez jamais quelque chose parce que sa description vous serait désagréable pour une raison ou une autre. »

Après cette courte introduction vient le tour du patient. Il parle et il parle, il parle librement. Au début, Freud ne fait qu'écouter. « Le médecin, dit-il un jour, doit devenir opaque dans l'analyse et, comme un miroir, ne réfléchir que ce qui lui est montré. » L'analyse a atteint son but, pensait Freud à l'époque, dès que le patient parvient à entrevoir son inconscient. Car, et c'est là la grande découverte de Freud, derrière chaque comportement se dissimulent des raisons qui restent inconscientes à l'homme. Les processus inconscients constituent une part essentielle de notre psychisme.

Au début, lorsque Freud avait « trouvé le filon » du contenu de l'inconscient, il manifestait sa satisfaction au patient. Il se levait de son fauteuil en disant : « Il faut fêter cela ! » C'était pour lui une bonne raison d'allumer un cigare, comme nous l'a rapporté sa patiente Hilda Doolittle. Il exprimait de la même façon son impatience lorsque le récit était trop haché. Quand des détails importants pour l'analyse ne faisaient pas surface, mais restaient dissimulés dans l'inconscient, il avait coutume de dire : « Il faut continuer à creuser jusqu'à ce que nous tombions sur quelque chose qui nous apporte plus d'éclaircissements. »

Freud n'a pas été le premier à tenter de décrire l'inconscient. Bien avant lui, des écrivains et des hommes de science s'étaient penchés sur les régions obscures de l'âme. Mais ce fut lui qui étudia le psychisme humain de manière systématique, afin de dévoiler le contenu de l'inconscient à travers les rêves, les actes manqués, les refoulements ou les déplacements. Cette prise de conscience de zones les plus étendues possibles de l'inconscient conduit à la guérison des maladies mentales. En pratique, cela n'est possible que par un retour à notre prime jeunesse dont nous avons partiellement oublié ou refoulé les expériences vécues. Cet oubli, ce refoulement, dit Freud, ne se produit pas par hasard, mais est le résultat d'une dissimulation systématique. On refoule ce qui est désagréable pour idéaliser sa propre image et s'illusionner soi-même.

Une fois rendue publique, sa nouvelle méthode ne rencontra que peu de compréhension dans les milieux médicaux. Qu'avait donc fait Freud aux médecins viennois pour qu'ils l'aient considéré avec suspicion et traité comme un marginal ? Les révolutionnaires ne suscitent jamais une grande sympathie auprès des représentants de l'ordre établi ; oui, Freud était un rebelle, un révolutionnaire. S'il menait un mode de vie bourgeois, en tant que scientifique c'était un révolutionnaire. Les médecins respectables soignaient toujours selon les méthodes traditionnelles de leurs maîtres et des maîtres de ces maîtres. Ceux qui tentaient d'améliorer cette situation en recourant à des nouveautés étaient combattus, ou bien n'étaient pas pris en considération, comme Ignaz Philipp Semmelweis qui vainquit la fièvre puerpérale ou encore Karl Landsteiner qui découvrit les groupes sanguins.

Freud rencontra les mêmes difficultés car, une chose était sûre, il ne fallait pas modifier les rapports avec les patients. D'un côté, Messieurs les professeurs, les chefs de clinique, les maîtres de conférences et les simples médecins généralistes ; de l'autre, tous ceux qui, dans la détresse, devaient se plier aux jugements des médecins traitants. Il n'y avait pas de place pour un dialogue médecin-patient, il ne devait tout simplement pas exister.

Or, la découverte révolutionnaire de Freud résidait précisément dans la vertu thérapeutique du dialogue. Dans la psychanalyse, c'est le patient qui se trouve au centre et le médecin légèrement en retrait. A la limite, on pourrait dire qu'avant Freud on traitait des « malades », alors que depuis on traite des « patients ». Aux critères objectifs de la médecine s'est ajouté un rapport subjectif, le rapport d'homme à homme. Tandis qu'avant Freud, la médecine ne considérait le patient que de l'extérieur, ne le laissait jamais s'exprimer librement, au mieux tolérait qu'il racontât l'histoire de sa maladie, Freud au travers du dialogue avec le malade accédait à la subjectivité de la souffrance. Au charabia médical, incompréhensible pour le commun des mortels, il substitua un langage vivant, autrement dit, il instaura une démocratisation du rapport médecin-malade.

Pour comprendre réellement le scepticisme envers la révolution freudienne, il faut connaître l'état des institutions médicales sous la monarchie. La situation était catastrophique sur le plan humain. Et cela, bien qu'au siècle précédent l'école viennoise comptât quelques-uns des médecins les plus célèbres du temps. Ils portaient principalement leur attention sur le diagnostic, et non sur la thérapie. Il fallait très longtemps avant que les découvertes fondamentales trouvent une application pratique et on ne s'intéressait au patient que comme sujet d'expériences. La plupart des autorités médicales éprouvaient peu de compassion envers les malades ; ils considéraient que leur tâche ne consistait pas à venir à bout de la maladie, mais à la comprendre et à la décrire.

Les conditions hospitalières étaient elles aussi catastrophiques : les infirmières étaient mal formées et si mal payées que seules les bonnes et les blanchisseuses au chômage acceptaient d'exercer ce métier (exception faite des bonnes sœurs). Alors que les infirmières travaillaient vingt-quatre heures d'affilée, elles étaient obligées de servir du café dans les salles de l'hôpital pour subvenir matériellement à leurs besoins. Cette exploitation entraîna des conséquences criminelles dénoncées au début du siècle devant le Parlement par le député Engelbert Pernerstorfer : les patients qui ne prenaient pas de café ou ne donnaient pas de pourboire aux infirmières étaient tout simplement « ignorés ». Si on ajoute à cela que les malades devaient payer eux-mêmes la plupart des médicaments, on ne s'étonnera pas que les gens pauvres aient eu peur d'entrer à l'hôpital car ils craignaient de ne pas en sortir vivants. On n'y entrait que si on ne pouvait pas faire autrement. C'est ainsi que de nombreuses maladies n'étaient pas diagnostiquées à temps.

En psychiatrie, la situation était encore pire que dans les autres services. Jusqu'en 1869, la plupart des malades mentaux de Vienne étaient enfermés dans la « tour des fous » de l'hôpital qui ressemblait à une prison. Les occupants de cette tour bénéficiaient d'aussi peu de soins médicaux que dans les asiles d'aliénés où ils furent internés par la suite. Même le professeur de Freud, Theodor Meynert, qui se laissait parfois aller à parler avec les malades mentaux, écartait « un traitement de l'âme », car cela « exigerait davantage que ce que nous pouvons apporter et outrepasserait les limites de l'investigation scientifique ». Dans le très onéreux sanatorium privé d'Oberdöbling, où Freud exerça quelque temps comme jeune médecin, si le personnel s'efforçait de satisfaire les demandes des internés, il n'était pas davantage question de traitement ou de guérison que dans les hôpitaux normaux. Comme Freud l'avait dit à sa fiancée, l'activité médicale consistait à « interner, dispenser des soins, exaucer des souhaits ». Avant Freud, il n'était venu à l'idée de personne que les troubles émotionnels puissent avoir une origine psychique et non physique, et qu'il était nécessaire de remonter à la racine du mal pour pouvoir les traiter.

La psychanalyse de Freud fut un triomphe sur le nihilisme thérapeutique qui dominait alors et provoqua un choc profond, qui gagna bientôt des cercles plus vastes et dépassa la communauté médicale. La prédication de Freud constituait pour l'amour-propre de l'homme la « troisième grave vexation scientifique », comme il l'écrivit en 1917 : Copernic avait commencé, en établissant que la Terre tournait autour du Soleil et non l'inverse, donc que notre planète n'était pas le centre de l'univers. Puis Darwin avait prouvé que l'homme descendait du singe. Enfin, Freud montra que l'homme qui se considérait comme « le roi de la Création » n'était pas le « seigneur et maître de sa propre âme », que sa volonté et son énergie ne suffisaient pas à tout gouverner. « Il se peut que notre existence soit influencée par de multiples facteurs provenant en partie de l'inconscient où la pulsion de vie joue un rôle plus important que l'homme ne se l'imagine. »

Il s'agissait d'une nouvelle vision du monde qui allait à l'encontre du sentiment religieux de beaucoup et qui mettait en question les conceptions de l'histoire de la Création qui prévalaient jusque-là. Rien d'étonnant donc à ce que Freud eût été considéré comme un marginal. Il en est lui-même partiellement responsable car s'il discutait régulièrement avec ses disciples, il débattait rarement avec ses critiques.

Freud fut, dès le départ, tout à fait conscient de cette situation. Il commença une conférence d'introduction à la psychanalyse par ces mots : « Pour ce qui est de votre relation difficile à la psychanalyse, vous êtes, chers auditeurs, personnellement responsables, du moins dans la mesure où vous avez jusqu'ici poursuivi des études médicales. Votre formation a façonné votre mode de pensée dans une direction très différente de celle de la psychanalyse. On vous a appris à considérer les fonctions de l'organisme et ses perturbations sur un plan anatomique, à les expliquer sur un plan chimique et physique, à les traiter sur un plan biologique, mais on n'a jamais dirigé votre intérêt vers la vie psychique où le rôle de cet organisme merveilleusement compliqué atteint son apogée. C'est pourquoi une forme de pensée psychologique vous est étrangère, vous êtes habitués à la considérer avec suspicion, à lui dénier tout caractère scientifique, à l'abandonner aux profanes, aux poètes, aux philosophes de la nature et aux mystiques. Cette restriction nuit certainement à votre activité médicale. Là se trouve la lacune que la psychanalyse s'efforce de combler. Elle veut apporter à la psychiatrie les fondements psychologiques qui lui font défaut, elle espère découvrir le terrain commun qui permettra de comprendre la relation réciproque des troubles du corps et de l'âme. Pour atteindre cet objectif, elle doit se garder de tout présupposé d'ordre anatomique, chimique ou physiologique, pour ne travailler qu'à l'aide de concepts psychologiques ; c'est précisément la raison pour laquelle je crains qu'elle ne vous semble au premier abord totalement étrangère. »

La psychanalyse de Freud n'a pas seulement ouvert de nouvelles perspectives à la psychiatrie et, au-delà, révolutionné toute la médecine, elle a renouvelé le regard sur la religion et la culture, elle a influencé l'éducation et la vie familiale, la sexualité, la philosophie et la politique. Peu d'hommes de science ont, par leurs idées, autant influencé leur époque (et celle des générations suivantes), que celui qui a décrit l'« anatomie de l'âme ».

Depuis des millénaires, le terme « âme », qui n'a jamais été employé aussi souvent qu'en liaison avec Freud, relevait exclusivement du domaine religieux où son immortalité était opposée à la nature matérielle du corps. Le mot âme, au sens moderne du terme, a été utilisé pour la première fois dans le Paris révolutionnaire de 1789 par le médecin allemand Franz Anton Messmer, qui excita la curiosité de la société distinguée en inventant une nouvelle thérapie contre les états d'anxiété. Il prétendait guérir la souffrance de l'âme à l'aide d'un « fluide magnétique ».

En 1838, le médecin et poète viennois Ernst von Feuchtersleben parvint à éclairer quelque peu le rapport entre « corps et âme » et à sa suite un nombre croissant de médecins et de scientifiques tentèrent de comprendre le psychisme humain. Toutefois, ce fut Sigmund Freud qui parvint à la description la plus pénétrante lorsque, libéré des influences religieuses, il reconnut que l'âme (la « psyché ») n'était pas seulement le fait de la vie consciente, mais aussi de pulsions inconscientes.

La boutade du grand pathologiste Carl von Rokitansky prouve à quel point la notion d'« âme » était tournée en ridicule par les médecins du siècle dernier : « J'ai disséqué près de 80 000 cadavres et je n'ai encore jamais rencontré d'âme. » Quelques années seulement séparent cette boutade de la révolution freudienne. En 1931, Stefan Zweig a reconnu ce qui s'était passé en un laps de temps très court : « Exploit fantastique d'un individu solitaire, Sigmund Freud a rendu l'humanité plus lucide sur elle-même : je dis plus lucide, pas plus heureuse. Il a approfondi la vision du monde de toute une génération, je dis approfondi, pas embelli... grâce à ses réalisations, une génération nouvelle jette un regard plus libre, plus éclairé, plus honnête, sur une époque nouvelle. » (Que cette « époque nouvelle », malgré Freud, allait être plus cruelle que toutes les précédentes, cela, Stefan Zweig ne pouvait le deviner.)

Le tout premier pas sur la voie de la découverte de l'inconscient fut l'investigation par Freud, de sa propre psyché, qu'il appela « auto-analyse ». Freud fut son propre thérapeute, ce dont il fit part à Wilhelm Fliess en 1897 en ces termes : « Mon principal patient, c'est moi. »

En fait, dans cette auto-analyse, des souvenirs d'enfance refoulés firent surface, au point que lui revinrent des notions de tchèque, alors qu'il croyait avoir tout oublié de cette langue depuis longtemps. Lors de sa thérapie sur sa propre personne, la sexualité joua déjà un rôle dominant. Ainsi reconnut-il à travers cette épouvantable gouvernante de Freiberg, Monica Zajic, « qui lui parlait de Dieu et de l'enfer », les linéaments de sa première expérience sexuelle. A l'âge de deux ans et demi, il avait éprouvé ses premiers sentiments libidineux à l'égard de sa propre mère. Ses relations avec son neveu John, qui avait à peu près le même âge, donne le modèle de l'aspect névrotique de ses amitiés futures. Dans son analyse, il se souvint aussi de sa jalousie envers son petit frère Julius et du sentiment de culpabilité qu'il éprouva après sa mort.

L'auto-analyse « est la chose la plus importante que je fasse actuellement et elle promet de m'apporter beaucoup, si je parviens à la mener à son terme... Être entièrement honnête avec soi-même est un bon exercice. Une seule idée de portée générale m'est apparue. J'ai retrouvé chez moi aussi cet amour pour la mère et cette jalousie envers le père, et je la tiens pour un élément général propre à la prime enfance... Si cela est vrai, on comprend la puissance émouvante du roi Œdipe... ».

C'est précisément dans l'auto-analyse où le patient et le médecin sont une seule et même personne que Freud fit la plus remarquable de ses nombreuses découvertes, à savoir que les souvenirs d'enfance jouent le rôle principal dans le traitement des maladies psychiques. C'est ainsi qu'il commença à faire raconter aux patients les premières années de leur vie. Plus tard, il exigea de ses collègues médecins qu'ils se livrent comme lui à une auto-analyse, car l'expérience lui avait prouvé que « chaque psychanalyste ne peut aller plus loin que ne le lui permettent ses propres complexes et résistances intérieures ». L'auto-analyse est devenue au cours du temps la nécessité pour chaque psychiatre d'entreprendre une « analyse didactique » (c'est-à-dire de se faire analyser par un autre psychanalyste).

Sans Fliess, il n'aurait jamais été en situation de tenter cette expérience osée : pénétrer dans son propre inconscient. L'ami berlinois suppléa au nécessaire partenaire de dialogue lors de « la libre association », comme il le reconnut à Berlin : « J'espère que tu continueras à te laisser utiliser comme un public bien intentionné. Voilà qui, en fait, est indispensable à mon travail. » Ou encore : « J'ai besoin que tu me donnes une nouvelle impulsion, car, après un certain temps, ça ne va plus. »

Durant ces années, Freud souffrit davantage de souffrances de l'âme que de troubles corporels. Ses longues périodes dépressives s'accompagnaient d'une humeur maussade et il n'était plus capable de se concentrer. Il se livrait alors à des activités simples, comme couper les pages d'un livre, regarder des cartes postales de l'antique Pompéi, faire des patiences ou jouer aux échecs.

Toutefois, « entre deux périodes dépressives », dès qu'il se sentait mieux, il poursuivait ses recherches, analysait, écrivait sans cesse, car c'est précisément pendant cette époque de mal-être personnel qu'il accomplit son œuvre la plus importante. Poursuivi par

l'angoisse de la mort, outre ses soucis pour sa famille, il se raccro-
chait à l'espoir de pouvoir mener à son terme la recherche psychanalytique : « Donne-moi encore quelques années, écrivait-il à Fliess,
et cette terre aura un autre visage. »

Lorsqu'il cessait de douter de lui-même, Freud était donc très
conscient de la place et de la valeur de son activité.

Irma

Freud rêve

Au tournant du siècle, le château Bellevue à Cobenzl était un but d'excursion très prisé des Viennois. Freud aimait cet hôtel qui datait de la fin de l'époque Biedermeier [1], car on y jouissait d'une vue superbe sur le centre ville et les quartiers résidentiels. Les Freud y passèrent plusieurs étés, non seulement à cause de sa situation privilégiée, mais aussi parce qu'un voyage plus lointain eût été trop onéreux avec toute cette grande famille.

En juillet 1895 aussi, lorsque Martha attendait son dernier enfant, ils s'étaient rendus à Cobenzl pour fuir la chaleur de la ville. Grâce à ce séjour, le château Bellevue devint un lieu historique car c'est ici que Freud parvint à élucider complètement un de ses propres rêves : « le rêve de l'injection faite à Irma ».

Freud subodorait depuis un certain temps déjà que le rêve exprimait des désirs cachés. Autrement dit, on rêvait, souvent sous une forme énigmatique, ce qu'on n'osait vivre ou exprimer dans la réalité. Les tiroirs interdits restaient ouverts pendant le sommeil et pouvaient donc être fouillés pendant le rêve. Cette hypothèse théorique se révéla exacte. Dans la nuit du 23 au 24 juillet 1895, Freud rêva à l'hôtel Bellevue de l'«injection faite à Irma ».

Irma était une patiente de Freud. Une jeune femme hystérique qui s'était rendue quelques semaines avant les vacances d'été dans la Berggasse pour suivre un traitement psychanalytique. Lorsque Freud interrompit les séances pour partir en vacances à Cobenzl, il put évoquer un « succès partiel ». La patiente ne vivait plus dans

---

1. Entre 1815 et 1848, époque fondatrice de l'identité autrichienne. *(N.d.T.)*

un état d'angoisse, mais certains symptômes physiques étaient toujours présents.

Au château Bellevue, avant qu'il n'ait rêvé d'Irma, Freud reçut la visite d'Otto, un ami médecin. Otto avait été son assistant à l'institut Kassowitz et connaissait Irma qu'il était allé voir pendant ses vacances. Lorsque Freud lui demanda comment allait sa patiente, son jeune collègue lui répondit : « Elle va mieux, mais elle n'est pas encore tout à fait rétablie. » Freud crut percevoir dans cette phrase un reproche. Le 23 juillet au soir, afin de se justifier, Freud rédigea un rapport sur la maladie d'Irma, qu'il se proposait de soumettre à un célèbre collègue (le Dr M.).

Après avoir terminé son rapport, Freud se coucha et s'endormit. Il rêva d'Irma et transcrivit son rêve à son réveil. « Une grande salle, nous recevons de nombreux invités. Parmi eux, Irma, que je prends immédiatement à part pour lui adresser des reproches. Je lui dis : Si tu as des douleurs, c'est vraiment de ta faute. Elle répond : Si tu savais combien j'ai mal à la gorge, à l'estomac, dans mon corps, j'ai l'impression que tout est noué. Effrayé, je la regarde. Elle est livide et a l'air bouffi, je pense que j'ai dû passer à côté d'une maladie organique. Je l'approche de la fenêtre et lui examine la gorge... » On fait appel au Dr M., qui constate — toujours dans le rêve de Freud — qu'Irma souffre d'une infection survenue à la suite d'une injection mal faite. C'est Otto qui lui a fait la piqûre, ce même Otto dont Freud était persuadé qu'il l'avait accusé d'avoir mal soigné Irma. « On ne devrait pas faire des piqûres avec une telle légèreté. L'aiguille n'était probablement pas stérile. » Ce sont les deux derniè-res phrases de la transcription de ce rêve.

Après l'avoir analysé, Freud parvint à cette conclusion : « Il ressort de ce rêve que je ne suis pas responsable des souffrances d'Irma, mais que la faute en revient à Otto. Il m'a irrité par sa remarque sur la guérison inachevée d'Irma, le rêve me permet de me venger en lui retournant son reproche. Le rêve me libère de ma responsabilité par rapport à Irma en en déplaçant le moment, ce qui répond à mes désirs ; son contenu est donc une représentation désirée, sa motivation est le désir. »

C'est un tout autre désir que Max Schur, son futur médecin, croira reconnaître dans ce rêve : en disant Irma, Freud pensait en fait à Emma, qui avait été victime, l'année précédente, d'une faute professionnelle de Fliess. Il s'agirait là d'un cas typique de « déplace-ment ». Schur voit dans le rêve « classique » de Freud la tentative inconsciente de justifier Fliess.

Quoi qu'il en soit, Freud en conclut que les rêves n'étaient pas dénués de sens, mais révélaient des désirs réels. C'est donc à travers les rêves que Freud étudia plus profondément l'inconscient. Les « expériences durant le sommeil » en constituaient le matériel premier. Il a sans cesse utilisé ses propres rêves comme source d'information pour son auto-analyse, comme « l'objet d'étude le plus important » pour progresser sur le chemin de la psychanalyse.

Un de ses rêves les plus féconds fut celui des cyclamens. Durant la nuit et à travers un « rêve diurne », le matin suivant, Freud fut confronté à quelques-unes des personnes les plus importantes de sa vie : sa femme Martha, son père, son ami Fliess, les médecins Koller et Königstein, son directeur de lycée, de nombreux condisciples, et une patiente.

« J'ai vu un matin, à la devanture d'un fleuriste, un nouveau livre intitulé *Les Variétés de cyclamens*, manifestement une monographie sur cette plante. Le cyclamen est la fleur préférée de ma femme. Je me reproche de lui en offrir trop rarement. Cette affaire de fleurs me rappelle une histoire que je raconte souvent dans mon cercle d'amis pour prouver que l'oubli relève d'une volonté inconsciente et renvoie toujours à une pensée secrète de celui qui le commet : Une jeune femme, qui a l'habitude de recevoir un bouquet de fleurs de son mari pour son anniversaire, constate l'oubli de ce signe de tendresse et éclate en sanglots. Là-dessus, le mari arrive et ne sait pas à quoi attribuer ces pleurs jusqu'à ce qu'elle lui dise : Aujourd'hui, c'est mon anniversaire. Alors il se frappe le front en s'écriant : Excuse-moi, j'avais complètement oublié ! et part aussitôt chercher des fleurs. Mais elle ne se laisse pas consoler, car elle déduit de la distraction de son mari qu'elle n'occupe plus la même place qu'autrefois dans ses pensées. Cette Madame L. a rencontré ma femme il y a deux jours, lui a dit qu'elle se portait bien et a demandé de mes nouvelles. Il y a quelques années, elle était en traitement chez moi. »

Freud associe son rêve du livre sur les cyclamens au fait qu'il a lui-même « écrit quelque chose d'analogue à cette monographie sur une plante, un essai sur la plante de coca, qui a attiré l'attention de Koller sur la propriété anesthésiante de la cocaïne ». Ainsi, cette affaire si désagréable d'autrefois le préoccupait encore, de longues années après.

« Là-dessus, je me rappelle que le lendemain matin du rêve (je ne l'ai élucidé que le soir suivant) la cocaïne m'est venue à l'esprit sous la forme d'une rêverie diurne : si je devais être victime d'un glaucome, j'irais à Berlin me faire opérer incognito par un médecin que m'aurait conseillé mon ami berlinois (Fliess). Le chirurgien, qui ne saurait à qui il a affaire, mentionnerait une fois de plus combien cette intervention était devenue aisée depuis qu'on se servait de la cocaïne ; je ne laisserais rien paraître de ma responsabilité dans cette découverte. Là-dessus, me vinrent des pensées sur la difficulté pour un médecin de s'attribuer les recherches de ses collègues. Je paierais comme quiconque cet ophtalmologue berlinois qui ne me connaîtrait pas. Après que cette rêverie me fut passée par l'esprit, je remarquai que s'y dissimulait le souvenir d'un événement précis. Peu après la découverte de Koller, mon père avait été opéré d'un glaucome par mon ami Königstein, tandis que Koller préparait l'anesthésie à la cocaïne... »

La signification de ce rêve et de cette rêverie mêlés rappela à Freud beaucoup d'étapes importantes de sa vie : « Plusieurs idées s'entremêlaient : les marottes de ma femme et les miennes, la cocaïne, les difficultés du traitement médical entre collègues ; mon amour des monographies, le fait d'avoir délaissé certaines matières comme la botanique... Le rêve revêt à nouveau le caractère d'un plaidoyer en ma faveur, comme le premier rêve analysé de l'injection faite à Irma ; oui, il poursuit le thème abordé et le nourrit d'un nouveau matériau qui s'est glissé entre les deux rêves... Ce qui signifie : je suis bien l'homme qui a écrit ce glorieux et prestigieux essai (sur la cocaïne). »

Étant donné la complexité de ce rêve, Freud vit « s'effondrer l'hypothèse selon laquelle le rêve ne porterait que sur des fragments insignifiants. Je dois aussi réfuter l'affirmation que la vie de l'âme en état de veille ne se poursuit pas pendant le rêve et que ce dernier n'utilise que des matériaux futiles. C'est le contraire qui est vrai : ce qui nous préoccupe au cours de la journée domine aussi nos rêves nocturnes et nous ne nous donnons la peine de rêver que de sujets qui nous ont donné à réfléchir durant le jour ». Autrement dit, derrière chaque détail d'un rêve, au premier abord insignifiant, se dissimule un événement important de la vie de l'âme.

Freud distinguait entre « le contenu manifeste du rêve » dont on se souvient au réveil et les « pensées latentes du rêve » qu'on a « oubliées » le lendemain. Il se fixe désormais pour tâche d'atteindre et d'élucider les pensées véritables du rêve, chassées de la mémoire.

Freud y réussit dans son cabinet « en mettant en pièces le

contenu manifeste du rêve sans égard pour son sens apparent éventuel et rechercha les fils associatifs qui partent de chaque élément isolé. Ceux-ci s'enchevêtrent et conduisent à une structure de pensées qui, non seulement sont parfaitement exactes, mais encore s'inscrivent dans des phénomènes de l'âme parfaitement connus. Chemin faisant, le contenu du rêve perd son caractère d'étrangeté. »

C'est de cette manière que Freud parvint à identifier les désirs inconscients et refoulés, les angoisses et les pensées cachées. Il rechercha la « pensée du rêve » derrière la « façade du rêve » et nomma plus tard cette connaissance « ma plus belle découverte, la seule qui probablement me survivra ». C'est précisément durant la phase la plus aiguë de ses angoisses de mort que Sigmund Freud découvrit le secret du rêve.

Freud décrit en des termes très clairs la façon d'entreprendre l'analyse d'un rêve : le rêve se rattache toujours à des expériences de la journée précédente, « quel que soit le rêve considéré, qu'il s'agisse de moi ou de quelqu'un d'autre, on est chaque fois confronté à cette expérience. Sachant cela, j'ai toujours commencé, pour élucider la signification du rêve, par chercher l'événement qui l'a suscité ; dans bien des cas, il s'agit là du chemin le plus court ».

Comment se forme le rêve ? « Il s'agit d'un réseau complexe d'idées élaborées durant le jour, mais qui ne sont pas menées à leur terme — une pause diurne, en somme —, et qui, durant la nuit, accaparent l'énergie — l'intérêt — et menacent le sommeil. Cette pause diurne sera transformée en rêve par le travail du rêve, et rendue inoffensive pour le sommeil... Le désir qui se dégage du rêve constitue l'étape préliminaire puis, plus tard, le noyau même du rêve. »

C'est en 1899 que Freud publia *L'Interprétation des rêves* que son éditeur data par erreur de 1900, sans se douter que cette œuvre deviendrait le symbole du siècle nouveau. Le « succès commercial » de cet ouvrage, un des livres les plus révolutionnaires de tous les temps, fut d'abord limité. Dans les six premières années qui suivirent sa parution, on n'en vendit que 351. Par la suite, cet ouvrage fut traduit dans toutes les langues du monde et tiré à des millions d'exemplaires.

Que le rêve ait une signification, plusieurs cultures l'avaient subodoré, mais ce fut Freud qui y découvrit la manifestation de la vie de l'âme durant le sommeil et qui lui assigna une valeur thérapeutique. « Le rêve est de l'écume », disait-on alors en se moquant, et en considérant les souvenirs de la nuit comme des images dénuées de sens auxquelles se raccrochaient les poètes et les philosophes, mais que les hommes de science ne prenaient pas au sérieux. Encore au siècle dernier, les médecins décrivaient les rêves comme des « phénomènes maladifs ». Aussi n'est-il pas étonnant que Freud eût été, une fois de plus, la cible des autorités académiques. On le compara à cette « diseuse de bonne aventure égyptienne » particulièrement populaire au tournant du siècle, qui vendait des nombres aux joueurs de loto ; si vous rêviez d'un fer à repasser, il fallait jouer le chiffre 9, d'un parcours en traîneau le 27, d'une vieille femme le 39.

Le psychiatre allemand Alfred Erich Hoche prétendit dans son livre sur l'interprétation des rêves que la théorie de Freud « méritait d'être imprimée sur un papier bon marché et d'être insérée dans les calendriers qu'on trouve accrochés dans toutes les cuisines ». Hoche, un partisan de l'euthanasie, resta sa vie durant un ennemi irréductible de Freud. Lorsque, un jour, il qualifia la psychanalyse de « méthode dégoûtante », Freud y vit « le plus bel hommage adressé à son enseignement ».

Freud savait que *L'Interprétation des rêves* allait susciter des critiques. Aussi dit-il un jour à ses auditeurs à l'université : « Pouvez-vous imaginer ce que dirait la science exacte si elle apprenait que nous désirons découvrir le *sens* des rêves ? » Afin d'encourager les étudiants, il poursuivit : « Prenons connaissance des superstitions des Anciens et du peuple et suivons les traces des augures antiques. »

Après qu'on eut pris connaissance de *L'Interprétation des rêves*, le rejet ne se fit pas attendre et ses conséquences furent tragiques pour la carrière scientifique de Freud, comme il l'expliqua lui-même : « J'étais totalement isolé. A Vienne on m'évitait, à l'étranger on m'ignorait. *L'Interprétation des rêves* fut à peine mentionnée dans les revues spécialisées. Ma curiosité pour la psychologie m'avait éloigné de mes contemporains, en particulier des plus âgés. »

Et Freud savait qu'en dehors du corps médical, son cercle de lecteurs « s'était contenté de résumer le contenu de l'ouvrage par une formule, "accomplissement de désir" facile à retenir et commode à brocarder ».

Un rêve de Freud, qu'il révéla à ses étudiants lors d'un séminaire, atteste du manque de bienveillance des rêves. Un jour, en plein été, dans un village du Tyrol, je me réveillai après avoir rêvé que le pape était mort. Je ne parvenais pas à interpréter ce rêve bref, sans contenu visuel. Ma seule référence était d'avoir lu quelque temps auparavant, dans le journal, que Sa Sainteté avait été victime d'un léger malaise. Au cours de la matinée, ma femme me demanda : "As-tu entendu ce matin le vacarme épouvantable des cloches ?" Je ne me souvenais pas les avoir entendues, mais je compris soudain mon rêve. J'avais encore besoin de sommeil et j'avais réagi contre ce bruit par lequel ces pieux Tyroliens voulaient me réveiller. Je me suis vengé en conséquence par ce rêve et j'ai continué à dormir sans me préoccuper du vacarme. »

Conséquence de son auto-analyse, tandis que Freud travaillait à *L'Interprétation des rêves*, il commença à se sentir mieux, tant sur le plan physique que psychique. La certitude d'avoir découvert quelque chose qui allait ébranler le monde lui donna un sentiment de succès qui, à son tour, eut des répercussions sur son état : les graves névroses dont il avait souffert pendant dix ans touchaient à leur fin. Celui qui était, il n'y avait pas très longtemps, poursuivi par de sombres pensées parlait à présent d'« un état d'euphorie permanent » et écrivait à son ami Fliess : « Ma mauvaise période est désormais passée et je ne m'intéresse plus du tout à la vie après la mort. »

Bien qu'en abordant la quarantaine il se portât sensiblement mieux sur tous les plans, Freud n'abandonna pas pour autant l'auto-analyse à laquelle il consacra jusqu'à sa mort un court moment chaque jour.

Cinq ans après le rêve historique de l'« injection faite à Irma », les Freud passèrent à nouveau l'été à Cobenzl. Pendant ce séjour, il écrivit à Fliess : « Crois-tu qu'un jour on pourra lire sur cette maison, gravé sur une plaque de marbre : "C'est ici que le 24 juillet 1895 le Dr Freud découvrit le secret des rêves" ? » Même s'il ajouta, quelque peu résigné : « Les chances, jusqu'à présent, sont minces », ces lignes prouvent qu'il était guéri du doute et du sentiment d'infériorité dont il s'était plaint, qu'il avait repris confiance en lui. Sans quoi, Freud n'eût jamais songé à cette plaque commémorative. Max Schur pensait que « ce n'était pas le résultat mais le processus ininterrompu de l'auto-analyse, qui avait libéré Freud de son sentiment antérieur de doute ».

En tout cas, le 6 mai 1977, la Société viennoise des amis de Sigmund Freud apposa en présence d'Anna Freud une stèle commémorative à l'endroit précis où se trouvait autrefois le château Bellevue, détruit entre-temps. La plaque de marbre porte mot pour mot la phrase de Freud. Son désir fut ainsi réalisé.

Le psychanalyste Friedrich Hacker pense que c'est parce que Freud était autrichien qu'il a pu mettre au point l'interprétation des rêves. La théorie freudienne affirme que nos pensées et nos souvenirs sont « enfermés » dans le subconscient et ne peuvent pas faire surface car ils en sont empêchés par une forme de censure. Et Freud compare les censeurs aux douaniers. C'est seulement pendant la nuit, lorsque nous rêvons, que nos pensées peuvent se faufiler jusqu'à notre conscience car alors, même les douaniers dorment. « Il s'agit là d'une explication très autrichienne, car il ne viendrait jamais à l'esprit de quelqu'un, dans un autre pays, que les douaniers puissent s'endormir durant leur service », dit le professeur Hacker, qui relie l'explication de Freud au laisser-aller autrichien bien connu et à la mentalité de fonctionnaire.

Dans un contexte différent, Freud a fait lui-même l'expérience qu'on considérait ses recherches sur le rêve comme typiquement « autrichiennes ». Lors d'un colloque en Amérique, un ami et collègue fit part de l'observation de Freud selon laquelle nos rêves sont dominés par des motivations égoïstes. Sur quoi une dame se leva dans l'assistance et déclara que cela valait peut-être pour l'Autriche, mais qu'elle-même et ses amis faisaient des rêves désintéressés.

Freud retint cette anecdote dans un article publié des années plus tard dans la revue de psychanalyse *Imago*, concluant en ces termes : « Mon ami, bien qu'appartenant lui aussi à la race anglaise, dut contredire énergiquement cette dame sur la base de ses propres expériences concernant l'analyse des rêves : En rêve, même les nobles Américaines sont aussi égoïstes que les Autrichiennes. »

Un an après que Freud eut « prédit » la plaque de marbre à Cobenzl, son père mourut à l'âge de quatre-vingt-un ans à la suite de longues souffrances. Freud déclara alors que perdre son père, c'est « l'expérience la plus importante, la perte la plus décisive dans la vie d'un homme ». Il arriva en retard à l'enterrement au carré juif du cimetière central de Vienne, car « il avait dû attendre chez le coiffeur ». La nuit suivante, il rêva d'une enseigne où on pouvait lire : « On est prié de fermer les yeux ». Dans ce rêve, il se reprochait d'avoir été trop peu présent auprès de son vieux père malade et de l'avoir laissé seul face à la mort. Durant les dernières années, il s'était montré critique à son égard, hostile même. C'est seulement après sa mort qu'il reconnut combien son père avait compté pour lui.

Peu de temps après, il écrivit à Fliess : « Par une de ces voies obscures qui se profilent derrière la conscience officielle, la mort du vieux m'a énormément affecté. Je l'ai beaucoup estimé et très bien compris ; il a occupé une place importante dans ma vie avec son mélange de profonde sagesse et d'imagination enjouée. Il était sénile depuis longtemps, mais sa mort a réveillé en moi des souvenirs antérieurs. J'éprouve maintenant un sentiment de déracinement.

Ce n'est pas un hasard si les souffrances intérieures de Freud revinrent de manière passagère dans les mois qui suivirent la mort de son père, période pendant laquelle il fut poursuivi par le remords.

Le cas d'Otto Weininger

Freud au centre d'un scandale

A L'AUTOMNE 1902, un jeune homme se présenta au cabinet de Freud, il s'appelait Otto Weininger. Ce docteur en philosophie de vingt-deux ans venait de terminer sa thèse, *Eros et Psyché*, et avait l'intention de la publier. Après que son directeur de thèse, le Pr Jodl, eut refusé de le recommander auprès d'une maison d'édition, Otto Weininger se tourna vers le Dr Freud, dont il avait lu avec beaucoup d'intérêt *L'Interprétation des rêves*, pour qu'il le présentât à son éditeur Franz Deuticke.

Freud se garda d'apporter son appui, tout comme avant lui le Pr Jodl, à une œuvre étrange et provocatrice qui présentait des tendances antisémites et misogynes. Lorsque, quelques mois plus tard, Otto Weininger se donna la mort, on accusa Freud d'avoir une part de responsabilité dans la mort du « jeune génie ».

Otto Weininger, fils d'un orfèvre juif, né à Vienne, fut sans aucun doute un jeune homme d'une intelligence et d'un talent hors du commun. Il parlait six langues, et il avait étudié la philosophie et la psychologie. Le jour de sa soutenance de thèse, il s'était converti au protestantisme, se sentant en communion avec le christianisme, car « s'il avait été juif, il se proposait de dépasser totalement le judaïsme ».

C'est son meilleur ami, Hermann Swoboda, un patient de Freud, qui lui servit d'intermédiaire avec le « père de la psychologie ». Freud avait coutume d'associer à son travail et parfois à sa vie privée les patients qui lui semblaient intelligents et cultivés. Il avait parlé à Swoboda de Wilhelm Fliess dont les hypothèses, à l'époque, le fascinaient. Swoboda, à son tour, parla à Weininger des travaux de Fliess à Berlin.

C'est ainsi que commença une tragédie, funeste à bien des égards. Weininger utilisa dans sa thèse la théorie, pas encore publiée, de Fliess, se référant avant tout à la « bisexualité de tout être vivant » et se servant de cet « argument » dans sa polémique misogyne. Sans aucun doute, Freud avait « dévoilé » prématurément la théorie de Fliess.

Freud retourna à Weininger son manuscrit dont il ne pouvait approuver les outrances, accompagné de quelques notes critiques. Quelques mois après le suicide du jeune universitaire, Freud fit savoir au neurologue munichois Leopold Löwenfeld, qui préparait une étude psychopathologique du cas Weininger, qu'il avait refusé le manuscrit de ce dernier, bien que l'homme lui eût fait une forte impression (il parla d'« un visage beau et grave sur lequel flottait un parfum de génie »). Rien d'étonnant à ce refus, le « juif » est décrit par Weininger comme un « être envieux et lascif », comme un « communiste-né », un « entremetteur » et un « impie ». La femme, elle aussi, est présentée comme un être immoral et sans esprit, appréciation qui atteint son apogée dans cette sentence sans appel : « La femme ne possède pas de moi, la femme est le néant. »

Après sa visite infructueuse chez Freud, Weininger parvint à publier son ouvrage chez l'éditeur Wilhelm Braumüller. L'auteur ajouta trois chapitres à sa thèse et intitula *Sexe et Caractère* ce livre de 600 pages qui parut en 1903. Freud fit remarquer ultérieurement à son collègue Löwenfeld que s'il avait eu connaissance, à l'époque, de ces nouveaux chapitres, sa critique eût été encore plus sévère, car ce sont précisément ces passages qui sont les plus empreints d'antisémitisme et de misogynie.

Le livre pseudo-scientifique de Weininger eut plus de lecteurs que *L'Interprétation des rêves* de Freud, mais pas immédiatement. Profondément déprimé parce que sa « bible » n'avait pas le succès escompté, Otto Weininger loua le 3 octobre 1903 une chambre dans la maison où était mort Beethoven et se tira une balle dans le cœur. Par ce geste spectaculaire, Weininger devint pour beaucoup un mythe, et son critique Freud un anti-héros.

Parmi les admirateurs du jeune philosophe, qui avait pris congé de la vie d'une manière aussi tragique, on comptait August Strindberg — qui envoya une couronne de Stockholm pour l'enterrement, « car j'honore sa mémoire comme celle d'un penseur courageux et viril » —, Arnold Schönberg, Alban Berg, Georg Trakl, Hermann Broch et Heimito von Doderer qui fut influencé par lui. Pour Alfred Kubin, Weininger « était le plus grand homme de ce siècle », Stefan Zweig et Ludwig Wittgenstein, alors âgé de quatorze ans, suivirent son cercueil. Tout comme Karl Kraus, son disciple le plus enthousiaste, qui rédigea cette nécrologie lyrique dans la *Fackel* : « Indépendamment de toute opinion, le fait est que la femme est un homme rudimentaire... C'est ce secret bien connu qu'Otto Weininger a osé dévoiler ; c'est cette découverte de l'essence et de la nature de la femme qu'il a communiquée dans son livre viril et qui lui a coûté la vie. »

Non seulement le suicide de Weininger impliqua Freud dans un « scandale », mais il lui fit perdre l'amitié de Fliess. Ce dernier insista dans plusieurs lettres datées de 1904 pour qu'il lui rende compte de la manière dont Weininger avait pris connaissance de ses théories par l'intermédiaire de Hermann Swoboda. Freud tenta de minimiser son propre rôle dans cette affaire de plagiat. Fliess répondit aux « prétextes » de Freud, pour employer ses propres termes, par deux pamphlets où il accusait son ami d'une « inadmissible imprudence à propos des résultats d'une recherche dont il avait été informé ». La mise sur la place publique de cette querelle fut extrêmement désagréable pour Freud, même s'il refusait d'attribuer à Fliess la paternité exclusive de l'idée de la bisexualité humaine.

Lorsque Hermann Swoboda, le patient de Freud et l'informateur de Weininger, perdit son procès contre Fliess, Karl Kraus se lança à nouveau violemment dans la bataille. Dans la *Fackel*, il prit de plus belle le parti de Weininger, lui lançant cette apostrophe posthume : « Un admirateur des femmes souscrit aux arguments du mépris des femmes. »

A Vienne se produisit un phénomène étrange : Weininger, qui a cité Freud dans son livre, détournant les *Études sur l'hystérie* au profit de sa thèse douteuse et antiféministe, apparut d'une part comme un « élève de Freud », d'autre part comme une sorte d'anti-Freud dont le produit confus était l'antithèse de la psychanalyse.

Quoi qu'on ait écrit alors dans ce sens, les délires de Weininger n'avaient absolument rien de commun avec les travaux de Freud.

Toutefois, Freud revient dans une de ses œuvres sur Weininger lorsque, en 1909, dans *L'Analyse d'une phobie d'un garçon de quinze ans (le petit Hans)* , il établit un parallèle entre la misogynie et l'antisémitisme chez Otto Weininger : « Le complexe de castration est la racine inconsciente la plus profonde de l'antisémitisme, car, déjà dans la nursery, le petit garçon apprend que le juif a quelque chose à son pénis, il veut dire qu'un morceau de son pénis est coupé et cela lui donne le droit de mépriser le juif. Le préjugé contre la femme provient d'une raison inconsciente aussi forte. Weininger, un jeune philosophe très doué et sexuellement perturbé, s'est donné la mort après avoir écrit un livre étrange, *Sexe et Caractère*, où, dans un chapitre très remarqué, il a manifesté une même hostilité envers la femme et le juif et les a tous deux diffamés. Weininger était un névrosé entièrement dominé par ses complexes infantiles : le juif et la femme ont en commun leur rapport au complexe de castration. »

L'éditeur Wilhelm Braumüller n'eut pas à regretter sa décision de publier l'ouvrage de Weininger. Dans les décennies qui suivirent sa mort, ce dont l'auteur avait rêvé se réalisa. A une époque où la misogynie et l'antisémitisme prospéraient sur un terreau fécond, son traité fut considéré comme une œuvre de rédemption et réédité vingt-huit fois. Les nationaux-socialistes se virent obligés (à contrecœur) d'interdire cet ouvrage antisémite, car son auteur était juif. En revanche, dans l'Italie fasciste, les tirades de Weininger remportèrent un immense succès, Mussolini prétendant même que Weininger « lui avait fait comprendre des tas de choses ».

Freud ne cessa d'être confronté aux débordements de Weininger. Le 11 juin 1939 encore, trois mois avant sa mort, dans une lettre au psychiatre norvégien David Abrahamsen, qui préparait une étude sur Weininger, il dut répéter son point de vue sur cette affaire.

« *J'ai l'intention de devenir riche* »

Deux passions onéreuses : les voyages et les collections

« LE samedi soir, après onze heures d'analyse par jour et à la fin d'une semaine sans dimanche, je ne suis plus bon à rien et je vais jouer aux cartes », écrit Freud à son disciple Sandor Ferenczi. En effet, une fois par semaine, il s'asseyait pour quelques heures à une table de tarot pour se détendre. Il en avait grandement besoin, car tant les nombreuses analyses que ses activités scientifiques exigeaient une assiduité, une énergie, une concentration sans pareille. Ces réunions hebdomadaires autour d'une table de tarot avaient lieu chez l'ophtalmologue Leopold Königstein, un des deux médecins qui lui avaient « soufflé » la découverte de la cocaïne comme moyen analgésique. Freud lui avait depuis longtemps pardonné ainsi qu'à son « complice » le Dr Koller, qui appartenait à son cercle d'amis proches. Les deux autres partenaires habituels de tarot étaient le pédiatre Oscar Rie, à qui Freud avait confié ses propres enfants, et le médecin Ludwig Rosenberg ; parfois se joignait à eux Friedrich Eckstein, le frère de sa patiente « Emma ».

Outre les cartes, Freud avait peu de distractions, mais il faisait une promenade de quatre kilomètres, le long de la superbe Ringstrasse. Pour conserver sa forme, il se promenait vers midi, à grands pas, le long du Ring qui entoure la vieille ville, passant devant l'Opéra, le Burgtheater, l'église votive. Aussi longtemps que sa santé le lui permit, il adora les longues promenades à pied. Ce qui lui inspira plus tard cette plaisanterie : « Mon attitude par rapport à la tolérance est la même que par rapport aux voitures et aux piétons : lorsque j'ai commencé à me déplacer toute la journée en voiture, je me suis irrité de l'imprudence des passants, comme auparavant de l'inattention des cochers. »

Deux passions onéreuses : les voyages et les collections

Dès qu'il put se le permettre, il eut une autre marotte. Il collectionna des antiquités dont il décora son appartement et son cabinet. Il aimait aussi voyager. Les quelque cent grands voyages qu'il entreprit le menèrent en France, en Hollande, en Belgique, en Allemagne, en Angleterre, en Grèce et en Suisse. Mais l'Italie était sa destination favorite et il s'y rendit dix-huit fois, en touriste enthousiaste. Les mauvaises langues prétendirent que sa passion pour les collections et les voyages s'était quelque peu « substituée » à son amour pour Martha et qu'il s'y adonnait avec l'intensité qu'il mettait autrefois dans ses échanges épistolaires avec sa bien-aimée.

Il était comblé lorsqu'il pouvait satisfaire ses deux passions à la fois. Il écrivit à Fliess au retour de son premier grand voyage en Italie, en 1896 : « J'ai décoré ma chambre (de la Berggasse) avec des moulages de statues florentines. Ce fut pour moi une source extraordinaire de réconfort ; j'ai l'intention de devenir riche, afin de pouvoir refaire ce voyage. » En vérité, ces voyages l'incitaient à accroître ses revenus. Freud n'eût pas été Freud s'il n'avait lui-même analysé la raison de « ce désir ardent de voyager au loin, de parcourir le monde ». Dans une lettre à Romain Rolland, Freud s'explique sur ce désir de pays lointains en décrivant comment, lycéen, il avait douté de jamais visiter Athènes : « Pouvoir voyager aussi loin, pouvoir aller aussi loin, me paraissait inaccessible. Voilà qui tenait à la modestie de nos conditions de vie. Le désir de voyager était certainement lié à celui d'échapper à des conditions étriquées, à la manière dont les adolescents éprouvent le besoin de quitter le domicile parental. » Dans *L'Interprétation des rêves*, Freud mentionne plusieurs « rêves de Rome », qui s'expliquent par « le désir d'aller à Rome ».

Conséquence de ses rêves d'étudiant et de jeune médecin, une fois établi, Freud a adressé quotidiennement au cours de ses voyages des lettres et des cartes postales à sa famille, mais aussi à ses amis et collègues, les « gâtant » par ces nouvelles de l'étranger. Il a envoyé en tout quatre cents lettres ; il était donc visiblement fier d'être en voyage et voulait le faire savoir à son entourage. Lorsque, en 1901, il put réaliser son « rêve de Rome » — et passer chaque jour un long moment auprès de la statue de Moïse, de Michel-Ange —, il se servit d'expressions comme « subjugué » ou « faîte de ma vie ». Trois ans après, il est à Athènes et observe dans son essai intitulé *Un trouble de mémoire sur l'Acropole* : « Il semble bien qu'à la satisfaction d'un désir soit associé un sentiment de culpabilité ; il y a là comme une inconvenance, quelque chose

SIGMUND FREUD

d'interdit de tout temps. Ceci est lié à la critique du père par l'enfant, au mépris qu'il a de lui, après avoir surestimé sa personnalité lors de sa prime enfance. Tout se passe comme si le plus important était de dépasser le père mais que ce ne fût pas encore autorisé. »

Dans ses lettres, Freud montre un attrait pour les détails pittoresques, comme il en fait part à Fliess au cours d'un voyage à Pâques sur le site antique d'Aquilée : « Des centaines de jolies jeunes filles du Frioul s'étaient réunies dans le Dôme pour cette messe de fête. La splendeur de cette ancienne basilique romane est réconfortante au milieu de cette pauvreté des temps modernes. Sur le chemin du retour, nous vîmes une section de la vieille voie romaine, au beau milieu d'un champ. Un ivrogne très éméché était allongé sur les pavés antiques. »

Outre sa femme, sa belle-sœur Minna et dans les premiers temps Wilhelm Fliess, qu'il a retrouvé dans de nombreuses villes pour des « congrès », son jeune frère Alexander comptait parmi les compagnons de voyage les plus fidèles de Freud. Ce n'était pas là un hasard, car celui-ci prenait le train « à titre professionnel ». Rédacteur, des années durant, de *L'Indicateur des chemins de fer*, Alexander Freud avait aussi dressé la carte du réseau ferroviaire de l'Autriche-Hongrie. Il connaissait par cœur toutes les gares de l'Empire et toutes les correspondances.

Freud se contenta d'abord d'hôtels modestes, mais dès que sa situation matérielle le lui permit, il fréquenta des hôtels de luxe tels l'Eden à Rome, le Bristol-Britannia à Venise, le Continental des Étrangers à Gênes ou le Cocumella à Sorrente. Au début, il voyageait en calèche, mais il emprunta ensuite le chemin de fer.

« Dommage qu'on ne puisse passer toute sa vie ici, écrivit-il de Rome à sa famille. Lors d'un bref séjour, on n'est pas pleinement satisfait et on a le sentiment d'être à court de temps. » Il a lui-même qualifié de « profondément névrotique » son « désir de Rome ».

Il est étonnant que Freud ait tant voyagé à partir de quarante ans, alors qu'il détestait les trajets en train et éprouva très longtemps une véritable répulsion à se déplacer. En dépit du sentiment de claustrophobie qu'il ressentait dans les wagons et les chambres d'hôtel exiguës, il ne renonça pas à « sa passion des voyages ». Il parvint à se libérer de ses angoisses dans le cadre de l'auto-analyse ; toutefois, un résidu de cette phobie demeurait dans le fait qu'il se rendait à la gare une heure plus tôt que nécessaire.

120

Il revenait toujours de voyage avec des antiquités dans ses bagages. Freud écrivit un jour dans une lettre à Stefan Zweig qu'il avait
« lu plus d'ouvrages d'archéologie que de psychologie » et ses
visiteurs ont témoigné que, dans les derniers temps, son cabinet
ressemblait à un musée. Ses patients et lui-même ont laissé des
descriptions très précises de ce « musée ». Les premières statuettes
de pierre furent placées sur le bureau, la collection s'étendit ensuite
à toute la pièce de consultation et à la bibliothèque voisine. Derrière
les vitrines, on pouvait voir un nombre impressionnant de vases, de
coupes, de statuettes, provenant des tombes étrusques et de Pompéi ; des satyres, des déesses, des verres irisés, des lampes romaines
en argile et d'autres raretés. Sur le sol, près de la porte ouvrant sur
la bibliothèque, des reliefs égyptiens. Pendant qu'il écoutait ses
patients, son regard se posait sur une petite table où se trouvait une
tête de Bouddha en bronze, particulièrement gracieuse. Au mur, le
portrait d'une momie égyptienne, dont il disait en plaisantant qu'elle
avait « une belle tête juive ».

Au-dessus du divan était accrochée une gravure représentant le
temple de Karnak, et à côté, un moulage en plâtre du bas-relief en
marbre figurant sur la tombe de la Gradiva, une figure pompéienne
à laquelle il avait consacré un livre. Pendant des années fut accroché
dans cette pièce un bouquet de feuilles séchées de papyrus. Paula
Fichtl, la femme de chambre, mettait en garde les nouveaux patients
de ne pas y toucher, car au moindre mouvement les feuilles
tomberaient en poussière.

Durant les quarante années où il collectionna des antiquités,
seuls trois objets furent cassés, un véritable miracle, vu que le
cabinet était terriblement encombré. Il était très fier de son habileté
et il a décrit les trois « catastrophes » dans la *Psychopathologie de
la vie quotidienne* : « Un matin, alors que je traversais la pièce en
peignoir et en pantoufles, suite à une impulsion soudaine, une
pantoufle partit heurter un mur et fit tomber de son socle une
belle petite Vénus en marbre. Tandis qu'elle se brisait, je citai
spontanément un vers de Busch : "Ah, la Vénus est perdue —
malédiction des Médicis !" »

C'est par pure superstition, même si ce fut inconscient, que Freud
accomplit cet « acte » : il espérait par ce sacrifice obtenir la guérison
de sa fille Mathilde (de fait, elle fut bientôt guérie). La deuxième
fois, ce fut le couvercle d'un encrier « qui fut exécuté », pour
reprendre ses termes. La troisième fois aussi, la superstition intervint
pour une superbe statuette égyptienne vernissée. Il la brisa pour

éviter un plus grand malheur, à savoir la perte d'un vieil et fidèle ami avec lequel il s'était montré injuste : « Par bonheur, on parvint à recoller les deux — l'amitié et la figurine — de manière qu'on ne vît pas les fêlures. »

Dans les rapports de Freud avec sa collection d'antiquités, nous décelons donc une trace de superstition. Bien qu'il ait affirmé qu'« il n'y avait pas un très grand fossé entre le déplacement chez le paranoïaque et chez le superstitieux », il prit la défense de la superstition qui « n'apparaît déplacée que dans notre vision du monde moderne et scientifique ; dans les époques antérieures et chez les peuples préscientifiques, elle était légitime et logique. »

Lorsqu'il partait en voyage, Freud prenait soin d'emporter avec lui quelques objets, même s'il ne s'agissait pas des plus précieux. Comme il en fit part à sa fille Anna dans une lettre adressée de Karlsbad, au cours de l'été 1915, « une femme de chambre a déplacé un cendrier et l'a cassé. Elle a sûrement regretté que ce fût seulement celui en porphyre et non celui en jade, que j'ai laissé à la maison. Maintenant, j'ai retrouvé mon énergie ; après plusieurs altercations, je lui ai montré un écriteau que j'ai épinglé au-dessus du secrétaire avec cette inscription : "Ne touchez pas au secrétaire ! Gare à la punition !" Ça a marché ».

La collection d'antiquités de Freud n'avait envahi que la pièce de consultation et la bibliothèque. Dans la partie d'habitation, on trouvait seulement quelques spécimens de ses découvertes de voyage. En 1908, il voulut agrandir « son musée » : il abandonna le rez-de-chaussée où il avait installé son cabinet pour un plus grand appartement au premier étage, où habitait jusqu'alors sa sœur Rosa. A partir de ce moment, Freud occupa tout le premier étage, ce qui était devenu d'autant plus indispensable qu'il avait besoin de toujours plus de place pour ses antiquités. L'appartement et le cabinet étaient maintenant directement reliés.

Le Dr Schur décrit cette passion de collectionner des antiquités comme une « manie qui n'avait d'égale que sa manie de la nicotine ». Étant donné son penchant pour les métaphores, il établit un parallèle saisissant entre le travail de Freud et son hobby : le processus psychanalytique ne serait rien d'autre que la mise au jour de vestiges enfouis. C'est seulement lorsque l'analyse rend l'inconscient accessible que « les conflits solidifiés et les complexes peuvent se désagréger, à la manière des bâtiments de Pompéi restés intacts pendant 2 000 ans sous leur couche de lave et qui, une fois celle-ci retirée, furent exposés à l'effet corrosif du vent, du soleil et de la pluie ». En psychanalyse comme en archéologie, on doit creuser jusqu'à tomber sur quelque chose qui apporte des éclaircissements. Au début de son auto-analyse, qui lui a permis de reconstituer son enfance, Freud écrivit à Fliess : « Je n'ose pas encore y croire vraiment. C'est comme si Schliemann avait une nouvelle fois mis au jour les ruines légendaires de Troie. »

Cet amour pour les fouilles archéologiques et les statues antiques apparaît déjà dans une lettre écrite à l'âge de vingt-six ans à Martha où il compare sa fiancée à la Vénus de Milo, « bien que le pied de la statue, qui se trouve au musée du Louvre, soit deux fois plus volumineux que le tien. Excuse-moi de la comparaison, mais cette dame antique n'a pas de mains ». Ultérieurement, ses compilations archéologiques et ses collections devinrent pour lui une « consolation inégalée » et une « source de réconfort » dans son combat pour la vie.

Après Rome, Pompéi était son lieu de prédilection. À l'âge de soixante-quinze ans, il qualifia les nouvelles fouilles de Crète d'« événement passionnant ». Mais il pensait avec amertume que « le destin ne lui permettrait pas de les visiter ».

Son projet de voyage en Russie resta à l'état de rêve, Freud l'eût accompli volontiers pour soigner le tsar Nicolas II et percevoir des honoraires en conséquence, comme il en fit part à Fliess de manière plaisante dans une lettre datée du 31 août 1898 : « La grande nouvelle du jour, le manifeste du tsar, m'a personnellement ému. Voilà des années que j'ai fait le diagnostic selon lequel le jeune homme — une chance pour nous — souffrirait d'une névrose obsessionnelle... Si on me mettait en relation avec lui, deux personnes en tireraient profit : Je passe un an en Russie et je lui prends suffisamment d'argent pour qu'il ne souffre plus... Ensuite, nous tenons trois congrès par an, exclusivement sur le sol italien, et je ne soigne plus que gratis. »

Même si le tsar n'a pas fait appel à lui, Freud fut, par la suite, de plus en plus demandé à travers le monde. Ses conférences l'ont conduit en Allemagne et en Italie, il participa à six congrès psychanalytiques, entre autres à Budapest, à La Haye et à Berlin.

C'est aux États-Unis, en 1909, qu'il accomplit son plus grand voyage, invité par la Clark University de Worcester, près de Boston, pour y tenir un cycle de conférences sur la psychanalyse. Le trajet en paquebot de Bremen à New York était à l'époque une aventure passionnante. Il fit la traversée en compagnie de ses amis Sandor Ferenczi et Carl Gustav Jung, et les trois psychanalystes passèrent la majeure partie de leur temps à analyser leurs rêves réciproques. Il en ressortit que les rêves de Freud concernaient essentiellement l'avenir de sa famille et son travail. La plus belle expérience pour lui, à bord du *George-Washington*, fut de surprendre un steward en train de lire la *Psychopathologie de la vie quotidienne*. Freud raconta à Ernest Jones, alors professeur à l'université de Toronto et chargé de recevoir les trois messieurs aux États-Unis, que c'est à cette occasion qu'il pensa pouvoir devenir célèbre.

Une notice parue dans un quotidien américain et écorchant son nom le ramena toutefois à la réalité. On pouvait y lire que « le professeur Freund (!) était arrivé de Vienne ». Après deux jours à New York où il visita le département des Antiquités du Metropolitan Museum, Freud, Ferenczi et Jung prirent le train pour le Massachusetts où Stanley Hall, le président de la petite mais réputée Clark University, leur réserva un accueil chaleureux.

Comme Freud estimait son anglais défaillant, il tint ses cinq conférences en allemand, et parvint néanmoins à captiver son auditoire. Comme toujours, il n'avait passé que quelques heures à préparer son intervention et parla librement, sans notes. Ses compagnons de voyage constatèrent avec étonnement qu'en Amérique il attribua à Breuer un grand rôle dans la naissance de la psychanalyse. A la fin de sa conférence, Freud eut le grand honneur de se voir décerner le titre de docteur « honoris causa » de cette université. « Il s'agit de la première reconnaissance officielle de nos efforts », dit-il, visiblement ému, dans son discours de remerciement.

Des années après, dans *Ma vie et la psychanalyse*, il se rappela comment ce bref séjour dans le Nouveau Monde avait consolidé sa confiance en lui. « En Europe, j'avais l'impression d'être mis en quarantaine, ici j'étais placé sur un pied d'égalité avec les meilleurs. Ce fut comme la réalisation d'un rêve insensé lorsque je gravis les marches de la chaire de Worcester pour tenir une conférence sur la psychanalyse. La psychanalyse n'était plus une construction chimérique, elle était devenue une part précieuse de la réalité. » On s'étonnera d'autant plus du ressentiment de Freud à l'égard des États-Unis.

Il rapporta des États-Unis un souvenir de prix, une coupe chinoise en jade ornée d'une scène de chasse, achetée à New York chez Tiffany. Il la plaça dans son cabinet de consultation sur un petit guéridon, juste à côté du divan.

Freud est trop honnête

La sexualité

A MESURE que de plus en plus de patients avaient avec Freud des entretiens qui se déroulaient sous la forme d'« associations libres », un thème devint de plus en plus évident : celui de la sexualité. Si l'instinct de plaisir est réprimé et refoulé dans l'inconscient au lieu de se satisfaire comme l'a prévu la nature, il en résulte souvent des perturbations psychiques.

Très tôt, le médecin des âmes de la Berggasse avait pris conscience des liens qui existaient entre les maladies psychiques, des souvenirs d'enfance réprimés et la sexualité. C'est ainsi que dans les *Études sur l'hystérie* publiées en 1895, il décrit le cas d'un de ses patients : « Je traitais une jeune femme souffrant d'une névrose compliquée, qui refusait une fois de plus de reconnaître que ce dont elle souffrait avait ses causes dans sa vie conjugale. Elle objecta que, petite fille, elle avait déjà souffert de crises d'angoisse qui se terminaient par des évanouissements. Je ne cédai pas. Lorsque nous nous connûmes mieux, un jour, elle dit brusquement : "Maintenant, je vais vous raconter d'où venaient mes crises d'angoisse lorsque j'étais petite. Je dormais à l'époque dans une chambre à côté de celle de mes parents, la porte restait ouverte et une veilleuse était allumée sur la table. C'est là que j'ai pu voir plusieurs fois mon père se rendre dans le lit de ma mère et entendre quelque chose qui m'a profondément agitée. C'est à ce moment-là que j'ai commencé à avoir mes crises." »

Alors que son ami Breuer n'avait pas prêté d'attention à la sexualité, Freud entreprit de développer une théorie qui devait expliquer toute forme d'inhibition, d'hystérie et de névrose : les handicaps de l'évolution psychique ont systématiquement été précédés par des expériences sexuelles au cours de l'enfance. Des patientes lui avaient raconté qu'elles avaient été séduites ou violées dans leur enfance, des hommes se rappelaient que, dans leur enfance également, leur mère les avaient importunés par des « tendresses excessives » — pendant leur bain ou à d'autres occasions de cette sorte. La faute, estimait Freud, incombait le plus souvent aux parents, mais aussi aux nourrices, aux gouvernantes ou à des personnes étrangères.

Freud avait découvert cette théorie à propos d'un cas que son ancien maître, l'éminent neurologue Moritz Benedikt, avait évoqué : « Je fus appelé en consultation dans une ville de province, raconta Benedikt, et je me trouvai devant une jeune fille qui souffrait depuis des mois de toux convulsive. Dès qu'elle me vit, elle me dit : "Monsieur le professeur, vous ne me guérirez pas !" Je compris tout de suite que ce cas recelait un lourd secret. Après avoir soumis la jeune fille à un examen approfondi, je déclarai à la mère que sa fille avait dû subir des sévices sexuels et que là résidait la cause d'une maladie somatique et psychique. Je lui dis qu'en général je ne révélais pas, même à la mère d'une patiente, cette sorte de secret sexuel. Mais il s'agissait de guérir ici un état grave et il fallait faire l'absolue clarté. J'avais vu juste ; la fillette avait subi des sévices de la part d'un homme, alors qu'elle avait dix ans. Lorsque je revins vers la malade, celle-ci me dit : "Maintenant, vous allez me guérir." Et, en effet, les symptômes somatiques disparurent au bout de très peu de temps. »

C'est là que Freud intervint — non sans mentionner dans son essai intitulé *Les Mécanismes psychiques des phénomènes hystériques* des remarques publiées çà et là par Benedikt. Grâce à son ambition et à son immense intuition, il devait une fois de plus développer une méthode curative générale à partir d'un cas individuel, en travaillant avec ses patients dans cette direction. Mais, en 1897, Freud dut réviser ses conceptions lorsqu'il constata que la patiente du professeur Benedikt et des cas analogues parmi ses propres patients étaient plutôt des exceptions : la séduction avait « eu lieu » dans bien d'autres cas, mais elle était le plus souvent le produit de l'imagination enfantine.

C'est cette découverte que Freud, dans *Ma vie et la psychanalyse*, désigne comme le véritable moment de la naissance de la psychanalyse : « Sous la pression de la technique que j'appliquais à l'époque, la plupart de mes patients reproduisaient des scènes de leur enfance qui avaient pour contenu la séduction sexuelle exercée par un adulte. Pour les femmes, ce rôle de séduction revenait le plus souvent au père. J'ajoutai foi à ces informations et supposai donc que j'avais trouvé dans les séductions sexuelles ainsi vécues dans l'enfance la source des névroses ultérieures... Lorsque je dus reconnaître ensuite que la plupart de ces scènes n'avaient jamais eu lieu, qu'elles n'étaient que des affabulations de mes patients que je leur avais peut-être imposées moi-même, je restai désemparé... Lorsque je me repris, je pus déduire avec précision de mon expérience que les symptômes névrotiques ne se rattachent pas directement à des expériences réelles mais à des désirs imaginaires, et que la réalité psychique signifie bien plus que la réalité matérielle. »

Freud aboutit donc à la conclusion suivante : « Même si la séduction n'a pas effectivement eu lieu, ce que l'on croit avoir vécu peut provoquer un effet aussi catastrophique sur la psyché. La fillette qui a rêvé ou imaginé les sévices peut souffrir plus tard des mêmes symptômes que celle qui a vécu cette horreur dans la réalité. »

Le praticien Freud fut amené à modifier sensiblement ses conclusions lorsqu'il eut pris connaissance des parents et de l'environnement de ses patients et qu'il les eut « examinés de très près », ce qui l'amena à penser que ces personnes n'avaient jamais pu être les « violeurs » ou les « séducteurs sexuels » de leurs propres enfants. Le cas qui fut la cause immédiate de la correction qu'il apporta à sa doctrine fut celui de sa patiente Emma Eckstein, cette jeune femme qui, du fait d'une erreur professionnelle de son ami d'alors, Fritz Wilhelm Fliess, faillit mourir.

Quelques décennies après la mort de Freud, la modification de sa théorie sur la sexualité devait avoir pour conséquence un scandale international. Le psychanalyste Jeffrey M. Masson, nommé directeur des Archives Sigmund Freud à New York, se donna pour tâche de publier la correspondance de Freud avec Fliess, qui était en la possession d'Anna Freud. Sans en informer la fille de Freud, Masson aboutit à des conclusions entièrement nouvelles et, dans son livre *Que t'a-t-on fait, pauvre enfant ?*, publié en 1984, il dénonça la « théorie de la séduction » : Masson n'entendait nullement reprendre à son compte les idées de Freud selon lesquelles le viol des enfants était le produit de leur imagination. Il était plutôt d'avis que Freud avait renoncé à sa théorie initiale « non pour des raisons théoriques ou en se fondant sur des preuves cliniques, mais uniquement parce qu'il n'eut pas le courage de s'y tenir ». En réalité, Masson estimait que la séduction s'était bien produite dans tous les cas mais que Freud avait été trop lâche pour continuer à défendre cette idée impopulaire. L'auteur reprochait à Freud d'avoir exploité son mensonge à des fins personnelles. Il s'appuyait pour cela sur des statistiques selon lesquelles une femme sur trois aurait été victime de violences dans sa petite enfance.

Le scandale fut énorme, d'autant plus énorme que Masson avait été un ami très proche d'Anna Freud. La théorie de Masson ne trouva que de rares partisans, la psychanalyse moderne continue à s'appuyer sur Freud, qui mettait généralement sur le compte de l'imagination enfantine les prétendus harcèlements sexuels.

Les découvertes de Freud sur la sexualité ont contribué à faciliter la vie des hommes. Mais elles lui ont compliqué la sienne, parce qu'il appelait par leur nom des choses qu'on n'avait jamais exprimées avant lui. Alors que — grâce à Freud finalement — ces « noms » font partie aujourd'hui d'un vocabulaire presque courant, ils étaient considérés comme inconvenants à l'époque. « Freud aurait pu dire tout ou presque tout sans grand inconvénient s'il avait simplement accepté de formuler sa généalogie de la vie sexuelle avec plus de prudence, d'égards et de courtoisie, estimait Stefan Zweig. Il eût suffi qu'il habillât un peu mieux ses convictions, qu'il les maquillât d'un peu de poésie pour que sans faire trop de vagues, elles se frayent discrètement un chemin dans le public... Mais Freud, hostile à toutes les demi-mesures, choisit des mots durs, cinglants, qui ne trompent personne, il n'omet aucune précision : il dit carrément : libido, instinct de plaisir, sexualité, instinct sexuel, au lieu de parler d'Eros et d'amour. Freud est toujours trop honnête pour avoir recours à des précautions oratoires lorsqu'il écrit. »

« Trop honnête », au sens que Stefan Zweig donnait à ce mot, Freud l'était aussi lorsqu'il affirma que même le petit enfant avait des instincts sexuels. Au tournant du siècle, on croyait encore partout que la vie sexuelle commençait à la puberté, que les enfants étaient des créatures asexuées, qu'ils n'avaient rien à voir avec la sexualité. Voilà qui est « une erreur grossière, lourde de conséquences pour la connaissance comme pour la pratique », reconnut Freud qui voyait si souvent le contraire dans ses consultations « qu'on ne pouvait que s'étonner que celle-ci [cette erreur] soit si courante. En réalité, le nouveau-né vient au monde avec une sexualité, certaines sensations sexuelles accompagnent son développement tout au long de sa vie de nourrisson et de petit enfant, et rares sont les enfants qui peuvent échapper à des réactions et des sensations sexuelles avant leur puberté ».

Pour Freud, la notion de sexualité est à vrai dire plus vaste que ce qu'on entend habituellement par là. Il ne la décela pas seulement dans l'union génitale mais aussi dans des étapes préliminaires telles que le regard, le besoin de s'exposer au regard des autres, le baiser, l'odorat, le jeu, dans des activités qui jusqu'alors n'étaient jamais mentionnées en relation avec la sexualité.

Mais la sexualité enfantine n'était pas seulement niée dans le langage populaire, « les ouvrages de plus en plus nombreux sur l'évolution des enfants sautent le plus souvent le chapitre sur l'"évolution sexuelle de l'enfant" », constate Freud dans ses *Trois essais sur la théorie de la sexualité*. C'était en janvier 1906. Lorsque, quatorze ans plus tard, en mai 1920, il remania la quatrième édition de ce livre, il ajouta cette note : « Cette affirmation m'a semblé plus tard si hardie que je me suis imposé de la vérifier par de nouvelles recherches dans la littérature traitant ce sujet. Ces recherches sont venues confirmer mon opinion. »

Freud explique le désaveu général de la « sexualité infantile » en y voyant une amnésie : la plupart des gens oublient ou refoulent ce qu'ils ont vécu pendant les premières années de leur enfance — et pas seulement dans le domaine de la sexualité. « On nous raconte que durant ces années qui n'ont laissé dans notre mémoire que certains fragments de souvenirs incompréhensibles, nous aurions réagi avec vivacité aux impressions du monde extérieur, que nous savions manifester notre douleur et notre joie comme les autres hommes, exprimer de l'amour, de la jalousie et d'autres passions qui nous agitaient alors vivement, on raconte même certains de nos propos que les adultes ont retenus comme preuves de notre intelligence et de notre discernement. Et tout cela nous échappe lorsque nous sommes adultes. Comment se fait-il donc que notre mémoire soit à ce point à la traîne des autres activités psychiques ? demande Freud. Nous avons pourtant bien des raisons de croire qu'à aucune autre période de la vie la mémoire n'est à ce point capable d'enregistrer des impressions. »

Dans une phrase significative, Freud constate ensuite que « des observations psychologiques faites sur les autres sont susceptibles de nous convaincre que ces mêmes impressions tombées dans l'oubli n'en ont pas moins laissé dans notre âme les traces les plus profondes et qu'elles furent déterminantes pour notre évolution ultérieure... Mais quelles sont les forces qui amènent le refoulement des impressions infantiles ? ».

C'est là une question que Freud dut se poser aussi à propos de

« Dora », l'un des cas les plus connus parmi ses patients. Depuis le cas « Elisabeth von R. », Freud avait profondément modifié sa méthode thérapeutique. L'hypnose n'y jouait plus aucun rôle et il laissait ses patients déterminer eux-mêmes le thème de chaque séance à travers leurs « libres associations ». Il n'intervenait donc plus dans le déroulement du récit et abordait ainsi plus directement ce qui était le produit spécifique de l'inconscient.

Dora, une jeune fille de dix-huit ans, était venue chez Freud contre son gré mais sur les instances de son père, parce qu'elle souffrait à certaines époques de troubles du langage, de toux nerveuse et d'accès de dyspnée hystérique. De plus, ses parents avaient trouvé une lettre d'adieu écrite par elle, ils craignaient donc que leur fille n'ait des tendance suicidaires.

Et Freud nous fait effectivement, à travers sa patiente Dora, le tableau d'une vie de famille peu commune, telle qu'on pourrait la trouver dans un roman magistralement conçu : les parents de la jeune fille avaient pour amis le couple K. Le père de Dora avait depuis longtemps des relations intimes avec Mme K., tandis que M. K. courtisait Dora. Celle-ci se refusait à cet homme d'un certain âge, qui avait belle allure, elle lui donna même une gifle lorsqu'il lui fit une proposition, et pourtant elle l'aimait. Après avoir commencé par nier, elle avoua son amour à son psychanalyste. L'analyse des rêves de la jeune fille révéla à Freud l'attirance sexuelle qu'elle éprouvait pour son père et une relation homosexuelle platonique avec Mme K. Dora avait refoulé si fortement ses sentiments envers les trois personnes en question que sa conscience n'en savait rien. Ces relations compliquées eurent pour effet qu'à l'amour qu'elle éprouvait pour son père comme pour M. et Mme K. se mêlaient aussi la jalousie, la haine et le dégoût.

Freud comprit après plusieurs séances que les symptômes pathologiques se manifestaient chez elle chaque fois que M. K. était en voyage d'affaires, ce qui arrivait fréquemment. Freud interpréta ainsi les troubles du langage : « Lorsque l'homme aimé était absent, elle renonçait à parler ; cela n'avait plus aucune valeur puisqu'elle ne pouvait pas parler avec lui. »

Au cours de l'analyse, Freud déduisit, en particulier du récit de deux rêves que lui fit Dora, que ses symptômes s'expliquaient aussi par le fait qu'elle avait entendu, dans sa petite enfance, ses parents durant leurs rapports sexuels : ses accès de toux et d'asthme reproduisaient les halètements de son père pendant l'acte sexuel, ce qui lui permettait de « fuir la vie en se réfugiant dans la maladie ».

Dora ne put être guérie — bien que Freud eût trouvé dans la sexualité la « force motivant » son hystérie —, car elle interrompit sa cure au bout de onze semaines. C'est pourquoi Freud qualifia ce cas de *Fragment d'une analyse d'hystérie : Dora*, qu'il publia sous ce titre.

Un an après l'interruption de la cure, Dora revint le voir sans pour autant reprendre sa thérapie. Freud promit de « lui pardonner de [l']avoir privé de la satisfaction de la libérer plus sérieusement de ses souffrances ». Plus tard, il nota que « la jeune fille s'était mariée entre-temps ».

Dans la préface à l'histoire du cas de Dora, Freud se penche avec sérieux sur le problème du secret professionnel auquel est astreint le médecin, en corrélation avec les cas sur lesquels il a déjà publié des écrits : « Il est certain que les patients n'auraient jamais parlé s'ils avaient pensé à l'éventualité d'une exploitation scientifique de leurs aveux, et il est tout aussi certain que l'on solliciterait en vain leur autorisation pour publier ce qu'ils ont dit. Des personnes sensibles ou timides invoqueraient aussitôt le devoir de discrétion du médecin et regretteraient de ne pouvoir mettre des informations au service de la science. Je pense, pour ma part, que le médecin n'a pas seulement des devoirs envers ses différents malades, mais aussi envers la science. Envers la science, cela signifie en fin de compte envers les nombreux malades qui souffrent ou vont souffrir des mêmes symptômes. Publier ce que l'on croit savoir des causes et des symptômes de l'hystérie devient un devoir, ne pas le faire est une honteuse lâcheté, si toutefois on peut éviter les dommages personnels susceptibles d'atteindre le seul malade en cause. Je crois que j'ai fait tout ce qui était en mon pouvoir pour épargner de tels dommages à ma patiente. »

C'est ce que fit Freud, sans aucun doute, néanmoins nous savons qui se cachait derrière le pseudonyme de Dora : la sœur d'Otto Bauer, étudiant en droit à l'époque et plus tard homme politique, qui devait devenir après la mort de Victor Adler, en 1918, le directeur du ministère des Affaires étrangères de la jeune République et le guide spirituel de la social-démocratie autrichienne.

Lors d'un cours qu'il fit ultérieurement sur le cas Dora, Freud modifia le pseudonyme par égard pour une des deux étudiantes féminines, qui s'appelait Dora Teleki. Freud savait très bien qu'en prononçant ce nom il l'exposerait aux sarcasmes de ses camarades masculins, d'autant plus qu'il s'agissait ici de détails intimes de la vie sexuelle. Il donna donc ce jour-là à Dora, dans l'amphithéâtre de l'université de Vienne, le nom d'Erna. Ce qu'il ne pouvait pas savoir, c'est que les sarcasmes s'adressèrent à l'autre auditrice. Car elle avait pour nom de famille Lucerna, qui contient le prénom Erna.

L'observation des relations sexuelles entre grandes personnes, « rendue possible du fait que les adultes sont convaincus que le petit enfant ne comprend rien aux choses de la sexualité, peut avoir d'après Freud des conséquences toutes différentes. Comme le petit enfant voit dans l'acte sexuel une sorte d'acte brutal et sadique ou dominateur, « cette impression précoce favorise largement une tendance à donner plus tard à l'objectif sexuel une coloration sadique ». Freud avance l'idée que l'enfant pressent l'existence de l'acte sexuel et ses conséquences, qu'il y voit des manifestations d'hostilité et de violence, et un acte qu'il aimerait empêcher car la naissance d'un autre enfant lui apparaît comme une « menace pour ses intérêts égoïstes ».

Comme il le fait souvent, Freud déduit ici des généralités de sa propre biographie car en tant que premier enfant de la famille Freud à Vienne, il avait vu arriver chaque année une sœur de plus, ce qui lui avait fait regretter la petite ville de Freiberg où il était le seul à bénéficier des tendresses de sa mère. Lorsque, à l'âge de quatre-vingts ans, on lui proposa de fonder un journal concurrent du journal psychanalytique existant déjà, il s'y refusa en expliquant que ce second journal « couperait l'herbe sous les pieds du premier ou, plus précisément, le priverait de son lait » !

Le drame d'*Œdipe roi* sert de modèle à la plus importante des théories sexuelles de Freud. A Thèbes, la peste fait rage, c'est ainsi que commence la tragédie de Sophocle, de l'Anti-quité grecque. Le peuple, à la recherche d'aide, s'adresse au roi Œdipe qui va demander conseil à l'oracle de Delphes. Celui-ci déclare : la peste cessera dès qu'on aura trouvé et puni le meurtrier de l'ancien roi Laïos. Œdipe fait aussitôt rechercher le meurtrier. Le devin Tirésias révèle à Œdipe que c'est lui-même qui a tué son père — alors qu'il se croyait attaqué par un étranger — et que son épouse Jocaste était sa mère. La vérité apparaît peu à peu : on avait prophétisé à Jocaste et à son premier époux, Laïos, que leur fils tuerait son père et déshonorerait sa mère, si bien qu'ils donnèrent l'ordre de tuer le nouveau-né. Un berger eut pitié de l'enfant exposé dans une contrée sauvage et l'éleva. Plus tard arriva tout ce que l'oracle avait prédit : Œdipe tue le roi Laïos sans savoir qu'il est son père ; en se mariant avec Jocaste, il devient roi et engendre quatre enfants. Lorsque le couple royal découvre la vérité, Jocaste se pend et Œdipe se crève les yeux.

L'être humain qui, dans son ignorance, se veut juste, trouve la faute en soi, telle fut la découverte de Sophocle dont Freud, 2 500 ans plus tard, déduisit sa théorie du « complexe d'Œdipe » : tandis que la petite fille commence par éprouver un penchant pour son père, les premiers désirs infantiles du garçon sont tournés vers sa mère. « C'est ainsi que le père devient pour le petit garçon, comme la mère pour la petite fille, un rival gênant. » L'amour pour l'un des parents et la haine pour l'autre peuvent être plus tard à l'origine d'une névrose. Pour le petit garçon, la crainte que lui inspirent ses désirs incestueux fait naître la peur de la castration.

C'est en 1910 que Freud utilisa pour la première fois l'expression qu'il déduisit du destin du malheureux roi de Thèbes, lorsque, parlant d'un patient, il dit qu'« il tombe, comme nous disons, sous l'empire du complexe d'Œdipe ». Son ami Fliess avait déjà écrit bien des années auparavant que chacun un jour porte en soi un Œdipe et « chacun recule, horrifié, devant l'idée de réaliser un rêve, avec toute la somme des refoulements qui séparent son état infantile de son état présent ». L'action de la pièce n'était pour lui qu'un dévoilement progressif et retardé avec art, « comparable au travail d'une psychanalyse ».

La perversion n'a rien de rebutant aux yeux de Freud, c'est une donnée parfaitement normale dans certaines phases de la vie, et on devrait en parler sans s'indigner. Si le nourrisson est déjà capable d'exprimer certains aspects de la sexualité, l'enfant qui grandit traverse une série de stades « pervers ». C'est là une formulation qui a été souvent mal interprétée et a beaucoup contribué à éveiller l'hostilité de ceux qui l'ont dénoncée. « Le fait même qu'il est difficile de définir les limites de ce qui est normal dans la vie sexuelle, estimait Freud, devrait refroidir mes zélateurs. Car nous ne devons pas oublier que l'amour physique de l'homme pour l'homme n'était pas seulement toléré chez un peuple aussi supérieur par sa culture que l'étaient les Grecs, mais qu'il était lié à des fonctions sociales importantes. Avec un rien de plus, tantôt ici, tantôt là, chacun à sa manière dépasse dans sa propre vie sexuelle les limites de la normalité. Les perversions n'ont rien de bestial ni de dénaturé au sens pathétique du terme. Elles représentent le développement de germes qui se trouvent tous dans les dispositions sexuelles indifférenciées de l'enfant, dont le refoulement ou le transfert sur d'autres objectifs supérieurs, asexuels — leur sublimation —, est destiné à fournir les énergies favorables à un bon nombre de réalisations de notre vie culturelle. Donc, lorsqu'un individu est devenu grossier et manifestement pervers, il est plus juste de dire qu'il l'est resté, il incarne le stade d'un blocage dans son évolution. »

Lorsque, en 1927, dans une des rares interviews qu'il accorda, on demanda à Freud s'il avait eu raison de placer la sexualité au centre de sa doctrine, il répondit : « J'ai sans aucun doute fait beaucoup d'erreurs, mais ce n'en fut certainement pas une de mettre l'accent sur la sexualité. Car la pulsion sexuelle est si forte qu'elle ne cesse jamais de se trouver en contradiction avec les conventions et les mesures de protection de la civilisation. Si l'humanité essaie de nier son importance, elle ne le fait qu'en se niant en quelque sorte elle-même. Si l'on analyse un quelconque mouvement de l'âme humaine encore très éloigné de la sexualité, on y trouvera inévitablement une impulsion première venue de la sexualité, à laquelle la vie doit sa perennité. »

L'intérêt croissant de Freud pour la sexualité allait — on aimerait dire curieusement — de pair avec une continence qu'il s'imposa lui-même après les premières années de mariage. Malgré son amour pour Martha qui lui donna six enfants, il mit fin à l'âge de quarante ans à toute relation sexuelle avec elle, comme certaines de ses déclarations nous en apportent le témoignage. On ne lui connaît pas de relations avec d'autres femmes, mis à part le « soupçon » exprimé par Peter Swales. Il accuse Freud de pratiquer une « morale double », parce qu'il aurait entretenu une liaison avec sa belle-sœur Minna Bernays qui habitait la maison des Freud et avec laquelle il passa quelques vacances. Le peu de crédit que méritent de telles déclarations ressort du témoignage d'Anna de Noailles qui, en toute simplicité, affirme le contraire en déclarant après une visite chez Freud, qu'elle était « bouleversée de ce qu'un homme qui avait tant écrit sur la sexualité n'ait jamais été infidèle à sa femme ».

Les auteurs en question reprochent à Freud les deux attitudes — aussi bien sa fidélité conjugale que sa prétendue infidélité.

« *Parfaitement famillionnaire* »

Le rire de Sigmund Freud

L E « cas Weininger » a éloigné Freud non seulement de Fliess, mais aussi de Karl Kraus. Chaque fois qu'il en avait l'occasion, le grand persifleur polémiquait contre Freud. Il le fit avec autant de méchanceté que d'efficacité dans l'aphorisme suivant : « La psychanalyse est cette maladie de l'esprit dont elle pense être elle-même la thérapie. »

Si cette pointe n'avait été dirigée contre lui-même, Sigmund Freud l'aurait sûrement rapportée dans son livre *Le Mot d'esprit et ses rapports avec l'inconscient*, car il y fait une large place aux plaisanteries des médecins et des patients.

Le mot d'esprit, une plaisanterie innocente, sans profondeur, un simple divertissement ? Sigmund Freud n'est pas de cet avis. Pour lui, chaque pointe dissimule un fragment d'inconscient. Après ses premiers succès thérapeutiques, il n'a cessé de se mettre en quête de l'inconscient. C'est seulement lorsque je cernerai les pensées cachées et refoulées par mes patients que je pourrai les aider, se disait-il. La « libre association » — c'est-à-dire le récit sans contrainte de la biographie personnelle — apparut souvent comme une voie possible. L'un des moyens d'approcher l'inconscient était le rêve, qui permet d'abattre au cours de l'entretien le mur de la censure dressé entre le patient et l'analyste. L'autre moyen que découvrit le médecin pour déceler les sentiments cachés de son patient fut l'« acte manqué ». Dans *la Psychopathologie de la vie quotidienne*, il démontre que des maladresses insignifiantes et en apparence dépourvues de sens telles que des ratés de la parole, de l'écriture, des oublis, le fait d'égarer des objets servent en fait à accomplir des désirs inconscients et fournissent à l'analyste de précieuses indications.

Lui-même, revenant de vacances, data une lettre du mois d'octobre au lieu de septembre. Et il reconnut dans cette erreur le désir d'être déjà en octobre, époque à laquelle il devait recevoir un patient dont le cas l'intéressait particulièrement. De même, lorsqu'il ne parvenait pas à se rappeler un nom, Freud subodorait-il le pouvoir refoulé de l'inconscient : « Dans de tels cas on ne se contente pas d'oublier, on se souvient de façon erronée. Celui qui s'efforce de retrouver le nom qui lui échappe trouve d'autres noms — des noms de remplacement — qui se révèlent souvent faux mais s'imposent avec beaucoup d'insistance. » Un jour, il raconta à Fliess un événement qu'il ne pouvait « malheureusement pas livrer au public ». Freud avait oublié le nom de l'écrivain Julius Mosen — auteur d'une pièce sur Andreas Hofer. Le prénom Julius lui était familier, bien entendu, mais il ne parvenait pas à se rappeler le nom de famille. Lorsque le nom lui revint, il estima qu'il avait « refoulé le nom de Mosen à cause de certaines associations ». Très révélateur est aussi le lapsus que signale Freud à propos d'un homme pour qui une certaine affaire « *zum Vorschwein kam* » (Schwein = cochon), alors qu'il voulait dire qu'elle est découverte : « *zum Vorschein kam* ».

Revenons-en au mot d'esprit. Freud lui consacra en 1905 un livre où il s'intéresse à ce que cache l'humour. C'est un autre moyen de « faire venir l'inconscient à la conscience ».

Il pense que le mot d'esprit nous permet d'exprimer tout ce que, du fait de notre éducation, nous ne saurions dire « sérieusement ». C'est ainsi qu'il explique également la déclaration d'un mari à propos de sa femme : « Si l'un de nous deux meurt, j'irai m'installer à Paris [1]. » A l'aide de cet exemple Freud conclut — en démontrant une fois de plus qu'il est lui-même maître dans l'art de la pointe : « En plaisantant, on peut même, comme on sait, dire la vérité. »

Il y a aussi ce mot dans la collection humoristique de Freud : « Comment ça va ? demande l'aveugle au paralytique. Comme vous voyez », répond le paralytique à l'aveugle.

Tout comme les « ratés de la parole, de l'écriture » ou les « oublis », le mot d'esprit exprime des attentes inconscientes, ressenties avec plaisir. Dans une sorte de court-circuit, la conscience est déconnectée, les pensées sont « boutées dehors » — pour

---

1. Freud cite cette phrase dans son article « Considérations actuelles sur la guerre et la mort », 1915.

ne pas dire « se déboutonnent » ; l'homme cultivé, civil, ne les exprimerait jamais sans les masquer derrière une pointe, car ce serait contrevenir aux bonnes mœurs. Le mot d'esprit — « une variation sur l'interprétation des rêves » — rend possible l'expression de l'impossible. « La mise au jour de l'automatisme psychique fait partie des procédés du comique comme tout dévoilement, toute trahison de soi-même », dit Freud.

Ce « dévoilement » devient particulièrement évident en corrélation avec la sexualité. Car, si « l'effet de plaisir produit par le mot d'esprit innocent est le plus souvent modéré — tout ce qu'il peut susciter chez l'auditeur, c'est une satisfaction évidente, un léger sourire » —, il en est tout autrement avec le « mot d'esprit tendancieux ». « Lorsque le mot d'esprit n'est pas une fin en soi, qu'il reste inoffensif, il se met au service de deux tendances seulement, qui ne se laissent réunir que sous un seul point de vue ; ce sera soit un mot d'esprit hostile (servant à agresser, se moquer, rejeter), soit un mot obscène (au service d'une mise à nu). Comme exemple de plaisanterie tendancieuse et hostile, Freud cite une anecdote circulant à l'époque à propos de la « géniale comédienne Josephine Gallmeyer » qui, à la question : « Quel âge ? » aurait répondu en baissant pudiquement les yeux : « A Brünn. » Ce mot sert en même temps d'exemple pour illustrer le peu de sérieux qu'il faut accorder généralement aux anecdotes concernant les comédiens : la comédienne populaire « Pepi » Gallmeyer était en réalité née à Leipzig. Aujourd'hui, on peut écrire en toute tranquillité que ce fut en 1838.

A propos de la sexualité que trahit le mot d'esprit, il en cite un courant dans les milieux médicaux : « Lorsqu'on demande à un patient adolescent s'il s'est déjà masturbé, on obtiendra toujours la même réponse : *"O na, nie !"* » (*Nie* = jamais ; *Na* = non.)

« La polissonnerie », terme par lequel Freud désigne les plaisanteries faciles ayant trait à la sexualité, « s'adresse primitivement à la femme et doit être assimilée à une tentative de séduction ». Alors que, dans une conversation sérieuse, l'homme n'aurait guère le courage de parler de sexualité avec une femme qu'il connaît peu, le mot d'esprit lui permet d'« aborder à ce sujet ».

« Lorsque la femme se montre rapidement prête à céder, le discours obscène laisse aussitôt la place à l'initiative sexuelle. » Pour Freud, il est clair qu'ici le mot d'esprit « permet de satisfaire une pulsion (qu'elle soit concupiscente ou hostile) à l'encontre de l'obstacle qui se présente, il contourne cet obstacle et tire tout de même son plaisir d'une source devenue inaccessible du fait de l'obstacle. L'obstacle en question n'est au fond rien d'autre que l'incapacité de la femme à supporter les allusions directes à la sexualité, incapacité qu'accroissent encore son niveau de culture et son origine sociale ».

« La nudité sans voile », l'homme ne l'exprime pas seulement devant l'autre sexe, très souvent il le fait aussi devant les hommes : « Lorsqu'un homme au milieu d'autres hommes s'amuse à raconter ou à écouter des polissonneries, cela représente la situation primitive qui n'a pu se concrétiser par suite d'inhibitions sociales. Celui qui rit en entendant cette polissonnerie rit comme le spectateur d'une agression sexuelle. »

En un mot : le mot d'esprit est capable, comme le rêve et les lapsus, d'exprimer des choses interdites.

C'est au mot d'esprit que nous sommes finalement redevables d'une information que nous n'aurions pas imaginée dans ce contexte. C'est dans *Le Mot d'esprit* précisément que Freud révèle sa parenté — lointaine, il est vrai — avec l'un des plus grands poètes de langue allemande. « Je me souviens du récit d'une de mes vieilles tantes, écrit Freud, entrée par son mariage dans la famille Heine et qui, un jour, eut pour voisin à la table familiale un homme qui lui parut peu ragoûtant et que les autres traitaient avec condescendance. Elle n'éprouva pas le besoin d'être plus condescendante encore ; ce n'est que plus tard qu'elle découvrit que ce cousin négligé qu'on négligeait était le poète Henri Heine. »

Toujours dans *Le Mot d'esprit*, Freud raconte encore un mot de Heine tiré de ses *Tableaux de voyage*, où il présente « Hirsch-Hyacinthe, de Hambourg, le savoureux vendeur de billets de loterie qui opère aussi les cors aux pieds. Celui-ci se vante de ses relations avec le baron Rothschild, et dit : "Et aussi vrai que Dieu me donnera tout ce qui est bon, j'étais assis à côté de Salomon Rothschild qui m'a traité comme son égal, de façon parfaitement *famillionnaire*." ».

A la description personnelle de sa tante, Freud ajoute : « On sait par de nombreux témoignages à quel point Heine a souffert dans sa jeunesse et même plus tard de ce manque d'égards de ses parents. Cette émotion est à l'origine du mot "famillionnaire". »

« Cet exemple qui prête fort à rire » exprime, selon Freud, le rêve de l'homme pauvre qui voudrait devenir riche et être traité par les riches de façon familière et comme un millionnaire. Freud nous a révélé ainsi un aspect de Heine et ajoute encore un détail à son histoire : un riche oncle du poète s'appelait lui aussi Salomon, « exactement comme le vieux Rothschild ».

Comme l'élément juif joue un rôle important dans l'œuvre de Freud, celui-ci se souvient de ses origines dans *Le Mot d'esprit* et se demande « s'il arrive souvent qu'un peuple se moque à ce point de sa propre nature ». Ainsi, lorsqu'il évoque quelques plaisanteries sur le talent commercial du *Schadchen,* celui qui sert d'entremetteur dans les mariages juifs :

Le *Schadchen* se fait le défenseur de la jeune fille qu'il propose lorsque le jeune homme émet des critiques. « La belle-mère ne me plaît pas, dit celui-ci, cette personne est bête et méchante. — Mais vous n'épousez pas la belle-mère, c'est la fille que vous voulez. — Oui, mais elle n'est plus jeune et son visage n'est pas particulièrement beau. — Cela ne fait rien ; si elle n'est pas jeune et belle, elle vous sera d'autant plus fidèle. — De l'argent, il n'y en a guère non plus. — Qui parle d'argent ? Vous épousez aussi l'argent ? C'est une femme que vous voulez ! — Mais en plus, elle est bossue ! — Alors, que voulez-vous ? Qu'elle soit absolument sans défaut ? ! »

Une fois de plus, c'est Fliess qui avait trouvé cette histoire pour Freud après que celui-ci eut fait remarquer « que ses interprétations de rêves produisaient souvent un effet comique. Pour élucider cette impression, j'ai entrepris d'étudier les mots d'esprit ». Freud était bien préparé pour ce travail, car il avait réuni dès 1897 une collection d'histoires juives drôles et profondes. Citons encore un exemple : deux juifs se rencontrent dans un wagon de chemin de fer, dans une gare de Galicie. « Où vas-tu donc ? » demande l'un d'eux. La réponse est : « A Cracovie. — Vois comme tu es menteur, s'insurge l'autre. Quand tu dis que tu vas à Cracovie, tu veux me faire croire que tu vas à Lemberg. Mais je sais bien que tu vas à Cracovie. Alors, pourquoi mens-tu ? »

Dans *Le Mot d'esprit*, Freud cite encore Henri Heine qui, en guise de compte rendu d'une comédie satirique, écrivit cet aphorisme : « Cette satire n'aurait pas été aussi mordante si l'auteur avait eu davantage à se mettre sous la dent. » Heine, qui avait souvent lui-même « peu de chose à se mettre sous la dent », est mort en 1856, l'année de la naissance de Freud.

Ce qui reste du travail de Freud sur le mot d'esprit, c'est — comme bien souvent — une étude théorique et philosophique. En tant que telle, elle a éclipsé toutes celles qui ont été écrites depuis sur ce sujet. Aucun autre chercheur n'a pris le mot d'esprit autant au sérieux que Freud. Lorsqu'il publia son étude, la première moitié de sa vie était déjà derrière lui. De ce point de vue, un jeu de mots qu'il cite dans ce livre nous éclaire sur ce qui le préoccupait à cette époque : « La vie humaine se divise en deux parties, dans la première on appelle la seconde de tous ses vœux et dans la seconde on aimerait se retrouver dans la première. »

Freud n'a pas écrit un seul chapitre où il ne fasse référence au début de la « première moitié de la vie », à l'enfance. Il compare le plaisir que procure l'absurdité d'un mot d'esprit aux premières actions des hommes : « Avant les mots d'esprit, il y a ce que nous pouvons qualifier de jeu ou de plaisanterie. Le jeu — restons-en à ce terme — se manifeste chez l'enfant lorsqu'il apprend à associer des mots et des pensées. » C'est pourquoi le mot d'esprit des adultes est la suite naturelle du jeu enfantin.

Amalie Freud avec son fils Sigmund, âgé de seize ans.

Freud en promenade avec
sa mère et son épouse Martha,
aux environs d'Altaussee.

Sigmund est né au premier étage de cette maison,
dans la petite ville de Freiberg. Au rez-de-chaussée
se trouvait la serrurerie de Zajic dont l'épouse fut
la nourrice de Sigmund.

J.ZAJIC.

«Ma chère, très chère enfant», écrit Freud à Martha Bernays, sa fiancée. Ils durent attendre quatre ans avant de pouvoir se marier. Martha donna six enfants à Sigmund Freud.

Freud avec son ami
Wilhelm Fliess
(*à droite*).

Le célèbre divan
de Freud.

Sophie Freud (ici avec son
père) mourut à l'âge de
vingt-six ans, en 1919.
«Pendant des années,
je m'étais préparé à la
mort de mes fils, écrivit
Freud après la Première
Guerre mondiale, et voici
que meurt ma fille.»

«Tout ce qui en moi est source de joie s'appelle Anna.»
La fille cadette de Freud se soumit durant trois ans
à une analyse avec son père.

En vieillissant, Sigmund Freud s'attacha de plus en plus à ses chows-chows. Les deux chiens avaient le privilège de rester à ses pieds pendant ses consultations. «Je préfère la compagnie des animaux à celle des hommes, dit Freud. Certes, un animal sauvage est cruel. Mais la vulgarité est un apanage de l'homme civilisé.»

Freud dans son bureau de la Berggasse.

Avec sa fille Anna dans le train qui l'emmenait vers l'exil. Lorsque Freud, âgé de 82 ans, arriva à Londres avec sa famille, il reçut un accueil enthousiaste. Des centaines de journalistes et de photographes accueillirent le déjà légendaire «père de la psychanalyse».

L'écrivain Lou Andreas-Salomé fut une des femmes qui jouèrent un rôle important dans la vie de Freud. Il disait d'elle qu'elle était le «poète de la psychanalyse».

Marie Bonaparte, arrière-petite-nièce de Napoléon et mariée avec le fils du roi de Grèce, fut une disciple de Freud. Grâce à son statut diplomatique, elle put faciliter son entrée en Angleterre.

A l'automne 1938, après avoir subi sa dernière opération, Sigmund Freud habita avec sa fille Anna à l'Esplanade Hotel à Londres, avant de s'installer à Maresfield Gardens.

« *Unique et extraordinaire* »

Dix-sept ans d'attente pour un titre

Un jeu de mots cité dans *Le Mot d'esprit* constitue la transition vers le chapitre suivant de la vie de Freud : « La différence entre les professeurs ordinaires et les professeurs extraordinaires [1], c'est que les professeurs ordinaires n'ont rien d'extraordinaire et que les extraordinaires n'ont rien d'ordinaire. »

A la fin du siècle, Sigmund Freud avait réalisé plus que des choses extraordinaires. Mais il n'était toujours pas professeur titulaire. Il avait publié à cette époque d'innombrables articles scientifiques et une demi-douzaine de livres, et mis au point quelques-unes de ses découvertes les plus importantes : ainsi avait-il réussi à apporter la preuve de l'hystérie masculine, il avait inventé la méthode des « libres associations », développé la « théorie de la séduction » — même s'il l'avait rejetée ensuite —, décrit le complexe d'Œdipe, rédigé en commun avec Breuer les *Études sur l'hystérie* et découvert enfin l'importance des rêves.

Bien qu'il fût un homme connu, du moins dans les milieux spécialisés, et qu'il eût une bonne clientèle, il allait devoir attendre encore longtemps avant que la faculté de médecine lui accordât le titre de professeur. On avait quasiment l'impression qu'une déclaration faite un jour par Theodor Billroth visait directement Freud : « Un chargé de cours qui ne devient pas professeur titulaire gardera une blessure au cœur jusqu'à sa mort. » En d'autres termes : un enseignant d'université qui n'est pas nommé professeur

---

1. Traduction littérale de l'allemand : « Professeur ordinaire » : professeur titulaire, situé plus haut dans la hiérarchie que le « professeur extraordinaire » : maître de conférences *(N.d.T.)*.

au milieu de sa vie est un homme mort pour la vie universitaire, ses collègues ne l'estiment pas, il n'existe pas pour la science.

Et Freud avait atteint le milieu de sa vie, il l'avait même dépassé. Et il n'était toujours que chargé de cours. Après avoir soutenu sa thèse en 1885, il dut attendre dix-sept ans avant d'être nommé professeur. D'après une statistique de la faculté de médecine de l'université de Vienne, un chargé de cours devait attendre en moyenne huit ans avant d'être titularisé — pour Freud, cela dura donc plus du double.

Au début, il n'avait d'ailleurs pas recherché les honneurs académiques, peut-être parce qu'il pensait un peu naïvement que l'avancement « se ferait de toutes façons ». Comme en 1897 rien ne s'était encore passé, il présenta sa candidature pour l'obtention du titre de maître de conférences — en compagnie de quatre autres collègues : trois de ses concurrents obtinrent le titre convoité un an plus tard, le quatrième dut attendre deux années de plus. Dans le cas de Freud, les semestres se suivaient sans qu'il fût titularisé.

Les interventions et l'admiration d'amis bien placés ne lui manquèrent pourtant pas. Les professeurs Hermann Nothnagel et Richard von Krafft-Ebing, aussi renommés qu'influents, l'avaient proposé au début de l'année 1897 au collège des professeurs et le firent savoir « spontanément, en lui recommandant de garder le secret pour le moment ». Nothnagel lui révéla aussi que lui-même et Krafft-Ebing — qui venait de prendre la succession de son maître Theodor Meynert à la clinique psychiatrique — transmettraient la proposition au ministère, même si les autres professeurs votaient contre lui. Nothnagel fut suffisamment réaliste pour ajouter « combien il était peu probable que le ministre donnât une suite à la proposition ».

Il y avait donc déjà de nombreux courants hostiles à Freud, aussi bien parmi les professeurs qu'au ministère de l'Enseignement, ce que Freud pressentait pour le moins car il déclara plusieurs fois à son ami Fliess durant cette période qu'il ne pensait pas être un jour nommé professeur. Le collège de la faculté de médecine s'est, il est vrai, prononcé par 22 voix contre 10 en faveur de sa nomination, arguant de « ses dons et de ses aptitudes extraordinaires à ouvrir de nouvelles voies aux recherches scientifiques », mais la proposition resta pendant des années en attente au ministère.

Après une visite chez son ancien maître Sigmund Exner — qui était devenu entre-temps haut fonctionnaire au ministère —, Freud acquit la certitude que ses adversaires et les envieux intervenaient, comme il le raconta à Fliess : Exner évoqua des influences personnelles agissant contre lui « auprès de Son Excellence[1] et me conseilla de chercher des personnes susceptibles de s'y opposer ».

Là-dessus Freud s'adressa à son ancienne patiente, Elise Gomperz, il devint donc pour la première fois actif en matière de « promotion ». Elle était la femme du célèbre philologue Theodor Gomperz — par ailleurs l'un des rares professeurs d'université en Autriche qui, sans avoir jamais passé un doctorat, fit une brillante carrière scientifique. Et le Pr Gomperz n'était pas seulement l'ami et le collègue du ministre Hartel, il jouait aussi un rôle social important en tant que député libéral au Parlement et beau-frère du banquier Leopold Wertheimstein, dont le salon légendaire était fréquenté par la moitié des Viennois. Il y avait désormais des personnes susceptibles d'exercer une influence « opposée ».

Le Pr Gomperz semble avoir joué un rôle important dans les recherches de Freud sur le rêve, car nous pouvons lire dans une lettre adressée par Freud à la femme de celui-ci, Elise que c'est son mari qui lui parla pour la première fois du rôle du rêve dans la vie psychique de l'homme primitif. Freud et Theodor Gomperz se connaissaient depuis longtemps, le philologue avait édité les *Œuvres complètes* de John Stuart Mill et il avait chargé le jeune Freud d'en traduire le douzième volume.

Lorsque, des années plus tard, Elise souffrit de douloureuses névralgies faciales, elle se rendit chez Freud pour se faire soigner par hypnose. Son mari lui avait recommandé ce traitement bien qu'il n'en pensât pas beaucoup de bien, comme cela ressort d'une lettre adressée à son fils, le futur philosophe Heinrich Gomperz, le 13 novembre 1893 : « Maman semble vraiment aller mieux grâce à l'hypnose. Si seulement ce traitement n'était pas lui-même si inquiétant... »

Bien que le traitement par hypnose ne l'eût pas définitivement guérie, Mme Gomperz était encore huit ans plus tard suffisamment proche de son médecin pour ne pas hésiter à demander un rendez-vous au ministre de l'Enseignement, afin d'intervenir en faveur de la nomination de Freud. Après qu'elle eut exposé sa demande tout à fait dans l'esprit de Freud, le ministre von Hartel parut étonné de ce que le poste de Freud fît encore l'objet d'un examen, car la proposition du collège des professeurs qui remontait à près de cinq ans n'était jamais parvenue jusqu'à lui. Krafft-Ebing et Nothnagel

---

1. Le ministre de l'Enseignement de l'époque, le baron von Hartel.

furent indignés et se déclarèrent prêts à formuler aussitôt une nouvelle proposition (qu'on a pu retrouver dans les archives de l'université de Vienne). Voici le contenu de ce texte adressé « Aux professeurs de la faculté de médecine ».

« Les soussignés ont proposé il y a des années au ministère des Cultes et de l'Enseignement la nomination du chargé de cours, le Dr Sigmund Freud, compte tenu de ses remarquables travaux scientifiques, à un poste de maître de conférences. Cette proposition a été présentée au ministère en son temps par l'ensemble des professeurs, mais est restée sans réponse jusqu'à ce jour. Les soussignés demandent que la candidature du Dr Sigmund Freud au poste de professeur titulaire soit à nouveau prise en considération. Krafft-Ebing, Nothnagel. »

Comment est-ce possible qu'à l'université de Vienne le génie ait mis si longtemps à être reconnu ? Etait-ce à cause de l'antisémitisme qu'on pouvait de nouveau afficher dans les salons depuis l'élection de Karl Lueger à la mairie de Vienne ? Ou étaient-ce les théories sexuelles de Freud jugées scandaleuses qui incitèrent la bureaucratie ministérielle à intriguer contre la promotion de cet outsider ? Ou bien la carrière de Freud fut-elle simplement négligée ?

L'étrange « disparition » de la première demande d'une part et, d'autre part, l'isolement dans lequel se trouvait Freud depuis que sa psychanalyse était connue des milieux médicaux permettent de penser qu'un peu de tout cela a dû intervenir. Un document fut perdu parce que le candidat était un « juif » qui, de plus, élaborait des thèses dérangeantes. Et aussi parce qu'en Autriche, lorsqu'une demande, au lieu d'arriver sur le bureau du ministre, tombe dans la corbeille à papier, personne ne s'en aperçoit.

Mais à présent les choses étaient sur le point d'aboutir, le ministre se chargea personnellement de l'affaire après la visite de Mme Gomperz. Et c'est ainsi que le 5 mars 1902 Freud fut nommé maître de conférences, le document étant signé de la main même de l'empereur François-Joseph. Il possédait ainsi l'un des fameux titres viennois « sans traitement » car, en vérité, on occupe dans ce pays le poste de chargé de cours aussi longtemps qu'on n'est pas professeur en titre. Mais cela, Freud ne le devint qu'à un moment où, depuis longtemps, il ne donnait plus de cours, en 1920, à l'âge de soixante-quatre ans.

L'empereur François-Joseph, qui régna soixante-huit ans, accorda durant cette longue période 250 000 audiences à ses sujets.

Bien qu'en principe tout citoyen jouissant d'une bonne réputation eût la possibilité de se trouver une fois dans sa vie face à son empereur, l'« audience chez l'empereur » était un événement tout à fait extraordinaire. Après des nominations, des distinctions ou un anoblissement, il était courant d'aller remercier personnellement Sa Majesté.

Même si Freud, comme nous le savons, n'éprouvait ni pour les Habsbourg en général, ni pour François-Joseph en particulier, une grande sympathie, la brève audience qui lui fut accordée le 13 octobre 1902 compte sans aucun doute parmi les moments émouvants de sa vie. Conformément au protocole très rigoureux, l'empereur ainsi que son visiteur restèrent debout pendant que Freud, en redingote noire, « exprimait ses remerciements pour la grâce que lui avait faite l'empereur en lui accordant le titre de professeur ». L'audience prit fin avec le congé signifié par l'empereur.

Le fait remarquable de cette journée d'audience fut que, ce même matin, deux membres de la famille Freud avaient été priés chez l'empereur. Le frère de Sigmund, Alexander, qui avait dix ans de moins que lui, était professeur à l'Académie de l'exportation — la future Ecole supérieure de commerce mondial — et avait été nommé « conseiller impérial » par François-Joseph.

Comme on devait s'y attendre à Vienne, ville de commérages et d'intrigues, le titre de professeur titulaire conféré à Freud fut à l'origine d'un scandale. Le bruit courut en effet qu'outre Mme Gomperz, une autre patiente de Freud, la baronne Marie von Ferstel, avait rendu visite à M. von Hartel pour intervenir en faveur de Freud. Et, pour accélérer un peu les choses, elle aurait offert à la Galerie moderne proche du ministre le tableau d'Arnold Böcklin intitulé *Die Burgruine*. Un cas évident de corruption...

Mais Renée Gicklhorn, spécialiste de Freud, put prouver que *Die Burgruine* avait appartenu sans interruption jusqu'en 1958 à la famille Thorsch, de Vienne. Un autre tableau, *Kirche in Auscha*, œuvre d'Emil Orlik, était en effet devenu la propriété de la Galerie moderne par l'intermédiaire de la baronne Ferstel. Mais la valeur du tableau était si insignifiante qu'il n'aurait pu constituer un « pot-de-vin » en vue de l'obtention d'un titre de professeur.

Après sa nomination, Freud, assez cyniquement, écrit à Wilhelm Fliess : « Les félicitations et les fleurs pleuvent de toutes parts, comme si le rôle de la sexualité avait soudain été reconnu officiellement par Sa Majesté, l'importance du rêve confirmée par le Conseil des ministres et la nécessité d'une thérapie psychanalytique pour l'hystérie adoptée au Parlement avec une majorité des 2/3. »

Stefan Zweig était de ces contemporains qui avaient reconnu le peu d'importance que prenait en définitive pour l'œuvre de Freud le titre que portait un homme de sa grandeur. « De tous les "professeurs ordinaires", dit-il un jour au médecin, vous êtes l'unique professeur "extra-ordinaire". »

« *Nulle part ailleurs...* »

L'amour-haine de Freud pour Vienne
Religion-Antisémitisme

« ENTRE 1900 et 1910, Vienne est le centre intellectuel du monde, et Vienne n'en sait absolument rien. » C'est en ces termes que l'historien Carl Schorske décrit de façon très pertinente cette époque d'une fin de siècle, de la splendeur du Ring, boulevard récemment construit, du Jugendstil, l'époque d'Arthur Schnitzler, Otto Wagner, Hugo von Hofmannsthal, Karl Kraus, Gustav Mahler, Egon Schiele, Gustav Klimt, Sigmund Freud...

Désormais il est professeur — même s'il n'est que professeur « extraordinaire », et si ce n'est sûrement pas là la distinction qu'il mérite. Mais comment la ville pourrait-elle lui offrir mieux ? Vienne « ne sait absolument rien » de ce qui se passe dans la Berggasse.

Freud lui-même reconnaissait que « nulle part ailleurs l'indifférence hostile des milieux savants et cultivés n'est aussi sensible qu'à Vienne ». A Fliess, il a même déclaré un jour qu'il « vouait à Vienne une haine quasi personnelle ». Mais c'est un attachement tout aussi personnel qu'il éprouvait pour cette ville. Et c'est pour cette raison qu'on a souvent affirmé que la doctrine des maladies de l'âme ne pouvait naître qu'à Vienne, et précisément dans cette Vienne du tournant du siècle. Joie de vivre et nostalgie de la mort, cosmopolitisme et esprit philistin, Eros et pudibonderie n'avaient jamais été aussi étrangement associés qu'ici et à cette époque où s'épanouissait à nouveau la capitale d'un Empire dont le déclin était inéluctable. C'était un enfer sur une valse à trois temps, la Révolution disait encore : « *Küss' die Hand* [1] » avant de porter ses coups.

---

1. « Je vous baise la main », formule courante lorsqu'un monsieur salue une dame *(N.d.T.)*.

La vie de la Vienne royale et impériale qui, joyeusement, se précipitait vers son finale, trouvait son reflet dans la relation même qu'entretenait Freud avec cette ville. La haine et l'amour ne s'excluaient pas mais se complétaient en une harmonie créatrice. Durant les soixante-dix-huit ans où Freud y résida et y travailla, il ne passa que peu de mois en dehors de la ville, au cours de voyages, et toujours il y revint. Aussi longtemps que ce fut tant soit peu possible, il resta fidèle à Vienne qu'il aimait et haïssait. C'était le lieu, dit-il un jour, « où on enrage à en mourir et où on souhaite quand même mourir ».

Il n'avait vécu que trois ans dans la petite ville morave de Freiberg et lorsque, à l'occasion de son soixante-quinzième anniversaire, la ville fit aposer une plaque sur sa maison natale, il la remercia par une lettre amicale adressée à son maire et envoya sa fille Anna à l'inauguration. Mais lorsqu'à Vienne on envisagea de baptiser la Berggasse — où il habitait déjà depuis quarante ans à l'époque — rue Sigmund Freud, il refusa cette idée qu'il qualifia d'« insensée et incongrue ».

A Vienne, dans le monde en trompe-l'œil du déclin superbement mis en scène et du plaisir réprimé, étaient nées les névroses dont Freud avait besoin pour ses recherches. Toutefois, il estimait qu'il les aurait également trouvées ailleurs.

Mais Vienne n'était pas seulement la ville qui lui livrait ses « cas », elle était aussi la ville à laquelle il devait son isolement. Qu'il semble, il est vrai, avoir présenté sous une forme quelque peu exagérée. S'il comptait un nombre important d'adversaires, jamais avant lui un médecin viennois n'avait eu autant de partisans. On trouva dès 1901 son nom dans le *Lexique bibliographique des grands médecins du XIXe siècle*, et un an plus tard on posa à Vienne la première pierre de la Société de psychologie dont les réunions se tenaient le mercredi. Le Dr Rudolf Steiner avait suivi à l'université les cours de Freud sur la « Psychologie des névroses » et il fut le premier médecin de Vienne à introduire la psychanalyse dans sa pratique médicale. Parmi les auditeurs, il y avait aussi le Dr Max Kahane qui travaillait dans un sanatorium de neurologie, même s'il n'avait pas renoncé aux traitements électriques et à d'autres thérapies conservatrices. Kahane mentionna le nom de Freud en 1901 à son confrère, le Dr Wilhelm Stekel qui souffrait à l'époque de troubles névrotiques et celui-ci se rendit dans la Berggasse pour se faire analyser. Lorsque, après quelques séances seulement, il ressentit une amélioration, il devint lui aussi « freudien ». A l'automne de

1902, Freud invita les docteurs Reitler, Kahane et Stekel à venir discuter chez lui de ses méthodes de traitement. C'est un « confrère, qui avait expérimenté sur lui-même les effets bénéfiques de la thérapeutique analytique », qui l'y avait incité, comme l'écrivit Freud plus tard — faisant sans aucun doute allusion à Stekel. Un quatrième homme se retrouva dans la salle d'attente de Freud, le neurologue Alfred Adler, âgé de trente-deux ans, que Freud avait déjà remarqué à ses cours. Il devait être durant les années suivantes — sans que les deux hommes fussent parvenus à une relation particulièrement amicale — l'une des personnes les plus intelligentes de l'entourage de Freud, mais plus tard l'un de ses rivaux les plus violents.

Après la première rencontre, on décida de se retrouver régulièrement une fois par semaine, le mercredi soir, dans la salle d'attente de Freud. Une vingtaine d'hommes vinrent se joindre régulièrement à ces réunions. Parmi eux, Paul Federn, spécialiste des maladies internes, Eduard Hitschmann, médecin de la famille Freud, Fritz Wittels, Otto Rank et le musicologue Max Graf. Dans la préface à son étude sur *Richard Wagner et le Vaisseau fantôme*, Graf évoque « la petite société qui se réunit pendant plusieurs années dans l'accueillante maison du Pr Freud ». On y parlait de problèmes psychologiques et on y tentait d'« expérimenter les idées freudiennes dans les différents secteurs d'activité ». La description de Graf montre combien ces domaines étaient vastes : n'avait-il pas lui-même présenté à la société du mercredi son *Richard Wagner et le Vaisseau fantôme* qui devint ensuite le sujet central de ses recherches ? « Les idées que j'ai développées dans cette étude ont lentement mûri au cours de mes échanges constants avec le Pr Freud et grâce aux nombreuses suggestions qu'on me fit au cours des discussions dans sa maison. »

Outre les disciples permanents d'une doctrine scientifique toute neuve, de nouveaux invités venaient constamment se joindre à ce cercle fermé, ainsi l'étudiant en médecine Max Eitington qui fut plus tard médecin à Berlin, le neurologue allemand Karl Abraham, le Pr Carl Gustav Jung qui enseignait la psychiatrie à Zurich, le psychanalyste Sandor Ferenczi de Budapest, le Suisse Ludwig Binswanger, le psychiatre anglais Ernest Jones. Six ans après sa création, la société du mercredi se constitua de façon plus formelle en Association des réunions du mercredi, et il y eut bientôt des organisations similaires en d'autres endroits.

Le Dr Max Graf, un des invités du mercredi, apporta plus tard une contribution particulière à l'histoire de la psychanalyse. Lorsque son fils Herbert âgé de cinq ans souffrit de la phobie des animaux parce qu'il avait eu peur d'être mordu par un cheval, Freud lui conseilla d'analyser lui-même l'enfant car il était convaincu que seul le père était en mesure de pratiquer la thérapie des entretiens. Pour préserver l'anonymat du patient, Freud donna à l'enfant dans l'étude qu'il publia plus tard, *Analyse d'une phobie chez un petit garçon de cinq ans*, le nom de « petit Hans ». Le Dr Graf informait régulièrement Freud du déroulement de l'analyse. Il apparut ainsi que « Hans » s'était intéressé très tôt à son pénis et le comparait à celui de son père, mais aussi à celui d'un cheval. Il voyait dans le pénis plus grand un rival dangereux susceptible d'obtenir les bonnes grâces de sa mère. Et le pénis encore plus grand du cheval devint l'objet d'un « transfert ». Le « petit Hans » transférait sa peur du père sur le cheval. Herbert Graf put être parfaitement guéri de sa phobie, et la publication de l'étude concernant son cas permit à Freud de démontrer l'existence de la sexualité infantile. Dans cette étude, Freud utilise pour la première fois l'expression de « complexe de castration ».

Quatorze ans après ce traitement administré « indirectement » par Freud, un jeune homme se présenta dans la Berggasse sans s'être annoncé et dit : « Je suis le petit Hans. » Il avait lu l'étude sur son « cas », mais il avait complètement oublié le contenu de sa propre analyse.

Max Graf, Adler, Stekel, Kahane et d'autres visiteurs permanents du mercredi soir étaient tous juifs, comme Freud. Un jour, il leur demanda : « Soit dit en passant, pourquoi n'est-ce pas quelqu'un de pieux qui a créé la psychanalyse, pourquoi a-t-il fallu attendre un juif totalement athée ? » Il était effectivement surpris de ce que quatre-vingt-dix pour cent de ses disciples de ces premières années fussent d'origine juive. « Les autres », les médecins non juifs, refusaient-ils de s'intéresser à Freud et à sa « science juive » ? C.G. Jung, un Suisse fils de pasteur, était un des rares adeptes des débuts de la psychanalyse à venir du christianisme. Freud tenait particulièrement à la collaboration de Jung ; il écrivit dès 1908 à Karl Abraham que « c'est seulement avec sa venue que la psychanalyse a échappé au danger de devenir une affaire judéo-nationale ». C'est sans doute aussi pour éviter ce risque que Jung fut élu premier président de la Société internationale de psychanalyse.

Vienne, la ville de tant d'antisémites, fut aussi la ville qui produisit plus de personnalités juives d'importance que n'importe quelle autre ville. Ici, on faisait la guerre aux médecins juifs comme nulle part ailleurs et ce furent pourtant eux qui consolidèrent pour une bonne part la réputation qui faisait de cette ville La Mecque de cette thérapie. A côté de Freud, Breuer et Adler, les anatomistes Emil Zuckerkandl et Julius Tandler, les prix Nobel Robert Barany et Karl Landsteiner, ainsi que le fondateur de l'otologie moderne, Adam Politzer, et le radiologue Guido Holzknecht comptèrent parmi les grands médecins de Vienne. Le recrutement de Theodor Billroth révèle ce contraste sous son aspect complètement absurde : c'était un antisémite déclaré — pourtant tous ses assistants étaient d'origine juive. La science s'était approprié la stupide déclaration de Lueger : « C'est à moi de décider qui est juif. »

C'est précisément à l'époque où Freud, jeune étudiant en médecine, suivait les cours de Billroth, qu'il fut pour la première fois confronté directement à l'antisémitisme. « L'université où je m'inscrivis en 1873 me causa d'abord quelques déceptions sensibles. Je fus surtout atteint en découvrant qu'on attendait de moi que je me sente inférieur et comme ne faisant pas partie de ce peuple parce que j'étais juif. Je repoussai fermement le premier qualificatif. Je n'ai jamais compris pourquoi j'aurais dû avoir honte de mes origines ou, comme on disait, de ma race », peut-on lire dans *Ma vie et la psychanalyse*. « Mais une des conséquences de ces premières impressions à l'université, si importante pour moi plus tard, fut que je me familiarisai très tôt avec le sort qui me plaçait dans l'opposition et me mettait au ban de la "majorité compacte". » Il se sentait membre d'une minorité persécutée et expliquait en partie son esprit créatif par le fait qu'il avait été contraint de penser autrement.

En tant que jeune médecin, Freud fut introduit par son ami Wilhelm Knoepfmacher, devenu avocat, dans l'association humanitaire israélite B'nai B'rith qui venait d'être fondée à Vienne. C'est là que dans une conférence il développa pour la première fois devant un public de profanes ses idées sur la signification du rêve, avant même que fût publiée *L'Interprétation des rêves*. Il semble qu'il fascina tellement son public que les épouses se plaignirent ensuite de n'avoir pas été invitées à cette conférence. Knoepfmacher, qui était président de cette association, les consola en disant que lui-même, comme tous les juristes qui avaient été présents ce soir-là, avait rêvé après la conférence qu'il perdait « tous les procès, les médecins que leurs patients mouraient et les négociants que leurs débiteurs avaient fait faillite ». Lorsque Freud eut vent de cela, il décela dans ce rêve une inconsciente jalousie, car il avait été à l'époque le meilleur de la classe et son ami seulement un élève moyen. Il y fit allusion dans les épreuves de *L'Interprétation des rêves* sous le titre : « Le rêve du Dr K. » Lorsqu'il apprit par la suite qu'il s'agissait d'une plaisanterie et non d'un rêve véritable, il retira cette remarque de son livre. Sans jamais modifier son attitude de « juif incroyant », comme il disait alors, Freud resta fidèle au B'nai B'rith tant qu'il vécut à Vienne. Il expliqua ainsi son absence à une fête que donna l'association juive en l'honneur de son 70e anniversaire : « Quand quelqu'un me fait injure, je peux me défendre, mais quand quelqu'un chante mes louanges, je suis sans défense... Les juifs m'ont généralement fêté comme un héros national bien que mon seul mérite se limite au fait que je n'ai jamais renié ma judaïté. »

Dans l'étude qu'il publia en 1925 sur *Les Résistances à la psychanalyse*, Freud énumère quatre facteurs qui firent de lui un outsider : l'attitude souvent ambivalente envers tout ce qui était nouveau, l'hostilité des médecins de l'époque aux facteurs psychiques, l'« hypocrisie culturelle » de la société qui ne veut pas appeler par leur nom les choses concernant ses instincts. Et puis, bien sûr, l'antisémitisme.

Freud n'avait pas reçu d'éducation juive orthodoxe et — contrairement à son père — il ne savait pas lire l'hébreu mais, bien que se sentant assimilé, il éprouvait un fort sentiment d'appartenance au judaïsme. Et plus l'antisémitisme se manifesta, plus ce sentiment gagna chez lui en intensité. Sa pensée patriarcale correspondait tout à fait à la tradition juive, selon laquelle la femme doit être soumise à l'homme. Cela était évident dans sa vie privée comme dans sa doctrine.

Malgré ses grandes affinités pour sa « race », Freud resta athée, et son athéisme jouera un rôle déterminant dans sa vie. Il reprochait avant tout à la religion d'imposer la répression des pulsions sexuelles. L'immortalité n'était pour lui rien de plus que le produit de la théologie qui prétendait que « l'existence après la mort était la plus précieuse, la seule existence valable, rabaissant la vie terrestre au niveau d'une simple étape préparatoire ». Il éprouvait une aversion particulière pour l'Église catholique qui, à ses yeux, bloquait plus que toute autre institution la moindre innovation. « A l'époque de la Renaissance, l'Église catholique était sur la voie du déclin, dit-il un jour, deux facteurs l'ont sauvée : la syphilis et Luther. » La religion et son influence sur l'être humain traversent l'œuvre de Freud comme un fil rouge. Ainsi, dans *Un souvenir d'enfance de Léonard de Vinci* : « La psychanalyse nous a révélé l'étroite relation entre le complexe paternel et la croyance en Dieu, elle nous a montré que pour chacun Dieu n'est psychologiquement rien de plus qu'un père sublimé et nous permet de voir chaque jour que des êtres jeunes perdent la foi dès que l'autorité du père s'est effondrée à leurs yeux. » Plus tard, dans *Totem et Tabou*, il décrit l'analogie entre la religion et la névrose obsessionnelle, et son étude intitulée *L'Avenir d'une illusion*, publiée en 1927, est une des critiques les plus acérées de la religion jamais publiées. Selon lui, les doctrines religieuses, créées par l'homme avide de consolations, ne sont que des illusions, et c'est pour cette raison qu'il est impossible de fournir des preuves pour les étayer, les vérifier ou même les rectifier.

L'écrivain Romain Rolland reprochait à Freud d'avoir « insuffisamment apprécié la véritable source de l'énergie », à savoir, un sentiment qu'il définit comme le « sentiment d'éternité ». Freud répliqua trois ans plus tard dans *Malaise dans la civilisation* qu'il ignorait totalement ce « sentiment océanique ».

Il n'est donc pas surprenant que les théologiens aient constamment refusé le recours à la psychanalyse, certains cercles religieux la qualifiant même de « péché mortel ». Mais l'affirmation souvent reprise selon laquelle l'Église catholique récusait officiellement la psychanalyse ne correspond pas à la réalité. Ce qui est plus exact, c'est que certains prêtres voyaient dans les « aveux » exprimés par les patients au cours de leur analyse une concurrence déloyale à la confession.

Toute différente était l'attitude du pasteur protestant Oskar Pfister, de Zurich, qui intégrait ses connaissances psychanalytiques à son pastorat et entretint pendant des décennies d'amicales relations avec Freud. « En soi, la psychanalyse n'est ni religieuse ni le contraire, lui dit un jour Freud, mais c'est un instrument dont l'ecclésiastique peut se servir autant que le laïque quand il se met simplement au service de ceux qui souffrent. Je suis moi-même très surpris de n'avoir pas pensé à l'aide extraordinaire que la méthode psychanalytique peut apporter aux directeurs de conscience. Mais c'est sans doute parce que l'hérétique que je suis était très loin du champ de ces représentations. »

Freud était aussi très loin du mouvement qui vit le jour à cette époque, et prônait le rapatriement du judaïsme en Palestine. Il n'éprouvait guère de sympathie pour le sionisme de Theodor Herzl qu'il n'avait d'ailleurs jamais rencontré, alors que ces deux fils prestigieux de la ville fréquentaient le même cercle d'amis. Et Herzl habita pendant quelques années au n° 6 de la Berggasse, à quelques pas du cabinet de Freud. Dans la préface à son ouvrage *Totem et Tabou*, Freud résume en une phrase la conscience qu'il a de la judaïté, et il n'aurait pu le formuler avec plus de rigueur : Si quelqu'un venait à lui demander, à lui, Freud, ce qui en lui était encore juif, il répondrait : « Pas grand-chose, mais sans doute le principal. »

« *Afin que les dames puissent quitter la salle* »

« L'homme aux rats » et autres patients

UNE lettre que Freud adressa à Fliess quelques mois après avoir été nommé professeur révèle l'abîme qui le séparait de la « vie scientifique à Vienne ». On peut y lire : « Je n'ai pas fait la conférence annoncée lundi dernier dans la *Neue Freie Presse*. J'avais accepté à contrecœur, mais, quand je constatai en la préparant qu'il me faudrait citer toutes sortes de choses intimes et sexuelles qui ne convenaient guère à un public mélangé qui m'était étranger, j'écrivis une lettre pour me décommander (première semaine). Là-dessus, deux émissaires se présentèrent chez moi pour tenter de me forcer la main. Je les dissuadai fermement et les invitai à venir un soir écouter la conférence chez moi (deuxième semaine). La troisième semaine, je leur fis ma conférence et ils me dirent que c'était merveilleux, que leur public supporterait cela sans difficulté, etc. On fixa donc la date pour la quatrième semaine. Mais, quelques heures auparavant, je reçus un pneumatique m'informant que quelques personnes avaient tout de même élevé des objections et qu'on me priait de commenter d'abord ma théorie à l'aide d'exemples anodins, puis d'annoncer que des choses plus embarrassantes allaient suivre et de faire une pause, afin que les dames puissent quitter la salle. Je me suis naturellement décommandé aussitôt et la lettre que j'envoyai pour le faire ne manquait pas de sel. Voilà ce qu'est la vie scientifique à Vienne ! »

Freud aurait donc pu vivre dans la Vienne du tournant du siècle une parfaite vie d'universitaire s'il avait accepté des compromis typiquement autrichiens, mais c'était pour lui absolument hors de question. Il n'aurait jamais voulu donner un avertissement « afin que les dames puissent quitter la salle ».

Alors que le saint des saints de l'institution universitaire le considérait avec suspicion, que les médecins lui manifestaient de l'hostilité et qu'il était sous-estimé et dédaigné comme auteur, Freud devint précisément à cette époque un homme célèbre. On parlait partout de ses qualités de « médecin des âmes », les jours de consultation, sa salle d'attente de la Berggasse ne désemplissait pas, il consultait parfois douze heures d'affilée, puis il veillait jusqu'à trois heures du matin pour noter les résultats de sa journée. « Il faut dire que je n'ai plus guère de vie personnelle, écrivait-il dès 1896 à Fliess, le soir, à dix heures et demie, après ma consultation, je suis mort de fatigue. »

« Il semble vivre très confortablement », peut-on lire aussi dans le certificat de bonnes mœurs qui devait être présenté pour obtenir le titre de professeur, « il a trois domestiques et une clientèle, pas très nombreuse, il est vrai, mais qui rapporte. Du point de vue moral, le Dr Freud ne prête le flanc à aucune critique et jouit d'une excellente réputation ».

Sa situation économique était plutôt bonne à présent, d'autant plus que les patients de sa consultation privée étaient des bourgeois aisés de la ville. Tandis qu'il effectuait à la clinique la plupart des observations neurologiques requises par son travail scientifique, observant là des gens issus des couches inférieures de la société, la salle d'attente de la Berggasse voyait plutôt défiler des hommes et des femmes de la « bonne société » de Vienne. Sans qu'on ait effectivement pris conscience de son importance réelle, Freud était devenu une sorte de médecin à la mode dont les recettes quotidiennes pouvaient s'élever à cent couronnes vers la fin du XIXe siècle [1]. Même si le titre de professeur ne lui rapportait pas de salaire, il lui permettait d'augmenter les honoraires de sa clientèle privée.

Sans doute parce qu'il avait lui-même vécu maintes souffrances psychiques, Freud manifesta à mesure qu'il avançait en âge une profonde compréhension pour les soucis et les détresses de ses patients.

Ses succès retentissants étaient connus de tout Vienne, et Freud, par ses cours et ses publications sur les cas qu'il étudiait, contribuait lui aussi pour une part à cette notoriété. L'un des patients les plus célèbres du début du siècle nouveau fut celui qu'on appela « l'homme aux rats ». Un jeune Viennois, docteur en droit, avait lu

---

1. Environ 5 000 schillings en 1989 (= 2 000 F).

le livre que Freud avait publié en 1901, la *Psychopathologie de la vie quotidienne*, et y avait reconnu de nombreux traits de la maladie dont il souffrait. Il se présenta donc au 19, Berggasse, et Freud put très vite diagnostiquer une névrose obsessionnelle. Sur le divan, le juriste, âgé de vingt-neuf ans, raconta que lorsqu'il était étudiant il avait dû faire un exercice militaire au cours duquel il avait appris l'existence d'une méthode de torture orientale. Ce traitement consistait à enfermer les victimes avec des rats qui les torturaient jusqu'à ce qu'ils aient réussi à pénétrer dans leur anus.

Sans raison apparente, le jeune homme développa la peur indescriptible qu'on fasse subir cette torture courante en Asie orientale aux êtres qui lui étaient le plus proches : son père et la femme qu'il aimait. A ces obsessions se mêlaient des intentions de suicide : lorsque son amie dut quitter la ville pour se rendre au chevet de sa grand-mère, il caressa l'idée de tuer la vieille dame, mais il fut tellement horrifié qu'il crut devoir se donner la mort pour échapper à cette tentation.

A cause de ces fantasmes, le patient devint « l'homme aux rats » dans les écrits de Freud.

Comme toujours, Freud laissa « l'homme au rats » évoquer son enfance et il apprit ainsi que celui-ci — sans le savoir naturellement — avait souffert très tôt d'idées obsessionnelles provoquées par sa curiosité enfantine à l'égard de la sexualité, par ses doutes quant à sa propre identité sexuelle et par sa crainte de voir mourir son père. En 1908, après onze mois d'analyse, « l'homme aux rats » était guéri. « Trop rapidement », comme le nota Freud, il aurait aimé le garder plus longtemps pour compléter ses propres recherches. En 1923, Freud évoque une nouvelle fois « l'homme aux rats » dans ses travaux : « Le patient à qui l'analyse avait rendu la santé psychique a été tué pendant la guerre, comme tant d'autres êtres jeunes de valeur qui promettaient beaucoup. »

Bien plus tard, de jeunes chercheurs particulièrement ingénieux découvrirent que Freud avait commis une erreur à propos de « l'homme aux rats ». Lorsque son patient lui avait parlé d'une jeune fille nommée « Gisela », Freud avait noté à tort « Gisela Fluss ». C'était le nom de son premier grand amour rencontré dans sa ville natale de Freiberg, l'année avant son baccalauréat.

Nous avons déjà rencontré le patient nommé Bruno Goetz. Dans ses lettres à un ami de jeunesse — qu'il publia en 1952 dans un article de la *Neue Schweizer Rundschau* —, Goetz raconte une de ses visites à la Berggasse. Lorsqu'il revint voir Freud après son analyse pour le remercier de l'avoir débarrassé de violents maux de tête, tous deux s'entretinrent de l'histoire des littératures allemande, indienne et russe — et Freud fit preuve d'une très vaste culture dans tous ces domaines. Il parla aussi de son grand amour pour la poésie, mais ne laissa subsister aucun doute sur l'importance morale qu'il accordait à sa profession. « Je suis avant tout médecin et j'aimerais aider autant qu'il est en mon pouvoir les êtres qui vivent aujourd'hui un enfer intérieur. Ce n'est pas dans un au-delà quelconque mais sur terre que la plupart des gens vivent en enfer : Schopenhauer a très bien vu cela. Mes découvertes, mes théories et mes méthodes ont pour but de les rendre conscients de cet enfer afin qu'ils puissent s'en libérer. C'est seulement lorsque les êtres auront réappris à respirer librement qu'ils pourront éventuellement comprendre ce que peut être l'art. Actuellement, ils en usent mal en s'en servant comme d'un stupéfiant afin de se débarrasser pour quelques heures au moins de leurs tourments. Pour eux, l'art est une sorte de schnaps ! »

Mais les notes de Bruno Goetz révèlent aussi la grandeur humaine de Freud. Il arrivait en effet que le médecin traitant, au lieu de demander des honoraires à son patient, lui en payât : Freud « s'assit à son bureau et écrivit. Et il demanda comme par hasard : "On me dit que vous n'avez pour ainsi dire pas d'argent et que vous vivez très pauvrement. Est-ce exact ?" Je lui dis que mon père ne pouvait pas payer mes études avec son modeste traitement d'instituteur car j'avais encore quatre frères et sœurs plus jeunes que moi ; je vivais donc en donnant des leçons particulières et en écrivant de temps à autre des articles pour un journal. "Oui, dit-il, la sévérité envers soi-même a du bon aussi. Mais il ne faut pas exagérer. Quand donc avez-vous mangé votre dernier beefsteak ?

— Il y a quatre semaines, je crois.

— C'est bien ce que je pensais", dit-il et il se leva... Il eut alors l'air presque embarrassé. "Ne m'en veuillez pas, mais je suis un médecin adulte et vous un jeune étudiant. Acceptez cette enveloppe et permettez-moi exceptionnellement aujourd'hui de jouer les pères. De modestes honoraires pour la joie que m'ont procurée vos vers et le récit de votre enfance. Adieu, et revenez me voir un jour. Je suis très occupé, il est vrai, mais je trouverai bien une petite demi-heure ou une heure pour vous. Au revoir !"

« C'est ainsi qu'il me laissa partir. Et figure-toi que lorsque j'ouvris l'enveloppe, elle contenait deux cents couronnes[1]. J'étais tellement bouleversé que je fondis en larmes. »

Quelques mois plus tard, Bruno Goetz alla s'installer à Munich pour y poursuivre ses études. « Je me rendis chez Freud pour lui faire mes adieux. Je le vis alors pour la dernière fois... Lorsqu'il me tendit la main pour me dire adieu, il me regarda dans les yeux et je sentis une fois encore l'affectueuse, la mélancolique bonté de son regard. Jamais je n'ai oublié ce regard. » Ce n'était pas la première fois que Freud, au lieu de demander de l'argent à un patient, lui en donnait. Il a fait la même chose pour l'un de ses patients les plus célèbres, « l'homme aux loups » — que nous retrouverons plus tard.

Un autre « cas » devenu célèbre est celui du président de la chambre à la Cour d'appel royale du Land de Dresde, le Dr Paul Schreber. Il devint un « cas freudien » sans que les deux hommes se fussent jamais rencontrés.

Daniel Gottlob Moritz Schreber était un médecin originaire de Leipzig à qui revenait le mérite d'avoir fait installer des terrains de jeux pour les enfants et fondé un mouvement en faveur des jardins d'enfants. Aujourd'hui encore les *Schrebergärten*, jardins en lotissements réservés aux ouvriers, rappellent la mémoire de cet homme remarquable. Si ses exigences de grand air pour de vastes couches de la population furent exemplaires, terrifiantes furent ses théories pédagogiques, qu'il appliqua sans doute dans sa vie de père de famille. Son fils, Daniel Paul Schreber, né en 1842, allait être le témoignage vivant de ce que pouvaient provoquer de mauvaises méthodes d'éducation. Schreber père, qui avait un cabinet d'orthopédie, milita dans ses écrits pour une éducation sévère et coercitive des enfants, inventant des « machines pour le maintien du corps » et d'autres appareils vraiment sadiques équipés de ceintures et de courroies.

Son fils, Daniel étudia le droit après les tortures subies dans la maison familiale et devint président de la chambre à la Cour d'appel de Dresde. Mais, alors qu'il atteignait l'âge de quarante-deux ans, apparurent les premiers signes d'une maladie mentale qui lui fit découvrir les asiles d'aliénés. Lorsqu'il fut libéré, ce juriste talentueux publia un livre en 1903 qu'il intitula *Mémoires d'un névropathe* où il décrit aussi le procès qui aboutit à sa sortie de la clinique de neurologie. Le tribunal reconnut à cet homme paranoïde, mais

---

1. Environ 10 000 schillings en 1989 (= 4 500 F).

doux de nature, le droit à quelque folie sans pour autant le condamner à être enfermé dans une institution, s'il ne faisait aucun mal. La famille de Schreber avait acheté l'édition complète des *Mémoires*, mais Freud réussit à se procurer un exemplaire de cette intéressante étude.

En 1911, année de la mort de Daniel Paul Schreber, Freud publia ses *Remarques psychanalytiques sur l'autobiographie d'un cas de paranoïa : le président Schreber.* Dans son étude, il expliqua les obsessions de ce patient, qu'il ne connut pas personnellement, par une homosexualité refoulée, et il cite une phrase de celui-ci : « Moi, un homme, je l'aime, cet homme », qui devait en réalité exprimer la haine pour le père. En inversant cette pensée, c'est-à-dire en pensant que le père le haïssait lui aussi, il fut pris de folie de persécution. Schreber dut passer les dernières années de sa vie dans une institution de Leipzig où il mourut.

« *La psychanalyse s'arrête à la porte de la chambre des enfants* »

Freud en famille

FREUD passait les « grandes vacances » avec sa femme et ses enfants en différents lieux peu éloignés de Vienne, en Bavière et en Autriche. A Berchtesgaden ou à Altaussee, au Semmering ou sur le Rax, les Freud menaient une vie très bourgeoise. Le chef de famille aimait aller chercher des champignons ; il profitait de chaque lac pour s'y baigner et entreprenait de longues excursions. « Nous alternerons les séances de lecture et d'écriture avec les promenades dans la forêt ; si le Bon Dieu ne noie pas notre été sous la pluie, ce sera très beau », écrit Freud de Berchtesgaden en juillet 1908 à sa fille Anna, qui devait les rejoindre au début des vacances scolaires.

Anna avait treize ans lorsqu'elle reçut cette lettre. Elle fréquentait à l'époque le Cottage Lyceum à Vienne, une école privée où elle devait passer son baccalauréat trois ans plus tard, à l'âge de seize ans. Même ceux qui n'étaient pas de la famille purent constater très tôt que Sigmund Freud avait construit une relation très particulière avec sa plus jeune fille. Il évoque déjà l'enfant dans *L'Interprétation des rêves* : « Si on admet comme moi que ce que disent les enfants pendant leur sommeil fait également partie du domaine du rêve, je pourrai raconter un des rêves les plus récents de ma collection. Ma dernière fille, elle avait alors dix-neuf mois, avait été prise de vomissements le matin et on lui avait fait faire la diète pendant la journée. Dans la nuit qui suivit ce jour de jeûne, nous l'entendîmes s'écrier dans son sommeil : "*Anna F.eud, Er (d) beer, Hochbeer, Eierspeis, Papp* [1]." Elle utilisait son nom pour exprimer une prise

---

1. Anna F.eud, fraise, framboise, plat aux œufs, Papp.

de possession de sa part ; le menu comprenait sans doute tout ce qu'elle pouvait convoiter à ce moment-là ; le fait qu'elle mentionnait deux variétés de fruits exprimait sa révolte contre le strict règlement appliqué à la maison et s'expliquait par le fait que la nurse avait mis son indisposition sur le compte des fraises dont elle avait absorbé une trop grande quantité ; à l'égard de ce jugement, elle prenait donc sa revanche dans son rêve. »

Tous ceux qui ont tracé le portrait de Madame Marthe (« Madame Professeur ») dans sa maturité ont toujours vanté ses qualités de maîtresse de maison et de mère. Son petit-fils Ernst Freud a gardé d'elle l'image d'une femme « petite et effacée » et pourtant « elle était au courant de tout. Je ne peux pas dire qu'elle fut une éminence grise mais dans bien des domaines, c'est elle qui tirait les ficelles. Elle faisait fonctionner les rouages du ménage. Elle rayonnait de bonté et de bienveillance même quand elle n'allait pas vraiment bien. Je ne l'ai jamais entendue se plaindre de son état — elle présentait plutôt les douleurs dont elle souffrait comme quelque chose qu'il fallait accepter. Bien qu'elle fût d'aspect plutôt délicat et presque fragile, le travail qu'elle assumait dans la routine du ménage devait être énorme. Elle était pleine d'une sagesse qui se reflétait dans sa manière de s'exprimer ».

Elle marquait peu d'intérêt pour les travaux de son mari dont la célébrité ne cessait de croître, elle aurait même dit : « La psychanalyse s'arrête à la porte de la chambre des enfants. » Ces paroles n'ont sans doute guère fait plaisir au père de la psychanalyse, mais elles doivent être citées au conditionnel. Car les petits problèmes qu'il rencontrait dans son cabinet, Freud eut à les « traiter » également dans sa famille. Ainsi dans cette lettre à sa fille Mathilde, âgée de vingt et un ans : « Il y a longtemps que je sens que malgré tout ce qui fait de toi une personne raisonnable, tu es blessée de n'être pas assez jolie et de ne pas plaire aux hommes. Je t'ai observée en souriant, d'une part parce que je te trouvais suffisamment jolie et, d'autre part, parce que je sais qu'en réalité il y a belle lurette que ce n'est plus la beauté physique qui décide du destin d'une jeune fille, mais l'impression produite par sa personnalité. Ton miroir te rassurera en te montrant que tes traits n'ont rien de vulgaire ni de repoussant et ta mémoire te confirmera qu'à toutes les personnes que tu as rencontrées, tu as inspiré le respect, et que tu as su t'imposer. »

Même si ces paroles réconfortantes n'ont pas eu sur le moment l'effet escompté — d'une part, elle était « suffisamment jolie », d'autre part, la beauté n'est pas tellement importante —, Mathilde n'eut pas à s'inquiéter trop longtemps car un an plus tard, en 1909, elle était déjà mariée. Son époux était un jeune négociant viennois, Robert Hollitscher. Sa sœur Sophie, de six ans sa cadette, épousa en 1912 le photographe Max Halberstadt — qui fit plus tard quelques-uns des meilleurs portraits de Freud — et s'installa avec lui à Hambourg. Tout de suite après la naissance de Sophie, Freud avait déjà pensé à tout cela en écrivant à l'époque à sa belle-sœur Minna : « Elle est petite mais se comporte de façon très intelligente comme si, dans le ventre même de sa mère, elle avait déjà deviné qu'il fallait compenser l'absence de dot par autre chose. » Anna fut la seule à rester célibataire et elle fut aussi la seule à marcher sur les traces de son père. Les trois fils se marièrent et choisirent des métiers totalement différents : Jean-Martin devint avocat, Oliver, ingénieur du bâtiment, Ernst, architecte.

Jean-Martin décrivit son père comme un homme bon et un éducateur avisé qui, le dimanche et pendant les vacances, consacrait du temps à sa famille. D'un point de vue scientifique, Freud affirma dans *Introduction au narcissisme* que « l'amour des parents, émouvant et si enfantin, n'est rien de plus qu'une résurgence du narcissisme des parents qui, en se métamorphosant en amour de l'objet, révèle indéniablement sa nature ancienne ».

Nous savons que Freud observait attentivement autant ses enfants que ses patients et apportait à la recherche psychanalytique les découvertes qu'il faisait ainsi. « Le comportement des enfants en classe, qui pose de telles énigmes aux enseignants », constatat-il aussi sans doute dans sa propre famille, « mérite en général d'être mis en relation avec leur sexualité naissante. L'effet sensuellement excitant de certaines émotions déplaisantes en soi, telles que l'angoisse, la peur, l'horreur, subsiste même à l'âge mûr chez un grand nombre d'individus et explique sans doute le fait que tant de personnes recherchent de telles sensations à condition que certaines circonstances accessoires (l'appartenance à un monde fictif, la lecture, le théâtre) atténuent la gravité de l'impression de déplaisir ».

Au cours des années, les traits du visage de Freud portèrent davantage la marque de ce grand esprit, de sa bonté profonde, plus sa barbe blanchissait, plus il paraissait soigné. Stefan Zweig parle de son apparence « parfaitement harmonieuse ». « Ni trop grand ni trop petit, un corps ni trop lourd ni trop délié [1] ; en toutes choses

---

1. Freud mesurait environ 1,70 m.

pour ainsi dire une moyenne exemplaire entre les extrêmes, depuis des années son visage désespère tous les caricaturistes car cet ovale parfait ne fournit aucune prise à l'exagération... Les traits de l'homme de trente, quarante, cinquante ans ne disent rien de plus que : c'est un bel homme, un homme viril, un monsieur aux traits réguliers, presque trop réguliers. »

Dans la vie quotidienne, Freud était conservateur, des innovations telles que le téléphone, l'automobile, la bicyclette et la machine à écrire ne suscitèrent pas le moindre intérêt de sa part, pendant longtemps, il écrivit de sa propre main jusqu'à un âge avancé ses innombrables lettres — d'une écriture nette, en caractères gothiques. Si on appliquait à Freud ce que dit Goethe de la signification historique d'une correspondance, cela conviendrait parfaitement : « Les lettres sont très précieuses, estima le prince des poètes, parce qu'elles conservent les instantanés de l'existence. »

C'est Gerhard Fichtner, historien de la médecine, qui a le mérite d'avoir trié, classé et stocké sur ordinateur l'immense correspondance de Freud. Il est parvenu ainsi à un résultat stupéfiant : la correspondance de Freud, depuis sa jeunesse jusqu'à son grand âge, compte, estime-t-il, vingt mille lettres dont à peine la moitié a été conservée [1]. Parmi ses correspondants, il y a des contemporains comme Thomas Mann, Arthur Schnitzler, Stefan et Arnold Zweig, Albert Einstein, ainsi que les compagnons de route les plus importants de la psychanalyse : C.G. Jung, Sandor Ferenczi, Karl Abraham, Oskar Pfister, Ernest Jones, Max Eitington, mais surtout Wilhelm Fliess et Martha Bernays, à l'époque où elle était encore la fiancée de Freud. On correspondait en allemand, en anglais, en français et en espagnol. Il ne fait pas de doute que les lettres de Freud constituent une des sources les plus importantes pour ceux qui étudient sa vie.

Minna Bernays, la sœur cadette de Martha, a vécu après la mort de son fiancé, Ignaz Schönberg, dans la maison de Freud. Le maître de maison l'appréciait beaucoup mais, comme elle aimait écouter de la musique, il l'avait exilée dans la pièce la plus éloignée de l'appartement, car il avait besoin d'un silence total pour ses séances d'analyse. Tout le monde savait que Freud n'éprouvait guère de goût pour la musique.

« Tante Minna » était d'une taille impressionnante et les enfants de la maison la trouvaient sévère. Brusque mais bonne, elle était

---

1. Lettres de Freud et réponses des destinataires.

très cultivée. Elle disposait dans son appartement séparé d'une importante bibliothèque personnelle et semblait en avoir lu tous les livres. Son petit-neveu Ernest « avait l'impression qu'elle s'était assuré ainsi le droit à des échanges intellectuels avec [son] grand-père ».

Freud avait cinq sœurs : Anna vivait aux États-Unis depuis 1892, elle avait épousé le frère de Martha, Eli Bernays, les autres — Rosa, Marie, Adolphine et Paula — avaient leur propre appartement à Vienne mais fréquentaient assidûment la Berggasse et y mangeaient souvent, de sorte que les membres d'une authentique famille nombreuse se retrouvaient la plupart du temps à une assez grande table.

En octobre 1912, les Freud accueillent un nouveau « membre de la famille ». C'est du moins ainsi que la voyaient les gens de l'extérieur : l'écrivain Louise von Salomé, appelée Lou Andreas-Salomé, entra dans la vie de Freud, se sentit chez elle à la Berggasse — plus tard, elle occupa quelque temps une chambre dans le grand appartement où se trouvait le cabinet. Une femme belle, excitante, d'une grande intelligence, dont les relations masculines sont devenues une légende. Freud avait fait la connaissance de cette artiste de quatre ans sa cadette lors du 3e Congrès international de psychanalyse à Weimar et il l'avait aussitôt appréciée. Là-dessus, elle lui avait fait savoir qu'elle aimerait suivre ses cours et participer aux réunions du mercredi soir et qu'elle allait donc quitter la Suède où elle vivait pour s'installer en Autriche. Freud, fasciné, l'approuva avec enthousiasme. Elle resta six mois à Vienne.

Née à Saint-Pétersbourg, fille d'un général noble, « Lou » avait commencé par étudier la théologie et s'était éprise de son professeur de religion. Quelques années plus tard, elle quitta l'Église et mit fin aussi à sa relation fortement érotique mais soi-disant platonique avec son prêtre. A Rome, elle fit la connaissance de Friedrich Nietzsche qui s'éprit d'elle éperdument. Elle repoussa toutes ses demandes en mariage et le « ménage à trois » proposé par Paul Rée, l'ami de Nietzsche, ne se réalisa pas non plus. Elle épousa pourtant l'orientaliste Friedrich Carl Andreas et vécut avec lui une sorte de mariage blanc. Elle entretenait des relations personnelles avec Tolstoï, Tourgueniev, Strindberg, Rodin, Frank Wedekind, Schnitzler, Hofmannsthal, Felix Salten. En 1897, elle eut une liaison plus intense avec Rilke, de quatorze ans son cadet, elle se trouva enceinte mais fit une fausse couche. En Suède, elle vécut avec le neurologue Paul Bjerre, sensiblement plus jeune lui aussi, qui fut à l'origine de sa relation avec Freud. Dans son journal, elle définit l'infidélité non pas comme une trahison envers un homme, mais comme un moyen de se trouver soi-même. Toutefois, Lou Andreas-Salomé n'était pas seulement une « femme fatale », elle était surtout une artiste extrêmement sensible, d'une grande intelligence et d'une grande culture, qui publia de nombreux travaux scientifiques et devint elle-même plus tard psychanalyste — elle soigna également Rilke. On disait de cette femme hors du commun qu'elle avait été l'amie des deux hommes les plus importants du XIXe et du XXe siècle, Nietzsche et Freud.

On ne tarda pas à lui attribuer également une liaison avec Freud. Mais il est plus que probable que cette prétendue romance n'eut jamais de réalité : chacune de ses aventures retentissantes n'avait-elle pas trouvé un écho dans ses travaux littéraires ? Elle n'était pas femme à taire une liaison avec Freud.

Freud l'appelait le « poète de la psychanalyse », alors que lui-même n'écrivait que de la prose. Dans son essai intitulé *L'Invitée des Freud*, Lou Andreas-Salomé raconta plus tard la vie de la famille, décrivant Freud comme un homme d'humeur égale et gaie, bon, jamais maussade, toujours extrêmement aimable. « Et ce comportement sain et équilibré me frappa également chez les autres membres de la famille : même sa vieille mère garde, malgré ses quatre-vingts ans, une étonnante force intérieure, il y a aussi le charme de sa sœur (Rosa) que n'entament ni son cornet acoustique ni son âge, et ses filles Anna et Mathilde en sont elles aussi largement pourvues. »

Lou avait admiré chez Mme Freud la manière dont « elle s'en tenait à sa nature et au cercle de ses activités, sachant intervenir fermement et avec dévouement, sans jamais avoir l'outrecuidance de s'immiscer dans les occupations de son mari. Grâce à elle, l'éducation des six enfants s'est certainement déroulée loin de la psychanalyse ; de la part de Freud ce ne fut sûrement pas du laisser-aller mais — je le sens maintenant — il éprouvait de la satisfaction à savoir sa maisonnée à cette distance de conflits évidents. Je peux dire que cette vie auprès d'eux m'a profondément impressionnée ».

Le double

Schnitzler, Freud et la littérature

Dès le début du siècle, Sigmund Freud et Arthur Schnitzler
vivaient dans la même ville, à quelques minutes à pied l'un de
l'autre. L'écrivain était de six ans le cadet du psychanalyste ; comme
lui, il avait fait des études de médecine et avait admiré leur professeur Theodor Meynert. Tous deux s'étaient intéressés très tôt
aux phénomènes psychiques : en tant qu'assistant de son père,
le professeur Johann Schnitzler, célèbre laryngologue, Arthur
Schnitzler avait soigné dans sa jeunesse une jeune fille hystérique
souffrant d'aphonie. Il évoqua ce cas plus tard dans sa pièce en un
acte, *Paracelse*. A l'âge de trente ans, Arthur Schnitzler démissionna
de son poste de médecin assistant à la polyclinique et se consacra
davantage à ses activités d'écrivain — sans renoncer à sa clientèle
privée. Freud avait un cabinet, il s'était fait connaître par ses publications.

En 1906, les deux noms étaient connus dans la société viennoise.
Le Cycle d'Anatole, de Schnitzler, *Liebelei, Le Lieutenant Gustl, Le
Dernier Solitaire* faisaient de temps à autre partie du répertoire du
théâtre de la Hofburg. Freud avait été remarqué par un public
qui s'intéressait à ses recherches, *L'Interprétation des rêves*, la
*Psychopathologie de la vie quotidienne, Le Mot d'esprit et ses
rapports avec l'inconscient, Trois Essais sur la théorie de la sexualité* avaient fait parler de lui. Le plus grand poète fin de siècle
connaissait les œuvres du grand médecin, tout comme celui-ci avait
été attentif à ses pièces. Des documents nous montrent à quel point
le psychanalyste et Schnitzler s'appréciaient réciproquement, mais
jusqu'alors les deux penseurs aux idées les plus avancées ne
s'étaient jamais rencontrés.

Le 6 mai 1906, l'homme qui célèbre son cinquantième anniversaire est différent du Freud jeune médecin. Aux nombreuses attaques répétées contre sa personne se mêlent maintenant des marques d'estime. Très longtemps, il ne fut connu que comme interprète des rêves et explorateur de l'inconscient — ce que peu de gens étaient alors en mesure de comprendre —, entre-temps, il était apparu comme le prophète d'une nouvelle théorie de la sexualité. Aux explosions d'indignation avaient succédé des adhésions de plus en plus nombreuses. Ceux qui prétendent que tout au long de sa vie Freud rencontra presque uniquement de l'hostilité exagèrent, c'est précisément au tournant du siècle qu'il suscita une vague d'enthousiasme et de respect. Le fait d'être ainsi reconnu par de nombreux intellectuels du monde entier — et un nombre sans cesse croissant de patients — avait modifié sa personnalité, il faisait preuve à présent d'une plus grande assurance. De plus, ses propres névroses s'étaient largement dissipées, sa santé aussi s'était améliorée. Le docteur Freud, jadis de santé délicate, au milieu de sa vie se sentait « jeune et bien portant », ainsi qu'il l'écrit dans *Ma vie et la psychanalyse*.

Le jour de son cinquantième anniversaire, de nombreuses manifestations furent organisées en son honneur, ses partisans avaient même fait graver une médaille avec son portrait côté face. La seule fausse note de cette belle journée, ce fut une nouvelle attaque de la part de Wilhelm Fliess, dont l'ancienne amitié s'était transformée en haine.

Ce 6 mai 1906, le facteur apporte une lettre qui provoque une grande surprise dans la maison des Freud, un vrai coup de tonnerre : Arthur Schnitzler envoie ses vœux pour le cinquantième anniversaire. Freud est très heureux et, touché, répond deux jours plus tard : « Cher Docteur Schnitzler, je suis conscient depuis de nombreuses année de ce qui vous rapproche profondément de ma façon de concevoir certains problèmes psychologiques et érotiques, et j'ai d'ailleurs trouvé récemment le courage de le faire remarquer clairement [1]. Je me suis souvent demandé d'où vous tiriez cette connaissance des secrets de l'homme que j'ai acquise au cours de difficiles observations et j'en suis finalement arrivé à envier l'écrivain que j'admirais déjà. Vous imaginerez donc la joie et la fierté que je ressentis en lisant que mes écrits vous ont vous aussi inspiré. Je me sens quasiment froissé d'avoir dû attendre mes cinquante ans pour

1. Dans *Fragment d'une analyse d'hystérie*.

me voir honoré de la sorte. » Cela ne fait pas de doute, Freud et Schnitzler parlaient la « même langue », poursuivaient depuis longtemps les mêmes objectifs, étaient tous deux en avance de plusieurs décennies sur leur temps, et suscitaient à Vienne le même enthousiasme et la même hostilité. L'amour et la mort sont au centre de leur œuvre, il y a entre la psychanalyse de Freud et la représentation des hommes que donne Schnitzler une parenté spirituelle et ils se sont réciproquement influencés par leurs idées — voilà enfin que l'écrivain avait pris l'initiative. D'une façon qui ne lui était pas du tout habituelle, ainsi qu'il l'écrit dans ses souvenirs de jeunesse : « Il ne m'est guère arrivé dans ma vie d'être solliciteur dans une relation amicale... C'est vrai, j'ai laissé la plupart des gens venir à moi plutôt que de les rechercher moi-même. »

Ce qui se passa après cette rencontre aurait pu trouver place dans l'étude de Freud sur le mot d'esprit. Six ans s'écoulèrent avant que la correspondance ne reprît entre les deux hommes. Cette fois, c'est Freud qui prit l'initiative et on ne peut pas dire qu'il fit preuve de beaucoup d'imagination pour trouver un prétexte. Il présenta lui aussi ses vœux à son « cher collègue » à l'occasion de son cinquantième anniversaire : « Permettez-moi de m'adresser à vous en ces termes en référence à votre diplôme de docteur en médecine et de mêler mes vœux à ceux, nombreux, que vous recevrez pour vos cinquante ans. C'est plus qu'une simple revanche de ma part. »

Freud affirma qu'il était toujours de ceux « qui savent comprendre et apprécier tout particulièrement vos créations poétiques, leur beauté et leur gravité. Oui, j'ai pensé que les réactions stupides et le dédain sacrilège que les gens cultivent de nos jours à l'égard de l'érotisme visaient aussi votre activité, et cela ne fait qu'accroître ma sympathie pour vous ».

Malgré tout ce qui rapprochait intellectuellement les deux hommes, ils se contentèrent pourtant d'un contact superficiel dans les années qui suivirent. Lou Andreas-Salomé note cependant dans son journal que Schnitzler assista au moins à une des soirées du mercredi chez Freud, mais leurs rencontres furent le plus souvent dues au hasard. Dans une lettre qu'il adressa à l'écrivain pour son soixantième anniversaire, Freud précise pourquoi il évita effectivement cette « âme sœur » :

« Je vais vous faire un aveu que vous aurez la bonté par égard pour moi de garder pour vous et dont vous ne parlerez jamais à un ami ou à un étranger. Je me suis souvent demandé avec inquiétude pourquoi je n'ai jamais tenté au cours de toutes ces années de rechercher votre compagnie et de m'entretenir avec vous... Je crois que je vous ai évité parce que je craignais en quelque sorte mon double. Non que j'aie souvent tendance à m'identifier à un autre ou que j'aie voulu ignorer ce qui différencie nos aptitudes et qui me distingue de vous, mais, chaque fois que je me suis plongé dans vos créations, qui sont belles, j'ai cru discerner derrière leur poésie des présupposés, des intérêts et des résultats que je reconnaissais comme les miens propres. Votre déterminisme tout autant que votre scepticisme — que les gens qualifient de pessimisme —, l'émotion que suscitent en vous les vérités de l'inconscient, la nature de l'homme toute faite de pulsions, votre manière de décomposer les certitudes conventionnelles de notre culture, d'accorder la priorité dans votre pensée à l'amour et à la mort, tout cela me toucha par ce que cela avait d'étrangement familier. C'est ainsi que j'ai eu l'impression que, par intuition — mais en réalité grâce à la perception très fine que vous aviez de vous-même —, vous saviez tout de ce que moi-même j'ai découvert par mon travail laborieux sur d'autres hommes... »

Nous voilà donc face à un phénomène très rare : deux hommes se ressemblant comme des « doubles » — trop pour pouvoir se rapprocher l'un de l'autre. Nous trouvons un exemple très frappant de ce qu'ils perçurent souvent de façon très semblable, mais grâce à des démarches indépendantes l'une de l'autre, dans la pièce en un acte de Schnitzler, *Paracelse*, et dans l'étude de Freud, *Au-delà du principe de plaisir* : la pièce explique aussi bien que l'étude scientifique la manière dont des patients névrosés résistent à leur guérison — un phénomène qui ramène Freud à la « pulsion de mort » qu'il décrit pour la première fois.

Si une note dans le journal de Schnitzler en 1922 nous apprend qu'il n'a « eu jusqu'alors que quelques échanges superficiels avec Freud », le psychanalyste cette année-là était enfin prêt à surmonter ses inhibitions et à inviter Schnitzler à la Berggasse. « Puis-je vous proposer de venir un soir de la semaine prochaine en toute simplicité ? Avec moi, il n'y aura que ma femme et ma fille [1], que vous connaissez déjà, et personne d'autre. Comme je travaille jusqu'à huit heures et que quelques-unes de mes soirées sont régulièrement prises, je suis obligé de faire des propositions précises. Vous avez le choix entre le 12 (lundi), le 13 (mardi), le 16 (vendredi), si cette semaine et cette sorte de réunion vous conviennent. »

---

1. Anna, la fille cadette de Freud.

Schnitzler accepta l'invitation et se présenta le 16 juin 1922 à l'appartement de Freud. Le maître de maison l'attendait, heureux, et, « sans avoir prévu de programme pour ces heures », les deux hommes passèrent la soirée à converser avec animation. Ce fut en tout cas si intéressant que Freud, après le repas, le café et un cigare fumé ensemble, raccompagna Schnitzler à pied — ce qui représentait un effort considérable car la villa dans laquelle Schnitzler s'était installé entre-temps était à une bonne heure à pied de la Berggasse. Il est d'autant plus étonnant que par la suite le contact entre les deux hommes se limitât longtemps, à l'exception de quelques rencontres fortuites, à des échanges de salutations à l'occasion de leurs jubilés.

Freud appréciait autant les pièces de Schnitzler qu'il avait de sympathie pour l'homme, mais l'admiration était plutôt à sens unique. Car Schnitzler, ainsi qu'il l'écrit dans ses souvenirs, détestait et, « à vrai dire, refusait de discuter de tout dogmatisme, quelle que fût la chaire du haut de laquelle on le prêchait et l'école où on l'enseignait ». Et la doctrine de Freud était on ne peut plus dogmatique, comme le constate également Stefan Zweig : « Le fait de tenir tant à ses idées a été souvent qualifié de dogmatisme par les adversaires de Freud qui s'en plaignaient souvent plus ou moins ouvertement. Mais cette obstination faisait partie de son caractère. »

Une anecdote qui circulait à Vienne au milieu des années vingt montre qu'on connaissait déjà les liens intellectuels qui unissaient les deux médecins, Freud et Schnitzler : le jour où un fils d'industriel fut mordu par son poney à l'endroit le plus sensible de sa personne, deux serviteurs installèrent le cavalier à la virilité blessée sur un brancard et le transportèrent dans le cabinet tout proche de Schnitzler. Après avoir fait un pansement provisoire, celui-ci conseilla de « transporter aussitôt le jeune homme dans un poste de secours ». Et, après une petite pause : « Oui, et le poney, chez le professeur Freud ! » Lorsque, dans l'échange plutôt maigre de « vœux d'anniversaire », Freud s'adresse à Schnitzler en l'appelant « Cher et honoré confrère », ce n'est pas seulement en vertu de leur commune pratique de la médecine mais sans doute aussi à cause de sa propre activité littéraire. Il ressort des nombreuses publications de Freud que, contrairement à la majorité des auteurs scientifiques, il avait aussi de réels dons littéraires.

Freud en fut conscient très tôt comme nous le montre une de ses premières lettres conservées, adressée à son ami d'enfance Emil Fluss. Agé de dix-sept ans à l'époque, il raconte ce que son professeur d'allemand pensa de sa dissertation au baccalauréat : « Mon professeur me dit aussitôt — et il est le premier à oser me le dire — que j'avais ce que Herder qualifie si joliment de style idiot, c'est-à-dire un style à la fois correct et caractéristique. J'en ai été extraordinairement surpris et n'ai pas manqué de diffuser cette heureuse nouvelle, la première en son genre. Auprès de vous, par exemple, qui ne semblez pas non plus avoir remarqué que vous correspondiez avec un styliste de la langue allemande. Et je vous conseille, en tant qu'ami et non pas en tant qu'amateur, de conserver tout ça, faites-en des liasses — prenez-en soin — on ne sait jamais. »

Emil Fluss suivit ce conseil, conserva, fit des liasses, prit soin de tout — il ne pouvait certes pas soupçonner que ces lettres de lycéen prendraient un jour de la valeur. Le don d'écrivain de Freud, son goût de la formulation, son amour pour sa langue maternelle, la richesse de son vocabulaire et son sens très sûr de la langue sont des aspects essentiels de son œuvre. « Pour ses lecteurs que ne motive pas un intérêt professionnel », reconnaît dès 1924 Fritz Wittels, un élève de Freud et son premier biographe, « ce qu'il dit n'est pas toujours aussi important que la manière fascinante dont il le dit. Les traductions de ses écrits ne parviennent pas à rendre l'esprit profondément allemand qui anime ses œuvres. Ce magicien du langage est intraduisible. Pour comprendre la psychanalyse de Freud, il faut lire ses livres dans la langue originale ».

Bruno Goetz, un patient de Freud, lors d'une de ses visites à la Berggasse, interrogea le médecin sur son rapport à la littérature. Freud répondit qu'il procédait très différemment selon qu'il approchait l'art littéraire comme lecteur, comme spectateur au théâtre ou comme analyste. « Lorsque je prends plaisir à une œuvre littéraire en tant que telle, je ne l'analyse absolument pas, je me contente de la laisser agir sur moi pour mon édification. Telle est la fonction de l'art ici-bas, il doit nous édifier lorsque nous risquons de nous effondrer. Mais lorsque j'aborde une œuvre littéraire en psychologue, celle-ci cesse aussitôt d'être pour moi une œuvre littéraire, elle devient un texte psychologique un peu hiéroglyphique et énigmatique que je dois déchiffrer et, par conséquent, disséquer. Le sens psychologique que j'obtiens alors quand j'ai de la chance n'a rien à faire avec l'œuvre d'art que j'ai sous les yeux. Je ne l'utilise plus que comme un inestimable moyen d'aboutir à la connaissance scientifique. »

Freud a souvent fait remarquer que les grands écrivains l'ont précédé dans l'exploration de l'âme humaine. Dans ses travaux scientifiques, il aimait citer les auteurs de tragédies grecques mais aussi Shakespeare, Goethe, Schiller et Heine. Il montra un jour à l'un de ses visiteurs sa bibliothèque bien fournie où ne manquait aucun classique et il déclara que l'essentiel de ses théories s'appuyait sur l'intuition de ces poètes. « Freud aurait sans aucun doute pu devenir un des plus grands écrivains, estime Henry F. Ellenberger dans sa *Découverte de l'inconscient*, mais au lieu d'utiliser sa profonde connaissance intuitive de l'âme humaine pour créer des œuvres littéraires, il a tenté de la formuler et de la systématiser. »

Citons comme preuve de son art de la formulation un extrait d'une conférence où, en quelques mots accessibles à tous et à l'aide d'images — loin du jargon des médecins —, Freud explique le sommeil humain :

« Notre rapport à ce monde dans lequel nous somme venus de si mauvaise grâce semble avoir pour conséquence que nous ne le supportons pas sans interruptions. C'est pourquoi nous nous retirons de temps à autre dans un état antérieur à notre naissance, celui de notre existence dans le ventre de notre mère. Du moins nous créons-nous des conditions très semblables à celles que nous connûmes alors : au chaud, dans l'obscurité, à l'abri des excitations. Certains d'entre nous se roulent même en boule et prennent pour dormir une posture analogue à celle qu'ils avaient dans le ventre maternel. Il semble bien que le monde ne nous tienne nous autres adultes que pour les deux tiers de nous-mêmes ; un tiers de nous n'est absolument pas né. Si bien que le matin chaque réveil est comme une nouvelle naissance. Pour parler de notre état après le sommeil, nous disons d'ailleurs que nous sommes comme des nouveau-nés, et nous nous faisons ainsi sans doute une idée très fausse de ce qu'éprouve en général le nouveau-né. On peut supposer qu'il se sent plutôt mal à l'aise. »

Walter Muschg, le spécialiste suisse de la littérature, écrivit à propos de cet extrait : « Qu'est-ce que ce discours ! Un grand écrivain aurait pu écrire cela. Mais il nous vient d'un champion de la raison pure à qui cette langue noble, cette matière aux contours d'une parfaite pureté, a inspiré l'expression définitive de la pensée dont il est animé et qui veut être compris par son prochain. »

Albert Einstein félicita Freud pour son livre *Moïse et le monothéisme* en ces termes : « J'admire tout particulièrement ce que vous faites, comme tous vos écrits, d'un point de vue littéraire. A ma connaissance, aucun de nos contemporains n'a présenté ses sujets de façon aussi magistrale dans la langue allemande. »

« Les mots, disait Freud, étaient de la magie à l'origine et aujourd'hui encore le mot a conservé une grande part de sa force magique. A l'aide des mots, un être humain peut apporter à un autre être humain le bonheur ou le désespoir ; à l'aide des mots, le maître d'école transmet son savoir à ses élèves ; à l'aide des mots, l'orateur entraîne son auditoire à sa suite et détermine ses jugements et ses décisions. Les mots suscitent des affects et permettent aux hommes de s'influencer réciproquement. Nous ne sous-estimerons donc pas l'utilisation des mots en psychothérapie. »

De nombreux intellectuels avaient remarqué le niveau littéraire élevé des écrits de Freud, avant même que *L'Interprétation des rêves*, rédigée de façon tout à fait originale, ne connût enfin une large diffusion. La preuve en est donnée par une déclaration du célèbre collègue et adversaire de Freud, le professeur Julius Wagner-Jauregg. Lorsque ce dernier reçut en 1927 le prix Nobel de médecine, une des personnes chargées de le féliciter s'adressa au lauréat en ces termes : « Dommage que le professeur Freud n'obtienne pas lui aussi le prix Nobel. »

A quoi Wagner-Jauregg répliqua, caustique : « Peut-être l'obtiendra-t-il lui aussi — en littérature ! »

« ...m'a coûté son amitié »

Freud perd des amis, des maîtres, des compagnons de lutte

Freud ne devait jamais obtenir le prix Nobel, ni en littérature ni même en médecine, ce qui reste l'un des points obscurs de l'histoire de cette distinction. Lui-même espéra dans sa vieillesse une telle récompense sans cependant oser y compter sérieusement. Un an avant sa mort, il écrivait encore à Arnold Zweig qui lui avait dit, comme beaucoup d'artistes et scientifiques, que lui seul, le père de la psychanalyse, en était digne : « Ne laissez pas cette chimère de prix Nobel vous rendre cinglé. » Lorsque l'oto-rhino-laryngologiste viennois Robert Barany obtint au début de la Guerre mondiale le prix Nobel de médecine pour ses travaux sur les canaux de l'oreille interne, Freud avoua son amertume de voir cet homme de vingt ans son cadet ainsi reconnu. Il écrivit à son ami Sandor Ferenczi : « La remise du prix Nobel à Barany, que j'ai refusé comme élève en son temps, parce que je le trouvais trop anormal et antipathique, a certainement fait naître chez un individu comme moi de sombres pensées contre tous ceux qui me proscrivent. Vous savez que ce qui compterait uniquement à mes yeux, c'est la somme d'argent attachée au prix, et peut-être aussi la vengeance que représenterait l'indignation de quelques compatriotes. Mais ce serait ridicule d'attendre d'être reconnu lorsqu'on a les sept huitièmes du monde contre soi. »

Abstraction faite de la découverte incontestable de Barany — grâce à ses recherches, la mortalité due aux méningites consécutives à la suppuration de l'oreille disparut presque totalement —, Freud s'était trompé au sujet de l'homme lui-même. Car, un an après avoir obtenu le prix Nobel, Barany proposa précisément le psychanalyste pour cette distinction, l'homme même qui l'avait

175

rejeté comme élève parce qu'il le trouvait trop « anormal et antipathique ».

On peut supposer que Freud qui, tout au long de sa vie, avait étudié l'âme humaine, connaissait parfaitement les hommes. Et il s'est pourtant trompé souvent en portant des jugements impitoyables, en adoptant des attitudes négatives qui le faisaient agir précipitamment et parfois même injustement.

Freud comptait nombre d'amis et d'admirateurs, il se sentait pourtant isolé. Il faut dire qu'il contribuait beaucoup lui-même à cet isolement. Il ne pouvait supporter les critiques, il était susceptible et réagissait mal aux objections de ses collègues, si bien qu'il coupait souvent le contact par la suite — et n'acceptait jamais de renouer. Les lauriers de sa recherche sur la cocaïne étant allés à d'autres, il se montra méfiant et d'une extrême prudence le reste de sa vie et n'hésita pas à qualifier de plagiats certaines publications — alors même qu'elles contredisaient ses propres théories. C'est ainsi qu'au fil des années il perdit quelques-uns de ses meilleurs compagnons. L'un des premiers avec lesquels Freud « rompit » fut son maître Ernst Wilhelm von Brücke qu'il vénérait pourtant depuis longtemps. Pendant ses études, l'élève avait admiré ce professeur venu de Berlin qui avait réussi, parallèlement à sa carrière académique, à devenir député de la Chambre haute à Vienne. En effet, Freud découvrit de nombreux points communs entre ses propres conceptions et celles de ce physiologue très doué. De plus, tous deux étaient anticléricaux, et c'est Brücke qui lui apprit à concilier sciences naturelles et études artistiques et littéraires — c'est ainsi que Freud rédigea une étude sur Michel-Ange, comme l'avait fait Brücke avant lui. En 1882, Brücke avait conseillé à son élève, en qui il avait reconnu des dons exceptionnels, de songer à ouvrir un cabinet tout en poursuivant son travail scientifique car il n'était pas assez fortuné pour se consacrer à la seule carrière universitaire. Trois ans plus tard, Brücke soutint sa candidature à la bourse qui lui permit de faire un séjour à Paris auprès de Charcot.

Mais, lorsque Brücke refusa d'adhérer à ses théories sur l'origine sexuelle des névroses, Freud rompit toute relation avec lui.

Dans *Ma vie et la psychanalyse*, Freud parle d'un « isolement de dix ans ou plus », sans préciser la période durant laquelle il se sentit ainsi isolé. Or, cette période se situe pendant les années de sa maturité, alors qu'il recevait à Vienne comme à l'étranger de nombreux témoignages de la grande estime qu'on lui portait. Des chercheurs, des étudiants et des patients faisaient le voyage à Vienne pour s'entretenir avec lui, ce qui laisse penser qu'il exagérait lorsqu'il évoquait son isolement. Ce sentiment est peut-être le fruit de sa propre névrose, de sa « maladie créatrice ».

Comme il l'avait fait pour Brücke, Freud admira longtemps Theodor Meynert, son maître et chef de clinique dont il dit un jour qu'il était le « génie le plus brillant qu'[il ait] jamais rencontré ». Leur relation se refroidit lorsque ce célèbre psychiatre qualifia de charlatanerie le traitement par l'hypnose utilisé par Freud à ses débuts. Meynert rejeta également la théorie que Freud avait empruntée à Charcot, selon laquelle les cas d'hystérie peuvent aussi se rencontrer chez les hommes. Peut-être Meynert ne retrouva-t-il l'estime de Freud que sur son lit de mort. Car, avant de mourir en 1892, il avoua à son ancien élève avec un clignement des yeux : « Vous savez bien, Freud, que j'ai toujours été un des plus beaux cas d'hystérie masculine. »

Meynert, comme son successeur le baron Richard von Krafft-Ebing, rejeta les traitements à la cocaïne pratiqués par le jeune Freud. Le baron compta donc bientôt lui aussi parmi les savants « jadis » aimés par Freud. Né à Mannheim, il enseignait à Vienne et devait sa célébrité à deux de ses patients. C'est lui qui soigna le prince héritier Rodolphe peu de temps avant son suicide et qui attira également l'attention du médecin personnel de Louis II de Bavière sur les tendances suicidaires du roi avant que celui-ci ne noyât effectivement dans le lac de Starnberg. Dans son ouvrage *Psychopathia sexualis*, Krafft-Ebing avait abordé la sexualité humaine bien avant Freud, mais, en tant que médecin d'un catholicisme strict, il avait acquis la conviction que la seule fonction naturelle de l'activité sexuelle était la conservation de l'espèce. C'est Krafft-Ebing qui utilisa le premier des concepts tels que « sadisme », « masochisme » et « fétichisme », et ses connaissances enrichirent de détails essentiels la psychopathologie de Freud — en dépit de conceptions parfois opposées.

Leur différend était dû surtout à la déclaration de Krafft-Ebing, selon laquelle la « théorie de la séduction » de Freud était un « conte scientifique ». Bien que Krafft-Ebing intervînt deux fois en faveur de la nomination de Freud comme professeur, celui-ci ne lui pardonna jamais la dureté de ses déclarations, même après qu'il eut déjà renoncé à l'idée que tous les névrosés avaient été séduits ou maltraités par leurs parents dans leur enfance.

Dès 1893, tandis qu'il rédigeait avec Josef Breuer l'étude, *Les Mécanismes psychiques des phénomènes hystériques*, Freud avait parlé de conflits, un an plus tard les discussions se durcirent considérablement pour aboutir à une rupture totale. En dépit des nombreux points sur lesquels les deux savants partageaient la même opinion, Breuer ne put jamais suivre Freud là où celui-ci décelait précisément le rôle de la sexualité. Du fait que leurs idées divergeaient sur ce point essentiel, Breuer représenta aux yeux de Freud le premier exemple de résistance inconsciente aux représentations indésirables de la psychanalyse. Breuer, estimait Freud, ne *pouvait* partager ses points de vue parce qu'il ne *voulait* pas les partager. Bien des années plus tard, Breuer donna finalement raison à Freud lorsqu'il écrivit au psychiatre August Forel : « Je reconnais que cette plongée dans la sexualité en théorie comme dans la pratique n'est pas de mon goût... »

Les deux savants avaient des caractères tellement différents que cela a certainement contribué aussi à mettre fin à leur relation. Breuer — contrairement à Freud — avait toujours l'impression qu'on accordait trop d'importance à ses découvertes et, malgré ses grands succès, il n'éprouvait pas l'irrésistible besoin de conquérir des territoires inconnus.

Breuer et Freud se vouvoyèrent toujours. Alors que le plus jeune des deux s'était adressé jadis à l'aîné en le qualifiant d'« ami très vénéré et le plus charmant des hommes », la dernière lettre de Freud à l'ami et bienfaiteur — datée du 7 janvier 1898 — commence par « très honoré monsieur ». Il y est question du remboursement d'une somme non précisée que Breuer avait prêtée à Freud : « En ce qui concerne ma dette, cela ne fait aucun doute pour moi qu'elle existe toujours. Je ne l'ai pas oubliée et j'ai toujours eu l'intention de la rembourser et pensé que vous n'attendiez pas autre chose. Vous m'avez dit un jour que vous n'en connaissiez pas le montant : d'après mes souvenirs pas très fiables, il est vrai, je l'ai estimée à deux mille trois cents florins [1]... »

Après le remboursement de cette dette, les anciens amis ne se virent plus, surtout parce que Freud le souhaitait ainsi. Freud perdait ainsi cet ami paternel dont il avait parlé un jour à Martha en ces termes : « Parler avec Breuer, c'est comme s'asseoir au soleil ; il dégage de la lumière et de la chaleur. C'est une personnalité solaire

---

1. Environ 240 000 schillings en 1989 (= 110 000 F).

et je ne sais pas ce qu'il a trouvé en moi pour me traiter avec tant d'amitié. Ce n'est pas le caractériser avec justesse que de ne dire que du bien de lui ; car il faut surtout insister sur le fait qu'il ne connaît pas le mal. »

Après la rupture avec Freud, Breuer perdit quasiment tout intérêt pour les cas psychiatriques et se consacra de nouveau entièrement à la médecine interne. Malgré cela, Freud n'oublia jamais ce que Breuer fut pour lui, ni ce qu'il lui devait. Quelques semaines après la mort de Breuer, en 1925, on put lire dans l'autoportrait que Freud venait de publier : « L'évolution de la psychanalyse m'a coûté son amitié. Ce ne fut pas facile pour moi, mais c'était inéluctable. »

Après la rupture de ses relations avec Breuer, il lui resta l'amitié de Fliess mais, à la suite de l'affaire Weininger, ce lien se brisa aussi. Et ce n'est pas tout, dans les décennies qui suivirent, Freud rompit encore avec de nombreux amis et interlocuteurs. Et, chaque fois, la fin fut aussi radicale qu'elle l'avait été pour Breuer et Fliess.

Pendant des années, Alfred Adler avait été l'élève préféré de Freud. Ce fils d'un marchand juif assimilé du Burgenland, de quatorze ans le cadet de Freud, déjà médecin confirmé avec un cabinet dans la Praterstrasse, avait assisté en 1899 à une conférence de Freud et s'était très vite senti conquis. Trois ans plus tard, Adler — qui n'avait aucun lien de parenté avec Victor Adler — assistait aux soirées du mercredi dans l'appartement de Freud.

De même que le jeune Freud avait cherché à se faire rapidement connaître grâce à ses recherches, de même ses élèves les plus doués s'efforçaient-ils de se distinguer en menant à bien leurs propres découvertes. Mais Freud ne tolérait pas de tels comportements. Ceux qui n'étaient pas totalement de son côté étaient contre lui. Si bien qu'Adler, après de longs conflits intérieurs, dut se séparer de son idole afin d'élaborer en 1910 sa propre psychologie des profondeurs, puis bientôt la notion de « psychologie individuelle ». Freud refusa lui aussi pendant longtemps d'admettre la rupture et se promit « d'être tolérant et de ne pas exercer son autorité », mais il conclut bientôt que « dans la réalité cela n'était pas possible ».

La pensée d'Adler portait l'empreinte des dures années de son enfance. Souffrant de rachitisme, il n'avait pu marcher avant l'âge de quatre ans. Dans sa jeunesse il avait eu deux accidents graves et avait régulièrement souffert par la suite de crises d'étouffement et d'une constante angoisse de la mort. En 1907, dans son *Étude sur l'infériorité de certains organes*, il élabora une théorie fondée sur sa propre expérience, selon laquelle les enfants de faible constitution physique compensent cette déficience en surestimant leurs forces. C'est donc d'Adler que vient l'expression « complexe d'infériorité », qui entra bientôt dans le vocabulaire courant. En 1911 — entre-temps il s'était converti au protestantisme —, Adler s'éloigna de Freud en rejetant l'hypothèse selon laquelle la sexualité est l'unique origine des névroses, ainsi que l'importance du complexe d'Œdipe. A ses yeux, les troubles psychiques n'étaient pas le résultat d'un refoulement inconscient mais venaient de l'incapacité à s'adapter à la société. Pour finir, Adler modifia sa technique psychothérapeutique. Alors que le Dr Freud s'asseyait derrière le divan, le Dr Adler se plaçait plus en vue, cherchait à être plus près du patient dont il voulait même être l'ami. Adler ne se contentait pas d'expliquer le comportement des êtres à partir du récit de leur passé, mais aussi à partir des objectifs qu'ils se fixaient pour l'avenir.

Après avoir participé une dernière fois à une réunion de la Société viennoise de psychanalyse en mai 1911, Adler s'efforça, tout comme Freud, de réunir un groupe aussi nombreux que possible de partisans — il en eut bientôt dans le monde entier. Les réunions des adlériens, hebdomadaires elles aussi, avaient lieu le jeudi ; c'était une provocation. La seule personne qui pût assister aux réunions du mercredi chez Freud et à celles du jeudi chez Adler — tous deux en étant informés — fut Lou Andreas-Salomé. Alors que son enthousiasme pour Freud était total, elle se montrait plus critique à l'égard d'Adler. « Il est charmant et très intelligent. Deux choses seulement me gênaient : il parlait de façon trop personnelle des conflits. Et puis, il ressemblait à un bouton. Comme s'il était en quelque sorte resté emprisonné en lui-même. »

De nos jours, on reconnaît généralement que la psychologie des profondeurs représente le développement ultérieur — et autonome — de la psychanalyse, et qu'au nom de ce progrès Adler trouva le courage de quitter son ancienne idole. « Malheureusement, le débat entre Adler et Freud fut rien moins qu'exemplaire », estime Erwin Ringel, psychologue des profondeurs, « il fut simplement typique, typiquement humain, car rempli d'amertume (une amertume due, il faut le dire, à la réaction hostile, offensée de Freud). Adler alla finalement trop loin en refusant quasiment tout ce qu'enseignait Freud, évitant même craintivement les concepts qu'avait élaborés le fondateur de la psychanalyse. C'est pourquoi leurs successeurs se trouvent aujourd'hui dans l'obligation, même lorsqu'ils sont passionnément adlériens, d'avouer que bien des choses découvertes par Freud étaient justes, voire fondamentales — ils peuvent le faire sans "trahir" pour autant Adler parce qu'ils ne vivent plus prisonniers aujourd'hui de la "situation conflictuelle" qui, à l'époque, limitait les perspectives ».

Le psychiatre Wilhelm Stekel était passé « dans l'autre camp » en même temps qu'Adler. Des années plus tard, il écrivit à Freud qui se sentait de plus en plus seul : « Vous ne voyez que les torts que l'on a eus envers vous et vous ignorez les erreurs que vous avez commises. Si vous aviez reconnu à temps l'origine de la rivalité qui s'instaurait entre vos élèves, vous auriez pu conserver mainte énergie précieuse auprès de vous. Ce n'était pas seulement un conflit entre prétendants au trône, mais un conflit dont l'enjeu était votre affection. On était plus jaloux d'être près de votre cœur que d'être près de votre tête. »

La susceptibilité avec laquelle Freud réagissait à toute critique n'avait d'égale que la sévérité avec laquelle il jugeait ses maîtres, ses collaborateurs et ses élèves. Il qualifiait Meynert d'« idole juchée sur son trône », il punit Breuer jusqu'à la fin de sa vie en lui manifestant son mépris, et pour Adler ce fut encore pire : lorsque celui-ci mourut en 1937 en Grande-Bretagne où il était professeur invité à l'université, Freud, cynique, écrivit à Arnold Zweig : « Pour un gosse de juif d'un faubourg de Vienne, mourir à Aberdeen, en Écosse, signifie le couronnement d'une carrière inouïe et la preuve qu'il a su aller loin. »

Freud parle de « longues années remplies d'honneurs, mais aussi d'une douloureuse solitude », et se plaint auprès de son élève C.G. Jung en septembre 1937 de « l'indifférence et de l'incompréhension de ses amis les plus proches ». Il est symptomatique que, quelques années plus tard, Freud rompit également avec Jung. Cette rupture était latente depuis des années. Le psychiatre suisse — à qui Freud devait ses premiers contacts avec l'étranger et en qui il voyait son successeur — s'était engagé dans une liaison amoureuse avec sa première patiente en analyse, ce que Freud ne put naturellement tolérer. Jung était de ceux qui avaient tendance à utiliser la psychanalyse à leurs propres fins. Aux rivalités personnelles s'ajoutèrent bientôt des différends objectifs, par exemple à propos des concepts de libido et d'inconscient, de la conception du rêve et de la technique psychanalytique. Tout comme Adler, Jung fonda sa propre doctrine après avoir totalement rompu avec Freud et la dénomma

« psychanalyse analytique ». Lorsque Freud et Jung se rencontrèrent pour la dernière fois au 4ᵉ Congrès international de psychanalyse à Munich, Freud fit ce commentaire : « On se sépara sans
éprouver le besoin de se revoir. »

« *Je suis tout entier Leonardo* »

... et une journée avec Gustav Mahler

Les relations avec Jung ne s'étaient pas encore altérées, mais avec Adler la crise se préparait déjà lorsque Freud entreprit à l'automne de 1909 de rédiger *Un souvenir d'enfance de Léonard de Vinci*. A cette époque, il écrivit à Jung : « Soudain le portrait de Léonard de Vinci est devenu transparent pour moi. Ce serait donc un premier pas vers la biographie. Mais le matériel concernant Léonard est si maigre que je désespère de pouvoir faire comprendre à d'autres ce dont je suis vraiment convaincu. »

Mais de quoi était-il « vraiment convaincu » ? La personnalité de ce génie universel fascinait Freud depuis longtemps, et ne pouvait-il pas lui-même s'identifier à plus d'un point de vue avec le créateur de la *Cène* et de la *Joconde* ? Il se passionnait pour les arts plastiques et, comme Léonard, puisait ses découvertes dans la nature. Sans doute décelait-t-il aussi certains parallèles entre son destin et celui de Léonard. Celui-ci, il est vrai, avait laissé des chefs-d'œuvre de la peinture « tandis que ses découvertes scientifiques n'étaient ni publiées ni exploitées » — un destin que Freud craignit de connaître toute sa vie (mais qui ne se produisit jamais vraiment). Même si Freud avec son tact et sa modestie ne songeait pas à comparer ses « modestes dons » à ceux d'un des « plus grands hommes de la Renaissance italienne », il se sentait sans aucun doute aussi isolé et méconnu que l'avait été jadis Léonard de Vinci.

Les expériences de Léonard avec ses machines volantes, ses études et ses inventions médicales avaient situé ce génial artiste plus près des alchimistes et des charlatans, un peu comme les contemporains de Freud avaient comparé *L'Interprétation des rêves* à l'astrologie ou vu dans la psychanalyse « plutôt une passion

183

qu'une science ». Cette dernière déclaration est de Karl Kraus. Au tournant du siècle, un autre grand, Hugo von Hofmannsthal, avait relégué Freud parmi les « esprits provinciaux d'une présomption médiocre et bornée ».

Freud étudia donc la biographie de Léonard de Vinci et conclut que le désintérêt de l'artiste pour le sexe était plus vraisemblable que les penchants homosexuels qu'on lui attribuait si souvent. Il est vrai que Léonard avait été dénoncé dans sa jeunesse pour ses fréquentations homosexuelles mais le procès s'était terminé par un acquittement. De même en ce qui concerne ses années de maturité, Freud estime « bien plus vraisemblable que les relations tendres de Léonard avec ses élèves qui, selon la coutume, habitaient chez lui, n'aboutissaient pas à une activité sexuelle », et il vit là, en plus, un signe de froideur en matière de sexualité, surprenante chez cet artiste qui peignait la beauté féminine. Les nombreux écrits de Léonard « évitent résolument tout ce qui est sexuel comme si Eros qui anime tout ce qui vit n'était pas un sujet digne de l'appétit de savoir du savant ».

C'est sur cette thèse que Freud fonde l'origine de l'extraordinaire génie qui put s'épanouir en tant de domaines : Léonard avait transformé l'« étincelle divine » qui, directement ou indirectement, est le moteur de tant d'activités humaines, en une inextinguible soif de savoir. L'énergie sexuelle qu'il ne dépensait pas, il la mettait au service d'études plus nobles. « Les passions déchaînées propres à élever ou à consumer, dans lesquelles d'autres trouvent le meilleur de leur vie, ne semblent pas l'avoir touché... Celui qui décèle la grandeur des corrélations dans l'univers et leur nécessité perd facilement son petit moi à lui. »

Freud trouva-t-il là aussi des analogies avec lui-même ? Perdit-il lui aussi, comme le disent ses contemporains, à l'orée de la quarantaine, tout intérêt pour l'activité sexuelle ? Freud écrit dans l'introduction à son livre sur Léonard : « Lorsqu'un essai biographique veut arriver à une profonde compréhension de la vie psychique de son héros, il ne peut pas, comme le font par discrétion ou pruderie la plupart des biographies, ignorer l'activité sexuelle, la spécificité sexuelle de l'objet de ses études. » Freud a rendu la tâche encore plus difficile à ses biographes que ne le fit pour lui Léonard de Vinci, car il a très bien su dissimuler à la postérité sa propre vie sexuelle et amoureuse.

Léonard de Vinci avait donc visé dans ses multiples recherches un succédané à l'activité sexuelle et il l'avait trouvé. « L'observation de la vie quotidienne des hommes nous montre que la plupart d'entre eux réussissent à transférer une bonne part de leur énergie sexuelle sur leur activité professionnelle. L'instinct sexuel se prête particulièrement bien à de tels transferts car il a la faculté de sublimer, c'est-à-dire qu'il est capable d'échanger son objectif le plus proche contre d'autres, éventuellement supérieurs et non sexuels. »

Freud évoque bientôt le véritable souvenir d'enfance de Léonard de Vinci qui donna son nom à cette première biographie psychanalytique. Lorsqu'il raconte ses tentatives de voler, l'artiste évoque une expérience précoce avec un oiseau :

« Il semble, écrit Léonard, que j'étais prédestiné à vivre quelque chose de fondamental avec un vautour, car je me souviens d'un fait très ancien, j'étais encore au berceau, lorsqu'un vautour descendit vers moi et m'ouvrit la bouche avec sa queue, et il a heurté de nombreuses fois mes lèvres avec cette queue. »

Freud est « dérouté » par ce souvenir de Léonard, à cause de son contenu et de l'âge auquel il se situe. « Il est sans doute possible, quoique assez invraisemblable, de conserver un souvenir remontant à l'âge du berceau, il s'agit plutôt d'un fait imaginaire que le peintre a élaboré plus tard et transféré dans son enfance. »

Il est très probable que Léonard, homme cultivé, ait trouvé dans sa bibliothèque très fournie une légende égyptienne selon laquelle il n'existe que des vautours femelles et pas de mâles de cette espèce. La fécondation doit, selon la tradition, s'effectuer ainsi : « A une époque déterminée, les oiseaux s'arrêtent en plein vol, entrouvrent leur vagin et le vent les féconde. » Cette vision — appliquée aux humains — ne pouvait que plaire à Léonard qui écrivit : « L'acte de procréation et tout ce qui s'y rattache est tellement répugnant que s'il ne s'agissait pas d'une coutume très ancienne et s'il n'y avait encore de jolis visages et des prédispositions à la sensualité, l'espèce humaine s'éteindrait bientôt. » A l'époque où Léonard découvrit cette légende égyptienne, il transféra le fantasme du vautour dans son enfance pour se prouver à lui-même qu'on pouvait parfaitement se passer de vie sexuelle.

La manière dont s'est déroulée l'enfance de Léonard est importante aussi. L'enfant du village de Vinci, qui avait déjà donné son nom à son père, était un enfant naturel qui grandit auprès de sa mère, une femme pauvre, et ne fut accueilli dans le foyer de son père, un homme aisé, que quelques années plus tard, après que le mariage de celui-ci avec une autre femme fut resté stérile. Le fait que Léonard passa les premières années de sa vie seul avec sa mère eut, selon Freud, des répercussions décisives sur l'évolution de sa vie intérieure car, « dans les trois ou quatre premières années de la vie, des impressions se fixent et des réactions au monde extérieur s'amorcent, auxquelles aucun événement de la vie ultérieure ne peut retirer leur importance ». Pour Freud, il était parfaitement logique que Léonard s'intéressât si fort à des machines volantes. Quant au vautour, Freud fut à vrai dire victime d'une erreur de traduction : dans le manuscrit original, Léonard avait en fait parlé d'un milan, un rapace un peu plus petit.

A l'époque où il entreprit d'écrire l'étude biographique du grand peintre, Freud avait un patient « de constitution comparable à celle de Léonard, mais sans son génie », ainsi qu'il en informa C.G. Jung. L'étude sur Léonard parut en mai 1910. Trois mois plus tard, un autre homme s'annonça chez Freud, lui aussi de constitution analogue à celle de Léonard — mais cette fois il avait du génie ! C'était Gustav Mahler.

Ce compositeur et chef d'orchestre avait, au tournant du siècle, élevé l'opéra de Vienne, dont il était le directeur, à un niveau artistique jamais atteint auparavant, mais il fut victime d'une sordide campagne de presse qui visait aussi la « domination juive à l'opéra impérial de Vienne ». « Je pars, car je ne peux plus supporter cette racaille », écrivit Mahler à un ami en juillet 1907. A la même époque environ, Maria Anna, la fille chérie de Mahler, mourut, et un médecin décela chez lui les premiers signes d'une faiblesse cardiaque qui allait lui être fatale.

Trois ans après cette année de catastrophes familiales et professionnelles, l'évolution dramatique du mariage de Mahler avec son épouse Alma, de vingt ans sa cadette, devait de nouveau ébranler sa vie. Après la rupture de son contrat viennois, le génial musicien avait accepté une nomination au Metropolitan Opera de New York et était devenu aussi chef de l'orchestre philharmonique de cette ville. Alma et Gustav Mahler passèrent l'été de 1910 dans leur « petite maison de compositeur » au bord du lac Atter. Pendant ces vacances — à la suite desquelles Mahler s'adressa à Freud —, Alma s'était engagée dans une tumultueuse liaison avec Walter Gropius. Le grand architecte, qu'elle épousa après la mort de Mahler, faisait une cure aux bains de Tobel, en Styrie. Lorsque Mahler, quinquagénaire, apprit la liaison de sa femme avec un homme sensiblement plus jeune que lui, il fut tellement bouleversé que pour trouver le psychanalyste, il parcourut la moitié de l'Europe.

La belle-mère de Freud, Emmeline Bernays, était gravement malade à cette époque — elle mourut quelques mois plus tard —, c'est la raison pour laquelle la famille Freud passa ses vacances d'été près de Hambourg. Mais, tandis que Martha restait auprès de sa mère, Sigmund entreprit un voyage culturel à travers la Hollande d'où il pouvait revenir rapidement au chevet de la mère de sa femme.

C'est à l'hôtel Nordzee, à Noordwijk, que l'atteignit le premier télégramme de Gustav Mahler : il souhaitait obtenir une entrevue avec lui le plus rapidement possible. Habituellement, Freud réagissait vivement lorsque des patients ou d'autres personnes intéressées par des problèmes psychiatriques le dérangeaient pendant ses vacances. Pour Mahler, ce fut autre chose. Il faut dire que c'était un homme mondialement connu et une personnalité à laquelle Freud pouvait s'identifier à bien des points de vue : comme lui, il était né près de la frontière entre la Bohême et la Moravie, comme lui, il était d'origine juive ; comme lui, il entretenait avec Vienne des liens d'amour-haine. Freud avait été profondément impressionné par Mahler, bien avant de le rencontrer personnellement, alors qu'il n'était pas grand connaisseur en matière de musique.

Rendez-vous fut pris pour la fin août dans la ville hollandaise de Leyde où Freud se trouvait à l'époque, invité par le médecin de Bruine-Groevenveldt. Pour Mahler, cette excursion en Hollande n'avait rien d'extraordinaire, car depuis des années il était régulièrement invité par le Concertgebow d'Amsterdam.

La cause immédiate de la crise que traversait Gustav Mahler était donc sa relation avec Alma contre laquelle Max Burckhard, directeur du Burgthater, l'ami paternel de celle-ci, l'avait mis en garde dès avant leur mariage. Une jeune fille si belle, estimait-il à l'époque, en 1901, ne pouvait pas épouser « un juif dégénéré, maladif, endetté et très controversé en tant que compositeur ». Neuf ans plus tard, ce mariage devait en effet se révéler une erreur. Cette femme très courtisée par les hommes, pleinement épanouie à trente et un ans, se sentait, ainsi qu'elle le dit elle-même un jour, contrainte à vivre une « vie d'ascèse » auprès de son mari. De son côté, Mahler, qui souffrait physiquement et psychiquement, et qui aimait sa femme par-dessus tout, avait « détourné sa libido d'Alma », ainsi que l'exprima Freud. Après les bouleversements de l'année 1907, l'artiste avait en effet consacré toutes ses forces réduites par la maladie à la création artistique, et à la femme qu'il aimait comme par le passé ne l'attachaient plus que des liens spirituels.

La rencontre entre Freud et Mahler se limita à une journée. Deux des hommes les plus importants de leur époque se rencontrèrent d'abord à l'hôtel de Freud et firent ensuite une promenade de plusieurs heures. Bien des années plus tard, Freud évoqua cette rencontre en déclarant qu'il avait « analysé Mahler à Leyde durant une après-midi et, si je peux me fier à ce qu'on en dit, j'ai obtenu de bons résultats. A la suite d'incursions des plus intéressantes dans sa vie, nous avons mis au jour comment il vivait ses relations amoureuses, en particulier le complexe de Marie (attachement à la mère) ; j'eus l'occasion d'admirer la géniale sagesse de cet homme. Aucune lumière ne tombait sur la façade symptomatique de sa névrose obsessionnelle. C'était comme si on creusait un puits unique, profond, dans un édifice énigmatique ».

Alma Mahler complète cette déclaration dans ses Mémoires. A Leyde, Freud aurait adressé de vifs reproches à son mari après que celui-ci lui eut décrit en détail sa vie et la situation dans laquelle il se trouvait. « Comment, dans un tel état, saurait-on retenir une jeune femme ? » aurait dit le médecin. Et puis : « Je connais votre épouse. Elle aimait son père [1] » et ne peut rechercher et aimer que le même type d'homme. Votre âge qui vous effraye tant est précisément ce qui vous rend si attrayant à ses yeux. Soyez sans inquiétude ! Vous aimez votre mère, que vous avez recherchée dans chaque femme. Votre mère était souffrante et avait l'esprit chagrin, c'est ce que vous attendez inconsciemment de votre femme ! » Mahler avait paru rassuré après ces explications de Freud mais il ne voulut pas entendre parler de sa fixation sur sa mère.

Dans aucun de ses écrits, Freud n'évoque directement les souffrances de Mahler, il ne commenta qu'oralement son cas. Mais il fait une allusion indirecte aux problèmes de l'artiste dans son étude publiée en 1912, *Considérations sur le plus commun des ravalements de la vie amoureuse*. Il y est question de l'attachement excessif à la mère et du transfert sur l'épouse de l'image d'une mère chagrine, souffrante. Comme il le fit pour de nombreux cas rencontrés parmi ses patients, Freud a sans doute conclu là aussi à partir d'un cas particulier intéressant et généralisé quand il écrit : « Lorsqu'ils aiment, ils ne désirent pas, et lorsqu'ils désirent, ils ne peuvent pas aimer. » On est une fois de plus étonné de voir la

---

1. Le célèbre peintre Jakob Emil Schindler.

rapidité avec laquelle Freud décelait la problématique d'un cas. Mahler voulut effectivement, au début de ses relations avec Alma, non seulement l'appeler Marie (c'était le nom de sa mère), mais il était déçu qu'elle eût l'air si peu « douloureux », comme il disait. Il s'en plaignit même un jour auprès de sa belle-mère qui répondit avec vivacité : « Rassure-toi, la vie se chargera de le lui donner ! »

Mahler avait sans doute été amené à Freud par son ami Bruno Walter et, après cet unique entretien avec le fondateur de la psychanalyse, il avait, paraît-il, retrouvé sa puissance virile. Le chef d'orchestre Bruno Walter avait été soigné par Freud des années auparavant, ainsi qu'il le confia dans ses Mémoires : à la suite d'une paralysie névralgique de son bras droit, il craignit que sa carrière ne connût une fin prématurée. Il s'adressa alors à Freud en s'attendant que celui-ci l'interrogeât sur ses pratiques sexuelles infantiles. Mais Freud prouva une fois de plus qu'il n'appliquait pas la psychanalyse de façon rigide lorsqu'il subodorait des causes tout autres que psychiques. Au lieu d'enquêter sur sa vie sexuelle, il demanda à Bruno Walter : « Connaissez-vous la Sicile ? » Comme celui-ci répondit non, Freud dit : « Alors, partez cette nuit même et oubliez votre bras et votre travail à l'Opéra. » Bruno Walter suivit le conseil du médecin et fut en effet bientôt libéré de ses symptômes.

Mais Mahler, qui avait certainement rencontré Freud grâce à l'intervention de Walter, mourut quelques mois après sa consultation des suites d'une faiblesse cardiaque. Peut-être Freud lui a-t-il un peu embelli la fin de sa vie grâce à cette après-midi passée dans la ville de Leyde.

Ce qui n'empêcha pas ce compositeur célèbre et aisé de rester, au-delà de la mort, redevable des honoraires qu'il devait à son médecin.

« *Je soussigné certifie...* »

Combien gagnait Freud ?

C'EST par pur hasard que nous savons que Gustav Mahler ne paya pas à Freud les honoraires qu'il lui devait. En mai 1985, plus de soixante-dix ans après la mort de Mahler et moins de cinquante ans après celle de Freud, apparaissent lors d'une vente d'autographes chez Sotheby's, à Londres, deux lettres de Sigmund Freud. Elles sont adressées au Dr Emil Freund, exécuteur testamentaire et représentant des héritiers de Mahler. La première est datée du 23 mai 1911. « Très honoré Dr ! », écrit Freud exactement une semaine après le décès de Mahler, « comme j'ai appris par les journaux que vous êtes chargé de régler la succession du maître, M. Mahler, je me permets de vous faire savoir que le défunt me devait 300 couronnes [1]. Cela concerne la consultation de plusieurs heures que je lui ai donnée à Leyden (Hollande) en août 1910, où je me suis rendu depuis Norwijk à la suite d'un appel urgent. Avec mes salutations distinguées. Prof. Dr. Freud ». Dans la deuxième lettre, le soussigné Dr Freud certifie avoir reçu « la somme de 300 couronnes due par M. Gustav Mahler pour services rendus à celui-ci ». C'est ainsi que la rencontre entre Freud et Gustav Mahler nous amène à nous poser une question très triviale : combien gagnait Freud ?

Freud avait sans aucun doute fort bien réussi du point de vue financier. Après les traumatismes d'une enfance pauvre — qu'il a peut-être un peu exagérés dans *Ma vie et la psychanalyse*, il dut attendre des années avant d'obtenir un poste et d'ouvrir son propre

---

1. Environ 12 000 schillings en 1989 (= 5 500 F).

cabinet, qui ne lui rapporta pas grand-chose au début. Pour installer ce cabinet, il dut s'endetter et mit longtemps à rembourser.

Mais à partir du tournant du siècle, la situation changea. Ce dont rêvait Freud à l'âge de quarante ans, au retour de son voyage en Italie, était devenu une réalité : « J'ai l'intention de devenir riche, afin de pouvoir refaire ce voyage. » A l'apogée de sa carrière, Freud faisait onze analyses par jour, chacune lui rapportant jusqu'à cent couronnes — il tenait souvent compte de la situation financière de ses patients et continuait à traiter gratuitement ceux qui n'avaient pas d'argent. Faisant allusion à son auto-analyse, il écrivit un jour à Wilhelm Fliess qu'il venait de se charger de deux cas qu'il traiterait gratuitement, « ce qui représente, avec ma personne, trois analyses qui ne rapportent rien ».

Ses revenus considérables lui permirent de mener une vie libre de soucis avec sa nombreuse famille. Afin de pouvoir estimer ses gains à leur juste valeur, il faut savoir ce que gagnaient d'autres professions à la même époque. Les employés de commerce, les instituteurs ou les fonctionnaires de niveau moyen touchaient des salaires allant de 120 à 140 couronnes par mois, et les employés de maison obtenaient environ 20 couronnes par semaine, leur entretien ne pesait donc nullement sur les finances de la famille Freud qui en avait plusieurs.

Il faut dire que les rentrées extérieures au cabinet n'étaient pas aussi élevées. A l'université, il n'eut jamais de traitement fixe, il était payé à l'heure de cours — et nous savons qu'il en donnait assez peu. C'est ainsi que Freud annonça dans le registre du semestre de l'hiver 1905/1906 : « Introduction à la psychothérapie, trois heures deux fois par semaine après accord, hôpital public, amphithéâtre de la clinique psychiatrique (honoraires : 10 couronnes). » Plus tard, il ne fit plus qu'un cours par semaine.

Les revenus de ses publications étaient eux aussi plutôt modestes. Sigmund Freud était certes connu en tant que médecin et personnalité, mais l'intérêt pour ses écrits scientifiques restait encore limité. C'est ainsi que, dans les six premiers mois après la publication, se vendirent 573 exemples d'*Un souvenir d'enfance de Léonard de Vinci*, pour lesquels l'éditeur lui versa environ 300 couronnes. Ce livre sur lequel il avait travaillé des mois lui rapporta donc la même somme qu'un unique entretien avec Mahler.

Dans les derniers jours de la monarchie, Freud vit arriver à sa consultation un patient dont la rencontre se révéla avantageuse en ces temps difficiles. Le Dr Anton von Freund — l'homonymie avec l'exécuteur testamentaire de Mahler est sans doute fortuite — était un riche brasseur hongrois qui souffrait d'un cancer des testicules. Après avoir été opéré, il se mit à craindre une rechute et fut pris d'une grave névrose que Freud soigna. Anton von Freund savait bien que ses jours étaient comptés et il décida de faire don d'une part considérable de sa fortune à la recherche sur la psychanalyse grâce à laquelle il avait retrouvé sa vitalité. Comme Freud ne cessait d'avoir des difficultés avec son éditeur, Hugo Heller, il décida de créer avec cet argent — 250 000 couronnes [1] — une maison d'édition internationale de psychanalyse. La maison fut fondée et dirigée après la Première Guerre mondiale par Sandor Ferenczi, puis plus tard ce fut le fils aîné de Freud, Jean-Martin, qui en prit la direction. Freud refusa toujours d'affecter ailleurs les bénéfices de cette maison, il n'accepta même pas les droits que rapportaient ses propres livres.

En 1927, Freud confia au publiciste Georg Sylvester Viereck : « La guerre a englouti ma petite fortune et les économies de ma vie. Mais cela ne me dérange pas, mon bonheur, c'est le travail. » Pour tenir pendant les années difficiles de l'inflation, Freud reçut l'aide de patients aisés des États-Unis, qui vinrent parfois passer plusieurs mois à Vienne afin de se faire soigner par lui. Ils payaient en dollars, monnaie très appréciée à cette époque.

Il arrivait parfois que Freud parlât d'argent, même dans ses cours. Un jour, me raconta le Dr Markus Wasser, un médecin viennois, mort depuis lors, qui avait suivi des conférences de Freud dans les années trente, Freud surprit ses auditeurs lorsque, à propos du thème de la « morale » qu'il traitait alors, il posa cette question : « Imaginez que vous traversez la Kärtner Strasse et que vous trouvez 10 000 schillings. Je vous assure que personne ne vous observe. Si vous restituez cet argent, on ne vous donnera pas de récompense. Qu'allez-vous décider ? Irez-vous à la police ou le garderez-vous ? »

Des douze étudiants présents dans la salle, onze décidèrent de garder l'argent. Un seul voulut le remettre à la police. Freud eut un regard malicieux par-dessus ses lunettes et dit à l'honnête garçon : « Je vous félicite d'être si moral — imbécile ! »

Mais, revenons à l'époque où l'Autriche-Hongrie était encore un seul État. La situation économique de Freud, quasiment paradisiaque, se modifia brutalement après 1914. Car le déclenchement de

---

1. Environ 730 000 schillings en 1989 (= 350 000 F).

la Première Guerre mondiale eut bientôt, comme dans tous les secteurs de la vie quotidienne, des effets catastrophiques. Des centaines de milliers d'hommes partirent au front, la ville était comme morte.

« *Ma libido tout entière appartient à l'Autriche-Hongrie* »

La fin de la monarchie danubienne

En ce printemps de 1914, l'Autriche-Hongrie brille encore de tout l'éclat de sa splendeur passée. Mais depuis des décennies une malédiction semble peser sur la monarchie et la dynastie. Lorsque en 1867, Maximilien, le frère de l'empereur François-Joseph, est assassiné au Mexique, Freud, âgé de onze ans, est élève au lycée viennois de Leopoldstadt. Lorsqu'en 1889, le prince héritier Rodolphe se donne la mort avec Marie Vetsera, fille d'un baron, Freud est un jeune chargé de cours plein d'ambition dont la femme vient de mettre au monde son premier enfant. Et, quatre ans après l'assassinat de l'impératrice Elisabeth à Genève, l'empereur remet à Freud le décret de sa nomination comme maître de conférences.

Il ne reste plus qu'une personne pour représenter cet empire qui paraît depuis longtemps voué au déclin. Mais François-Joseph a maintenant plus de quatre-vingts ans, il est affaibli par les coups que lui a assenés le destin. Il régnait déjà lorsque Freud vint au monde, maintenant il continue à signer consciencieusement document après document. L'hiver à la Hofburg, le printemps à Schönbrunn, l'été à Bad Ischl.

Le 28 juin 1914, l'assassinat de l'archiduc François-Ferdinand et de son épouse Sophie à Sarajevo ouvre le dernier acte de cette monarchie six fois centenaire. Freud a cinquante-huit ans lorsque l'Autriche-Hongrie déclare la guerre à la Serbie. A l'époque où le nom de Freud est connu dans les milieux médicaux de nombreux pays, sa patrie tombe peu à peu dans l'isolement. Il y a déjà des sociétés de psychanalyse en Allemagne, en Grande-Bretagne, en Suisse et aux États-Unis, et une organisation qui les coiffe toutes. Le « père » de cette science toute neuve est une idole autour de

194

laquelle se regroupent les psychiatres du monde entier. Après la défection de ses alliés de longue date, Breuer, Fliess, Adler, Stekel et Jung, arrivent de nouveaux disciples : Karl Abraham, Max Eitington, Ernest Jones, Sandor Ferenczi, Paul Federn et Otto Rank. Freud lui-même s'est rendu à quatre congrès internationaux de psychanalyse réunis dans diverses villes allemandes et autrichiennes. Une nouvelle rencontre doit avoir lieu à Dresde à l'automne de 1914, mais elle est ajournée sine die lorsque la guerre éclate.

L'héritier du trône est mort. Bouleversé, Freud écrit le jour même à Ferenczi et se dit « impressionné par cet assassinat surprenant dont on ne peut prévoir les conséquences ». Quatre semaines plus tard, il affiche un franc patriotisme dans une lettre à Abraham : « Je me sens autrichien peut-être pour la première fois depuis trente ans et je voudrais encore tenter ma chance avec ce pays qui promet si peu. Partout ici, l'état d'esprit est excellent. » Ailleurs il écrit : « Ma libido tout entière appartient à l'Autriche-Hongrie. » Mais l'euphorie ne dure guère, dès septembre il est profondément déçu par le « déchaînement de la bestialité » des deux côtés.

Comme la plupart des Autrichiens, Freud crut d'abord que ce ne serait qu'une guerre limitée dans le temps et dans l'espace. C'est ainsi qu'il écrivit à son ami Eitington aussitôt après la déclaration de guerre à la Serbie : « L'ombre tombe aussi sur notre congrès, mais on ne peut faire de projets au-delà de deux mois. Peut-être tout sera-t-il rentré dans l'ordre. » Le lendemain, l'empire russe proclamait la mobilisation générale...

Le programme d'été de la famille Freud en 1914 ressemble d'ailleurs à celui des temps de paix. Anna, la fille cadette, se rend — une semaine après l'attentat — en Angleterre pour y passer plusieurs mois. Martha et Sigmund Freud s'installent dans la villa Fasolt sur le Schlossberg près de Karlsbad, où Freud veut faire une cure pour soigner ses troubles digestifs. Rentré à Vienne au début du mois d'août, il entreprend de mettre de l'ordre dans sa collection d'antiquités et sa riche bibliothèque.

Mais bientôt ses fils Jean-Martin et Ernst s'engagent comme volontaires dans l'artillerie. L'aîné dès les premières semaines, le plus jeune à l'automne. A la manière dont Ernst Freud est accueilli par le commandant de sa compagnie en octobre 1914, on peut se rendre compte de ce que l'on pensait de cette guerre : « C'est maintenant que vous vous engagez, dit l'officier sur un ton de reproche, maintenant que la guerre est presque finie ! » Peu après l'entrée en guerre de la Grande-Bretagne, Anna réussit à revenir chez ses parents. Toujours très patriote, Freud écrit à Abraham : « Je m'y rendrais de grand cœur si je ne savais l'Angleterre du mauvais côté » — c'est à Londres précisément que vivent quelques-uns de ses disciples les plus fidèles. Il continue de correspondre avec eux ainsi qu'avec de nombreux autres partisans grâce à des amis suisses qui font passer les lettres clandestinement.

Au bout de quelques semaines, l'enthousiasme des débuts cède la place à un profond pessimisme qui s'exprime dans une lettre adressée à Lou Andreas-Salomé : « Je ne doute pas de ce que l'humanité parvienne à surmonter également cette guerre, mais j'ai la certitude que mes contemporains et moi-même nous ne verrons plus un monde heureux. C'est trop affreux ; mais le plus triste, c'est que les hommes et leurs comportements sont tels que la psychanalyse nous les laissait imaginer. A cause de cet état d'esprit, je n'ai jamais pu adhérer à votre joyeux optimisme. Je décidai en mon for intérieur : comme nous ne pouvons voir la civilisation actuelle, la plus évoluée, qu'affligée d'une énorme hypocrisie, organiquement nous ne sommes pas faits pour elle. Nous devons nous retirer, et l'une ou l'autre grande inconnue que cache le destin reprendra un jour l'expérience avec une autre race. »

Pendant les années de guerre, Freud se sent encore plus isolé qu'auparavant. De nombreux amis et la plupart de ses jeunes disciples sont au front ou inaccessibles, dans le camp des puissances de l'Entente. Les patients étaient peu nombreux — par moments, il n'en avait pas un seul, ce qui lui causa de gros problèmes financiers. Mais comme ce fut si souvent le cas dans des situations difficiles, Freud connut précisément une phase particulièrement créative. En l'espace de trois mois seulement, il rédigea douze grandes études scientifiques, dont *Les Pulsions et leurs destins*, *Le Refoulement*, *L'Inconscient*, *Deuil et mélancolie*, *Conscience et Angoisse* — une partie de ces travaux sont malheureusement perdus, ils ne furent jamais imprimés.

Comme les collaborateurs les plus importants des deux publications psychanalytiques paraissant régulièrement avaient été eux aussi appelés sous les drapeaux, il dut se charger tout seul de leur rédaction afin de les maintenir en vie en ces temps difficiles. Dans *Imago*, une revue qu'il éditait pour l'application de la psychanalyse aux sciences humaines, Freud publia en 1915 *Considérations actuelles sur la guerre et la mort*, où — si l'on pense à la censure qui surveillait chaque mot — il n'y alla pas par quatre chemins :

« On pourrait penser que les grands peuples ont acquis une telle compréhension pour ce qu'ils ont en commun et tant de tolérance pour leurs différences que les mots "étranger" et "ennemi" ne devraient plus se fondre pour eux en un seul concept comme dans l'Antiquité classique... La guerre à laquelle nous ne voulions plus croire a éclaté et nous a apporté la déception. Elle n'est pas seulement plus sanglante et plus meurtrière que les guerres précédentes du fait des armes d'attaque et de défense extrêmement perfectionnées, elle est également au moins aussi cruelle, acharnée, impitoyable que n'importe quelle guerre d'autrefois. Elle ignore toutes les limites qu'on s'engage à respecter en temps de paix, qu'on a qualifiées de droit international, ne reconnaît pas les prérogatives des blessés et du médecin, la distinction entre la population civile et celle qui combat, le droit à la propriété privée. Elle abat tout ce qui lui barre la route, dans une rage aveugle, comme si après elle il ne devait plus exister d'avenir ni de paix parmi les hommes. Elle détruit tous les liens qu'avaient en commun les peuples en lutte les uns contre les autres et menace de laisser derrière elle une rancœur qui empêchera pendant longtemps de renouer de tels liens... »

Vient ensuite une attaque directe de la politique et des politiciens qui envoient leurs peuples se faire tuer au combat : « L'État qui fait la guerre [...] n'a pas seulement recours à la ruse autorisée mais aussi au mensonge conscient et dupe volontairement l'ennemi et ce, dans une mesure qui semble dépasser tout ce qu'on connaissait jusqu'à présent. »

Freud décela aussi des corrélations entre la guerre et les découvertes de la psychanalyse : pour lui, les maladies mentales et les perversions représentaient une régression — constante ou momentanée — au stade des civilisations primitives, le cas échéant à la petite enfance de l'individu : « Sans aucun doute, estimait-il alors, les influences de la guerre font elles aussi partie des puissances susceptibles de générer une telle régression, c'est pourquoi nous ne pouvons nier que tous ceux qui se comportent actuellement de façon très peu culturelle possèdent toutefois une culture et nous sommes en droit d'espérer que la purification de leurs instincts se rétablira en des temps plus paisibles. » L'expérience psychanalytique permettait « de voir tous les jours que les êtres les plus perspicaces se comportent soudain sottement comme des faibles d'esprit dès que l'intelligence de mise se heurte en eux à une résistance affective, mais qu'ils retrouvent toute leur raison lorsque cette résistance est surmontée ». La guerre signifie à ses yeux le retour aux instincts sanguinaires des peuples primitifs. « C'est précisément l'accent mis sur ce commandement : Tu ne tueras point, qui nous donne la certitude que nous descendons d'une longue suite de générations qui, comme nous aujourd'hui peut-être, avaient des instincts de meurtre dans le sang. »

Malgré de graves difficultés d'argent et la pénurie de papier, Freud réussit à sortir pendant toute la durée de la guerre ses deux revues *Imago* — où ce texte parut — et *la Revue internationale de psychanalyse*. Freud commença à souffrir de la prostate vers l'âge de soixante ans et, pendant la guerre, de rhumatismes, sans doute à cause des hivers très froids ; plus la guerre se prolongeait, plus l'approvisionnement en vivres et en combustibles devenait difficile. Durant la dernière année de la guerre, il était quasiment impossible de chauffer l'appartement de la Berggasse et Freud, assis à son bureau, tremblait souvent de froid.

Durant ces jours de profonde détresse, Freud écrivait à Ferenczi qui, après avoir été d'abord au front, fut envoyé plus tard comme médecin chef dans une clinique neurologique, à Budapest : « Curieusement, je me sens très bien en dépit de la situation et mon moral est parfait. La preuve qu'on n'a pas besoin de grandes motivations. » Puis il lui arriva de nouveau de « perdre le goût de vivre » et de traverser des périodes de profond accablement. La correspondance avec Ferenczi et Abraham révèle les fluctuations de ses états d'âme. Un jour, il prophétisa par superstition que sa vie s'arrêterait « environ vers février 1918 » puis, en revanche : « Vous constaterez bientôt que mon moral ne flanche pas. Je travaille de façon souveraine toute la journée avec neuf fous, je ne réussis guère à assouvir mon appétit... »

Il devint plus sombre la dernière année de guerre : « Ma mère a aujourd'hui quatre-vingt-trois ans et n'est plus très solide. Il m'arrive de penser que sa mort m'apporterait un peu plus de liberté car l'idée qu'on pourrait être obligé de lui annoncer ma mort a quelque chose d'effrayant. »

Son second fils, Oliver, un garçon de santé fragile, resta d'abord dans la vie civile et continua d'exercer son métier d'ingénieur du bâtiment, mais à la fin de la guerre on eut besoin de tous les hommes et il fut également incorporé. Durant toute la guerre, il se fit constamment du souci pour ses deux autres fils, les nouvelles mettant parfois des mois à parvenir à Vienne. Pendant l'été 1916,

Freud rencontra enfin Jean-Martin qui combattait dans les tranchées de Galicie et de Russie, puis Ernst, dont la compagnie avait échoué en Italie. « Je suis heureux de vous annoncer, écrit-il à Max Eitington, que mes deux fils nous ont retrouvés à Salzbourg pour une permission, tous les deux en bon état. Maintenant, ils sont de nouveau partis, l'un vers le nord, l'autre vers le sud, et nous n'avons pas encore reçu de nouvelles... »

Le fils de Victor Adler avait quelques années de plus que les enfants de Freud. Lorsque celui-ci s'était installé en septembre 1891 dans l'appartement et le cabinet d'Adler de la Berggasse, le petit Fritz qui avait alors douze ans continuait à faire des siennes dans l'enfilade des pièces jusqu'au déménagement de son père. Un demi-siècle s'était écoulé entre-temps, Fritz avait fait des études de physique et enseignait à l'université de Zurich. Revenu à Vienne en 1911 et devenu député de la « gauche », il avait quitté le Parlement dès le début des hostilités, pour protester contre la politique va-t'en de guerre de son parti.

Le même motif incita Friedrich Adler à se rendre le 21 octobre 1916 dans la salle à manger de l'élégant hôtel Meissl & Schadn sur le Neuer Markt du centre de Vienne pour s'installer à une table voisine de celle du président du Conseil Carl Comte Stürgkh. Il commença par déjeuner tranquillement. A 14 h 30, il se leva, se dirigea vers le chef du gouvernement impérial et royal, tira trois coups de feu dans sa direction et le tua. Friedrich Adler fut maîtrisé par le maître d'hôtel et un officier avant d'être arrêté, et condamné à mort par un tribunal spécial. Mais il fut gracié et simplement emprisonné. Enfin, en 1918, il fut amnistié.

Un mois jour pour jour après l'assassinat du président du Conseil — dernier coup du destin pour François-Joseph —, l'empereur mourut à l'âge de quatre-vingt-six ans. Bien que l'attitude de Freud envers les Habsbourg ne se fût en rien modifiée, il éprouvait pour le vieil empereur quelque chose qui ressemblait à du respect. Il l'avait toujours connu et personne ne pouvait imaginer un autre monarque pour ce mélange de populations tchèque, hongroise, roumaine, polonaise, ruthène, slovaque, serbo-croate, italienne et allemande, Freud pas plus que les autres.

Pas même Karl Renner qui, en novembre 1918 — la Première Guerre mondiale était enfin terminée et, après deux mois de règne, le jeune empereur Charles avait lui aussi abdiqué —, devint le premier Chancelier de la République. Renner dit à l'époque, après le changement de régime : « Eh bien, si le vieil empereur était encore là, nous n'aurions jamais osé faire cela. » La vieille monarchie était passée de 54 millions d'habitants à un État de 7 millions de citoyens. « C'est une époque de tensions terribles, écrivait Freud à Ferenczi, il est bon que les temps anciens meurent mais les temps nouveaux ne sont pas encore arrivés... Je ne verserai pas une larme sur le destin de l'Allemagne et de l'Autriche. »

Le 11 novembre — le jour où l'empereur Charles renonça « à toute participation aux affaires de l'État » —, Freud rédigea un mémorandum qui avait pour but d'inciter la population à la prudence : « L'Autriche-Hongrie n'existe plus. Je n'aimerais pas vivre ailleurs. Pour moi, il ne saurait être question d'émigrer. Je continuerai à vivre avec ce torse et m'imaginerai qu'il est le corps entier. » Sigmund Freud, qui avait découvert ce qu'est le refoulement, ne trouva à l'époque pas d'autre issue que de le pratiquer lui aussi.

Peu de temps auparavant, il avait invité Ernst Lothar, qui avait autrefois accompagné sa mère jusqu'à la Berggasse et avait publié entre-temps un essai sur le psychanalyste, à lui rendre visite « si le cœur vous en dit ».

Le moment était venu, le futur metteur en scène et directeur du théâtre de Josefstadt eut le cœur de poser à Freud cette question : « Comment peut-on vivre sans le pays pour lequel on a vécu ? » La réponse de Freud fut celle-ci : « A un certain moment, tout être adulte est orphelin. Vous dites que ce pays n'existe plus ? Peut-être le pays que vous évoquez n'a-t-il jamais existé et nous sommes-nous fait des illusions. L'obligation de se faire des illusions est également une donnée biologique. A un certain moment on découvre, par exemple, qu'un être dont on est proche n'est pas ce que l'on croyait voir en lui. On se raconte des histoires... J'ai comme vous un penchant irrépressible pour Vienne et l'Autriche, bien que j'en connaisse les abîmes. »

Les fils de Freud rentrèrent sains et saufs de la guerre. Alors qu'ils étaient partis se battre pour une puissance mondiale, ils revinrent dans une insignifiante « République dont personne ne voulait ». Est-ce depuis ce petit État que les découvertes de Freud, si importantes pour l'humanité, devaient partir faire le tour de la terre ? Freud trouva une fois de plus suffisamment de raisons pour se résigner, l'œuvre de sa vie était détruite, livrée à l'oubli.

Mais il se trompait lourdement. Bien sûr, dans la petite Autriche et les autres États de la monarchie des Habsbourg, on s'intéressait peu à l'âme et à la science. Ce qui importait pour le moment, c'était de surmonter le prochain hiver. Mais, tandis qu'à cause de la guerre Freud était resté coupé de l'Angleterre et de l'Amérique, la psychanalyse avait soulevé une vague d'enthousiasme dans ces pays. Des psychanalystes comme Ernest Jones, Stanley Hall, James, J. Putnam et Abraham A. Brill avaient veillé à ce que le « Dr Freud, le psychanalyste de Vienne », devienne célèbre et même populaire.

Dans son appartement de la Berggasse, Freud avait faim et froid et grand fut son étonnement lorsque, dans les derniers jours de l'année 1918, il apprit qu'il était devenu célèbre dans le monde entier.

Et encore une « guerre »

Freud contre Wagner-Jauregg

Julius Wagner, chevalier de Jauregg, le seul psychiatre ayant jamais obtenu le prix Nobel, et Sigmund Freud, le « père de la psychanalyse », avaient beaucoup de points communs. Ils avaient à peu près le même âge, se connaissaient depuis le temps de leurs études, étaient devenus chargés de cours en même temps. Pourtant, des mondes séparaient ces deux grands médecins. Wagner-Jauregg était le chef de file de la « psychiatrie classique », tandis que Freud, en créant la psychanalyse, visait le contraire, c'est-à-dire l'abandon des vieilles pratiques médicales, la recherche de méthodes de traitement plus humaines.

Leurs carrières commencèrent à suivre des voies différentes lorsque Wagner-Jauregg, un an après avoir été nommé chargé de cours, devint maître de conférences de psychiatrie, à l'âge de trente-deux ans, tandis que Freud allait devoir attendre dix-sept ans avant d'être titularisé. Wagner-Jauregg, bientôt nommé professeur, faisait depuis longtemps partie des médecins établis alors que, dans la hiérarchie universitaire, Freud comptait toujours parmi les « jeunes ». En créant une psychologie nouvelle il avait sans aucun doute choisi la voie la plus difficile.

Telle était la situation lorsque le Pr. Wagner-Jauregg prit une initiative qui devait aboutir à la rupture entre les deux hommes. Quand les professeurs de la faculté de médecine eurent à nommer le 4 juin 1899 un « maître de conférences », Freud, alors chargé de cours, se porta candidat. Mais son camarade d'études et ami Wagner-Jauregg proposa Emil Redlich et fit à cette occasion des remarques négatives sur Freud, ainsi qu'on peut le lire dans le procès-verbal de la séance : « Le Dr Freud n'est que chargé de cours en neuro-pathologie et n'a jamais pratiqué la psychiatrie de façon plus approfondie. »

Non seulement les propos de Wagner-Jauregg ne pouvaient apparaître que comme une « déclaration de guerre », mais en plus ils étaient mensongers. Wagner-Jauregg savait parfaitement que quatre ans plus tôt Freud avait rédigé avec Breuer ses *Études sur l'hystérie*, se plaçant ainsi précisément dans le domaine de la psychiatrie. Cela valut sans aucun doute à Freud de devoir attendre encore trois ans avant d'être nommé maître de conférences.

A peine deux décennies plus tard, après l'effondrement de la monarchie, Wagner-Jauregg succéda à Richard von Krafft-Ebing comme chef de clinique en psychiatrie à l'Hôpital général. A cette époque, il comptait parmi les autorités médicales à l'Université alors que Freud, âgé de soixante-trois ans, connu dans le monde entier, restait à Vienne « maître de conférences titulaire ». Cela signifiait que les étudiants, ses patients et ses voisins de la Berggasse s'adressaient à lui en l'appelant Monsieur le Professeur, mais que, du point de vue universitaire, il faisait encore partie d'une catégorie inférieure.

Lorsqu'on envisagea enfin sa nomination comme professeur, Freud fut mis à la retraite. Il avait cessé son activité à l'université de Vienne après le semestre d'été de 1919 et, à partir de ce moment, il invita ses auditeurs à des conférences plus ou moins privées dans une salle du service de cardiologie de l'Hôpital général. Plus tard, ces locaux servirent également à cette fin à la Société viennoise de psychanalyse. Une commission eut de nouveau à décider d'accorder une éventuelle promotion à Freud. Et depuis peu Wagner-Jauregg en était président.

Il faut mettre au crédit de Wagner-Jauregg le fait qu'il se déclara cette fois en faveur de la nomination de Freud, il n'avait d'ailleurs pas vraiment le choix. Non seulement parce que le nom de Freud avait franchi les frontières mais aussi parce que le nouveau secrétaire d'État au ministère des Affaires étrangères, le Dr Otto Bauer, dont la sœur « Dora » avait été une des patientes de Freud au tournant du siècle, le souhaitait personnellement.

Wagner-Jauregg présenta donc le 6 juillet 1919 — qu'il le voulût ou non — une « expertise » dans laquelle il appuyait la nomination de Freud. Pour commencer, il ne tarit pas d'éloges sur le représentant d'une forme toute nouvelle de traitement psychiatrique. Entre les lignes, on trouve cependant des allusions cyniques aux théories de Freud « qui ont été violemment combattues sur de nombreux points », et plus loin Wagner-Jauregg se demande si « les enseignements de Freud devaient être maintenus sous leur forme radicale ou soumis à des restrictions au fur et à mesure de l'évolution scientifique ».

Après avoir évoqué tous les arguments pour et contre Freud, Wagner-Jauregg en vient tout de même à conclure qu'« on ne peut refuser de reconnaître ses réalisations, même si l'on représente des positions partiellement opposées ».

Vient ensuite le point sans doute le plus curieux dans l'appréciation de son adversaire Freud : « On ne peut considérer de ce fait qu'il serait prématuré de lui conférer le titre de professeur *Extra-Ordinarius*. Signé : Prof. Wagner-Jauregg. »

Wagner-Jauregg proposait donc d'accorder à Freud le titre de maître de conférences qu'il avait depuis dix-sept ans !

Si Freud avait demandé à Wagner-Jauregg de lui fournir une preuve pour sa thèse sur les actes manqués de l'homme, son adversaire n'aurait pas pu lui en livrer de meilleure. Il s'agit, bien sûr, d'une erreur d'écriture qui fut d'ailleurs très soigneusement corrigée par les services du doyen, avec une encre différente. Mais le cas reste une curiosité dans les annales de la médecine : l'acte manqué de Wagner cache le désir évident de ne pas donner à Freud le titre de professeur.

Malgré tous les obstacles Freud fut nommé professeur le 7 janvier 1920 avec une importante majorité, les motifs ne mentionnent cependant nulle part la psychanalyse mais uniquement le livre sur l'hystérie publié en commun avec Breuer, publié vingt-cinq ans plus tôt. La nomination n'était qu'une formalité honorifique.

La même année encore, Freud fut en mesure de prendre sa revanche sur toutes les humiliations que lui avait fait subir Wagner-Jauregg au long de sa carrière. Mais ce ne fut pas une vengeance médiocre, Freud sut au contraire faire preuve de magnanimité. L'affaire dans laquelle était impliqué Wagner-Jauregg, nommé entre-temps conseiller à la Cour, présentait des aspects on ne peut plus déplaisants. La Première Guerre mondiale avait fait en tout 10 millions de victimes, l'Autriche à elle seule eut à déplorer 1,2 million de morts et près de 4 millions de blessés. Le neveu de Freud, Hermann Graf — fils de sa sœur préférée Rosa —, était tombé sur le front italien, et son gendre Max Halberstadt avait été blessé en France.

Des veuves désespérées avec leurs enfants orphelins exigeaient qu'on condamnât les responsables de ces massacres qui les avaient privées de leurs plus proches parents. Si bien que quelques semaines après la fin de la guerre, l'Assemblée nationale promulgua une « loi en vue d'établir les méfaits commis par des organes militaires pendant la guerre et les poursuites à engager ». Une commission de personnalités de premier plan fut chargée d'enquêter sur le degré de culpabilité des officiers, fonctionnaires, médecins et autres personnes ayant participé à la guerre.

Julius Wagner-Jauregg faisait partie de cette commission d'enquête sur les crimes de guerre. Mais, peu de temps après sa nomination dans cette commission, le célèbre médecin se trouva lui-même sous le feu croisé de la critique : du jour au lendemain, le juge devint l'accusé.

Ce fut un article paru le 11 décembre 1918 dans le journal *Der freie Soldat* qui déclencha l'affaire Wagner-Jauregg. Il avait pour titre « La torture par l'électricité » et contenait de graves accusations, dirigées surtout contre Wagner. Dans la clinique de ce dernier auraient été traités par des méthodes criminelles des milliers de soldats souffrant de ce qu'on appelait des « névroses de guerre » — donc d'une maladie psychique qui, dans certains cas, provoquait une paralysie complète sur le champ de bataille. Chez Wagner-Jauregg, ces victimes pitoyables auraient été soumises à une cure de nature très spéciale, pouvait-on lire dans cet article. « Comme une guérison radicale demandait beaucoup de temps, beaucoup d'efforts et de bons soins, mais que les respectables responsables militaires estimaient que tout cela n'était pas nécessaire pour de "simples" soldats, des médecins complaisants inventèrent une méthode permettant aux services de neurologie de se débarrasser en un temps étonnamment court de leurs patients. On faisait circuler dans le corps de ceux que la guerre avait rendus nerveux du courant électrique et cela leur imposait de telles souffrances qu'un grand nombre d'entre eux moururent au cours du traitement, mais que la plupart prirent la fuite pour échapper à cette torture, sans être guéris naturellement. Car, ainsi que l'expliquèrent à plusieurs reprises et publiquement d'éminents neurologues, la torture par le courant fort ne procure aucune guérison. Pendant la guerre, se sont particulièrement distingués dans ce domaine la clinique Wagner-Jauregg à Vienne, et un service neurologique de l'hôpital militaire de Grinzing. Plus d'un patient de ces infâmes hôpitaux a choisi le suicide. Il faudrait régler sévèrement leur compte à ces médecins. »

Peu de temps après, un ancien lieutenant qui avait fait la guerre

— Walter Kauders, à ne pas confondre avec Otto Kauders, élève et successeur de Wagner-Jauregg — mit à la disposition de la commission d'enquête désignée par le Parlement son journal de guerre qui confirmait les graves accusations formulées contre ce médecin célèbre. Et voici le chef de clinique Wagner-Jauregg accusé avec cinq autres psychiatres d'avoir participé à des crimes de guerre alors qu'il était médecin militaire. La commission consulta Freud et le psychiatre Emil Raimann en tant que médecins spécialistes, et Wagner-Jauregg démissionna de la commission.

Le récit du lieutenant Kauders précise qu'il fut lui-même soumis avec d'autres soldats souffrant de névrose de guerre à un traitement au courant fort qui provoqua des souffrances « qu'on ne saurait décrire à l'aide de mots ». Selon *Der freie Soldat*, « on soupçonne fortement que ces courants n'étaient absolument pas utilisés à des fins curatives mais uniquement pour torturer ». Kauders concluait qu'« on tentait simplement de torturer les patients afin d'obtenir de force qu'ils renoncent à ce qu'on appelait leurs simulations ». On pouvait de cette manière renvoyer au front de la « chair à canon » fraîche — quel que fût l'état de santé des soldats concernés. Le lieutenant Kauders avait été lui-même enfermé soixante-dix-sept jours dans une cellule de l'asile d'aliénés, tantôt avec des malades mentaux, tantôt dans un isolement complet.

Au cours de l'instruction préalable, Wagner-Jauregg se défendit en prétendant que Walter Kauders était un simulateur et s'« était réfugié dans la maladie » comme maint autre lâche. « Lorsque survint le chambardement politique, ils furent nombreux à s'enfuir de l'hôpital, soudain parfaitement capables de courir. » Le futur prix Nobel indiqua qu'il avait d'abord soigné les malades par une diète à base de lait avant d'appliquer le *traitement faradique*, qui était un « traitement bien connu (électrique) d'états hystériques ». Le plus souvent, il avait obtenu de rapides succès. L'« entrée en scène » de Freud, très remarquée, devant la commission d'enquête se fit le matin du 15 octobre 1920. L'heure de la confrontation des adversaires avait sonné. Mais cette fois, Freud se trouvait dans une situation nettement plus favorable.

Dans l'euphorie patriotique des premiers jours, Freud lui-même avait refusé d'aider les névrosés à se « défiler » devant l'ennemi, mais très vite il s'était montré plus généreux pour établir des certificats d'inaptitude au service.

Deux ans après la fin de la guerre, Freud comprit qu'il avait à présent l'occasion, devant la commission d'enquête, de procéder d'abord à une comparaison détaillée entre son traitement psychanalytique et le traitement « électrique » de celui qu'il appela son « ami Wagner-Jauregg » et de l'école classique de Vienne.

Il introduisit son exposé d'expertise en constatant simplement que « Wagner-Jauregg donne un peu trop de champ à la simulation. « J'aurais quant à moi vu dans bien des cas moins de simulation et plus de névrose, mais ce n'est pas là une différence de principe... Tous ces névrosés étaient à notre sens des gens qui fuyaient la guerre. Le nombre de ceux qui se sont fait porter malades doit être infime... Mais il est exact aussi que nous avions une armée nationale, qu'un homme était obligé d'aller se battre, qu'on ne lui demandait pas s'il avait envie d'y aller, et il fallait donc s'attendre à ce que ces hommes soient tentés de fuir. Les médecins se virent donc confier en quelque sorte le rôle de la mitrailleuse, le rôle qui consistait à refouler les fuyards vers le front... Le médecin doit être avant tout l'avocat du malade, pas celui d'un autre. »

D'une seule phrase, Freud souligna ce qui différenciait d'un point de vue humanitaire sa doctrine de celle de Wagner-Jauregg : « Tous les névrosés sont des simulateurs, ils simulent sans le savoir et c'est cela leur maladie. » Suit une attaque directe contre Wagner-Jauregg : « Son point de vue prouve qu'il est un mauvais psychologue et qu'il a tendance à voir partout des simulateurs, et c'est cela que j'ai reproché au Pr Wagner. Tous parlent de simulation et sont toujours prêts à trouver des simulateurs. »

Il serait beaucoup plus juste de reconnaître qu'il s'agissait effectivement de névrosés ou de personnes qu'on soupçonnait d'être des névrosés. Suivit une sorte de défense et illustration de la psychanalyse : « Les (patients) sont examinés à l'aide de tous les moyens, mais le principal moyen à l'aide duquel il faudrait les examiner n'est pas employé. C'est exactement comme si on examinait quelqu'un qui déclare être sourd à l'aide de tous les moyens, mais sans examiner ses oreilles. Il ne pense pas à l'examen psychologique. Or, les médecins n'ont pas reçu un enseignement suffisant à ce sujet, ils croient avoir fait tout leur possible lorsqu'ils examinent dans tous les sens et ils ne voient pas qu'ils ont omis l'examen psychologique ; et vous, messieurs, vous pouvez constater les conséquences, la sanction de cette omission. Le malade ne se sent pas compris et c'est ainsi que surgissent des différends... Si on soumettait ces malades à un examen psychologique, de telles accusations n'existeraient pas. »

Enfin, il conclut qu'on aurait dû avoir recours à la psychanalyse :

« Je pense donc que les raisons sont à rechercher partiellement chez le conseiller Wagner. Cela tient au fait qu'il ne s'est pas servi de ma thérapie. Je ne lui demande pas de savoir le faire, je ne peux pas lui demander cela, il faut dire que mes élèves ne le savent pas davantage. »

Après avoir relevé ces différences fondamentales entre les deux doctrines, Freud eut la loyauté de souligner l'intégrité personnelle de son adversaire. « Bien que je n'aie pas été au courant de tout ce qui se passait à Vienne, je suis néanmoins convaincu que les personnes accusées comme Monsieur le conseiller Wagner, que je connais personnellement depuis trente-cinq ans et dont je sais qu'il est animé de sentiments humanitaires lorsqu'il soigne ses malades, ne sauraient être rangées parmi les criminels. »

Lorsque le président demanda si Wagner-Jauregg s'était rendu coupable de faute professionnelle, Freud répondit nettement : « Il ne saurait être question de ce dernier cas qui impliquerait une infraction à son devoir. Il s'agit d'une affaire interne à la science qui doit décider dans quelle mesure le traitement psychanalytique se justifie à propos de tels malades. Il n'est pas accepté par tous. Je n'en ai pas voulu à mon ami Wagner de ne pas l'avoir choisi. Je n'ai jamais estimé que les malades devaient être obligatoirement traités ainsi. » On peut exclure avec une certitude absolue que Wagner-Jauregg ait eu l'intention de torturer les malades. Freud, il est vrai, récusait les traitements par l'électricité, mais selon lui on ne pouvait estimer qu'ils avaient été préjudiciables aux malades.

On sentit souvent de la complaisance dans les paroles concilian-tes de Freud, car le traitement des névroses de guerre n'avait pas été particulièrement humain. Malgré ces déclarations indulgentes, la commission d'enquête ne fut que l'arène où se déroula le combat de la psychanalyse contre la psychiatrie classique, entre les deux écoles psychiatriques de Vienne — l'école « conservatrice » de Wagner-Jauregg et la psychanalyse « progressiste » de Freud.

WAGNER-JAUREGG : En ce qui concerne la psychanalyse, je voudrais préciser que ce traitement demande souvent un temps qu'on ne peut prévoir et que, de ce fait, une telle méthode ne peut être appliquée en temps de guerre...

PRÉSIDENT : Le traitement préconisé par le Dr Freud est un traite-ment obligatoirement individuel.

FREUD : Mais il a été appliqué même pendant la guerre.

WAGNER-JAUREGG : Seulement dans certains cas.

FREUD : Dans de très nombreux cas. Mais la durée du traitement a été réduite grâce à l'hypnose. Il a sans doute coûté beaucoup d'efforts mais il a été efficace dans des cas particulièrement difficiles.

PRÉSIDENT : Ce sont là des questions à résoudre dans l'avenir. La science décidera laquelle des deux opinions est juste.

Or, entre-temps, la science a « décidé » — et se trouve aujourd'hui avec une écrasante majorité du côté des découvertes de Freud. Si Wagner-Jauregg, à l'occasion de la nomination de Freud comme professeur, s'est demandé si ses enseignements trouveraient une application dans l'avenir, par cette remarque, il a déprécié lui-même son apport aux générations à venir. Car, tandis que l'importance de Freud à l'approche du xxI^e siècle n'a en rien reculé et continue à progresser, l'œuvre de Wagner-Jauregg — sans pour autant vouloir réduire son importance scientifique — est depuis longtemps dépassée, depuis des décennies ses méthodes ne sont plus appliquées. Il a réussi, grâce au « vaccin contre la malaria », à guérir le stade final de la syphilis — cette paralysie progressive, terrible maladie mentale qui a anéanti des hommes tels que Nietzsche et Hugo Wolf. Cela lui a valu le prix Nobel de médecine en 1927 mais la découverte de la pénicilline par Alexander Fleming a rendu cette méthode superflue : la paralysie progressive n'a plus le temps de se développer, la syphilis peut être guérie avant.

Revenons à l'année 1920, époque à laquelle Wagner-Jauregg était au cœur d'une procédure spectaculaire. Elle fut stoppée avant d'arriver dans le prétoire car, après le témoignage de Freud qui le déchargeait, la commission estima qu'il n'y avait pas motif de porter plainte. Le Dr Löffler, président, souligna le fait qu'il n'y avait aucune preuve attestant qu'à la suite d'un traitement appliqué par le Dr Wagner-Jauregg des patients seraient morts ou se seraient donné la mort.

Pour Wagner-Jauregg, le fait d'être soupçonné d'avoir participé à des crimes de guerre était la seconde affaire à sensation de sa carrière par ailleurs si brillante. La première affaire qui l'avait fait connaître n'avait pas été plus agréable. En 1895, Wagner-Jauregg avait demandé à la direction de la police de Vienne l'autorisation de faire interner dans une institution un comédien très populaire, Alexander Girardi, sous prétexte qu'il « avait l'esprit dérangé et constituait un danger public ». A la suite d'une expertise médicale effectuée plus tard à la demande de l'empereur François-Joseph, il apparut que Wagner-Jauregg n'avait jamais vu personnellement le « patient », donc qu'il ne l'avait pas examiné. C'était la femme de Girardi, Hélène Odilon, elle aussi comédienne et populaire, qui avait demandé ce « service » à Wagner-Jauregg afin d'accélérer son divorce. A cette occasion, l'empereur avait modifié la procédure : depuis l'instauration de la loi Girardi, personne ne peut plus être interné dans une institution à la demande du psychiatre désigné par la partie adverse, mais uniquement par un médecin spécialiste indépendant, nommé par le tribunal.

Bien que Freud eût contribué à éviter un procès à l'un de ses adversaires scientifiques les plus connus, Wagner-Jauregg ne lui pardonna jamais les paroles qu'il prononça lors de l'instruction préliminaire. Dans ses Mémoires, il se contenta de déclarer laconiquement : « Freud présenta une expertise sur mes méthodes, dont les termes m'étaient très défavorables. »

Wagner-Jauregg ne se contenta pas de bloquer la carrière universitaire de Freud, il s'opposa aussi à un autre « révolutionnaire » : lorsque Alfred Adler présenta sa thèse, Wagner-Jauregg se chargea de la faire refuser. « A la faculté, on était d'avis », semble penser le psychiatre Erwin Ringel, « que la psychologie des profondeurs n'avait rien à voir avec la médecine et on prétendit ne pas vouloir répéter l'inadvertance qui empêcha d'entraver à temps la carrière universitaire de Freud ».

« *Je n'ai jamais vécu quelque chose d'aussi douloureux* »

Coups du destin

Lorsque Sigmund Freud était arrivé à Vienne à l'âge de quatre ans, son demi-frère Emanuel, de vingt-quatre ans son aîné, s'était établi à Manchester avec sa femme et ses enfants John et Pauline. Au début de novembre 1914, Emmanuel, âgé de quatre-vingt-deux ans, trouva la mort dans un accident de chemin de fer. L'annonce de la mort de ce demi-frère qu'il aimait réveilla en Freud des souvenirs de son enfance et le bouleversa profondément.

S'il avait eu jadis la conviction qu'il mourrait jeune, il ressentit comme un fardeau le fait d'être apparemment destiné à atteindre un grand âge. Dans les derniers jours de la guerre, il avait annoncé, très pessimiste, à son ami Abraham qu'il devait s'attendre à vivre vieux, ce qu'en ce monde il ne considérait pas comme un grand privilège : « Mon père a vécu jusqu'à l'âge de quatre-vingt un ans et demi, mon frère aîné est devenu tout aussi vieux, tristes perspectives. »

Et pourtant rien ne lui permettait de pressentir à l'époque que les coups les plus durs restaient encore à venir. La tragédie tout à fait personnelle de Freud vieillissant est quasiment comparable à celle du vieil empereur. En l'espace de quelques années, le destin le frappa plusieurs fois cruellement. Il perdit une fille et un petit-enfant et dut aussi déplorer la mort de deux de ses compagnons de lutte les plus loyaux et les plus proches. Pour finir, Freud apprit qu'il avait un cancer. Et malade, il dut encore prendre le chemin de l'émigration. Les quinze dernières années de cette vie si remplie devaient être marquées de souffrances inimaginables.

Sophie, sa seconde fille, mourut brutalement en 1920, à l'âge de vingt-six ans. Elle vivait heureuse à Hambourg avec son mari, le

211

photographe Max Halberstadt, et leurs deux petits enfants quand elle attrapa la grippe asiatique qui sévissait là. Lorsque Freud apprit qu'elle était malade, il voulut se rendre auprès de sa fille, si jolie qu'il l'appelait son « enfant bénie des dieux », mais en cet après-guerre les trains ne circulaient toujours pas entre Vienne et l'Allemagne. Freud et son épouse ne purent même pas se rendre à l'enterrement de leur fille. Leurs fils Oliver et Ernst partirent de Berlin lorsqu'ils furent informés de l'état critique dans lequel se trouvait leur sœur, mais ils arrivèrent trop tard pour la revoir en vie.

Profondément bouleversé, Freud écrit à Ferenczi : « Pendant des années je m'étais préparé à la mort de mes fils, et voici qu'elle frappe ma fille ; comme je suis totalement incroyant, je ne peux accuser personne et je sais qu'il n'y a pas de lieu où porter plainte... Tout au fond de moi-même, je ne peux m'empêcher d'éprouver le sentiment d'une profonde offense narcissique. Le bouleversement de ma femme et d'Annerl a quelque chose de plus humain. »

Le fils de Sophie, Heinz, joliment appelé Heinele, avait juste treize mois lorsque sa mère mourut. Quand, l'été suivant, le trafic ferroviaire fut enfin rétabli, Freud rendit visite à son gendre et à ses deux petits-enfants. Ernest, âgé de six ans, resta auprès de son père, et Freud emmena Heinele à Vienne où il vécut dans la famille de Mathilde, la fille aînée de Freud. Mais trois ans plus tard, « Heinele » mourut lui aussi de méningite tuberculeuse.

Alors que Freud avait encore tenté de cacher à son entourage tout signe de faiblesse après la perte de sa fille, il fut incapable cette fois de refouler ses émotions, ce fut la première et la seule fois où l'on vit le grand homme verser des larmes. « Heinele était un bambin délicieux, confia-t-il dans une lettre aux Levy, un couple ami, je n'ai sans doute jamais aimé un être humain, sûrement jamais un enfant, autant que lui. Il était malheureusement très fragile, jamais à l'abri d'une fièvre, un de ces enfants dont l'évolution de l'esprit se fait au détriment du développement physique... Je supporte si mal cette perte, je crois que je n'ai jamais vécu quelque chose d'aussi douloureux... Peut-être ma propre maladie accroît-elle mon bouleversement. Je fais mon travail par nécessité, au fond de moi-même je n'ai plus de goût à rien. »

Freud mentionne ici la catastrophe suivante, survenue presque en même temps, et dont les médecins connaissaient certes déjà l'importance même s'ils l'avaient dissimulée à leur éminent confrère. Il apprit toute la vérité deux mois après la mort de son petit-fils.

Mais entre-temps, Anton von Freund, le grand bienfaiteur de la psychanalyse, était mort lui aussi et bientôt Freud dut affronter la nouvelle de la mort de Karl Abraham.

Karl Abraham, qui vivait à Berlin, avait succédé à C.G. Jung en 1914 comme président de la Société internationale de psychanalyse et il l'était resté, avec quelques interruptions toutefois. Il n'avait que quarante-huit ans et, pour Freud, « la perte d'Abraham fut peut-être la plus grande perte qui puisse nous frapper » ; dans sa nécrologie, il dit de lui ce qu'il ne pouvait dire que de très peu de personnes : « La confiance absolue qu'il m'inspirait, à moi comme à tous les autres, me donnait un sentiment de sécurité. »

C'est précisément en cette période où le quittent tant d'êtres proches que Freud apprend la menace qui pèse sur sa propre vie. En novembre 1917, à une époque de pénurie de tabac causée par la guerre, il avait déjà averti son collaborateur Ferenczi : « Hier, j'avais fumé mon dernier cigare, et depuis j'étais de mauvaise humeur et fatigué, avec des battements de cœur et un accroissement de l'enflure douloureuse de mon palais depuis ces jours maigres (carcinome ? etc.). C'est alors qu'un patient m'apporta cinquante cigares, j'en allumai un, me sentis rasséréné et l'affection de mon palais diminua rapidement ! Je ne l'aurais pas cru si cela n'avait pas été aussi spectaculaire. »

Freud avait pressenti, mais refusé d'admettre, que l'épaississement de la cavité buccale était le stade préliminaire d'un cancer. Pendant cinq ans la maladie n'évolua pas, « par bonheur » la fin de la guerre lui permit de trouver à nouveau ses cigares préférés. Comme il ne souffrait pas, il ne se soumit à aucun examen médical, le sujet se laissait brillamment « refouler ». Mais en février 1923, Freud découvrit une nouvelle tumeur dans la cavité buccale, à la base de l'os palatin droit avant. Lorsque, au cours des semaines, l'enflure progressa, Freud consulta son médecin de famille, le Dr Maxime Steiner, qui fit venir le Dr Felix Deutsch, spécialiste de médecine interne. Les deux médecins reconnurent aussitôt la gravité de la tumeur mais n'eurent pas le courage de dire la vérité à leur patient âgé de soixante-sept ans. Freud souffrait d'un cancer de la mâchoire. Prudemment, ils lui dirent qu'il ne s'agissait que d'un épaississement sans gravité dû à la forte consommation de cigares et ils lui conseillèrent de se rendre à l'hôpital pour une « petite intervention ». Comme il ne fallait pas inquiéter Freud, il fut admis le 20 avril 1923 dans le service d'oto-rhino-laryngologie. Pour lui épargner tout soupçon, il fut accueilli au dispensaire et non au bloc opératoire. Freud n'avait pas emporté d'objets personnels, il pensait rentrer chez lui dans la Berggasse toute proche tout de suite après la petite intervention.

Cette feinte de ses deux médecins, aussi bien intentionnée que dangereuse, faillit lui coûter la vie. Il allait en tout cas découvrir lui-même les conditions scandaleuses dans lesquelles fonctionnait à l'époque l'Hôpital général où il avait travaillé comme jeune médecin.

Sauvé par un nain

Diagnostic : cancer de la mâchoire

L E professeur Markus Hajek, directeur de l'Institut d'oto-rhino-laryngologie, reçut son éminent confrère dans les locaux du dispensaire de sa clinique. Chez lui, Freud, pour ne pas inquiéter sa famille, avait annoncé qu'il partait faire une promenade. Vers midi, Martha et Anna Freud reçurent un coup de téléphone les priant de venir immédiatement à l'Hôpital général, des complications imprévues étant survenues.

Quand les deux femmes, surprises par cette nouvelle, arrivèrent à l'hôpital, elles n'en crurent pas leurs yeux. Elles trouvèrent l'époux et le père bien-aimé couvert de sang et tout seul sur une chaise de cuisine de la clinique, aucun médecin, aucune infirmière n'avait pris soin de lui lorsque après l'intervention du professeur Hajek, Freud avait été pris de saignements. A la demande pressante d'Anna, le patient traité avec si peu d'égards fut soigné sommairement et emmené dans une petite pièce pour qu'il se remette. Il fut allongé sur un lit de camp. Sur un second lit de camp était couché un nain, un malade mental. La situation était plutôt grotesque mais elle a sans doute sauvé la vie à Freud.

Car, alors que les deux dames voulaient rester à l'hôpital pendant les heures de midi, elles furent renvoyées avec rudesse par l'infirmière du service, les « visites étant rigoureusement interdites à ces heures ». « Ne vous inquiétez pas, leur dit-on sur un ton rassurant, il n'arrivera rien, nous nous occuperons de Monsieur le Professeur. » Deux heures plus tard, les deux femmes revinrent à la clinique Hajek et on leur raconta les scènes scandaleuses qui s'étaient déroulées pendant leur absence. Une nouvelle hémorragie extrêmement abondante s'était produite et Freud avait actionné la sonnette au-dessus de son lit. Mais la sonnette ne fonctionnait pas, et Freud était trop faible pour se lever ou appeler à l'aide. Le nain couché à côté de lui avait alors agi en véritable ange sauveur. Il avait prévenu une infirmière qui eut quelque difficulté à arrêter l'hémorragie. Si ce voisin ne jouissant pas de toutes ses facultés avait attendu un peu plus, Freud aurait certainement perdu tout son sang.

Le patient souffrait terriblement et il était si affaibli par l'opération et l'hémorragie qu'Anna Freud refusa de laisser son père seul. Elle avait, bien sûr, perdu toute confiance dans le personnel de l'hôpital. Mais le pire restait encore à venir.

L'état de Freud empira de façon inquiétante durant la nuit suivante, si bien qu'Anna Freud, qui était restée dans la chambre de son père, pria une infirmière de réveiller le médecin de service. Mais celui-ci refusa de se rendre auprès du patient et se recoucha, mécontent d'avoir été dérangé. Comme par miracle, Freud survécut également à ce flagrant exemple de manque de conscience professionnelle.

Le comble, c'est que l'« opération, ainsi que cela fut bientôt évident, avait été insuffisante », écrit le pathologiste viennois Hans Bankl dans son enquête intitulée *Les Causes réelles de leur mort — maladie et mort de personnalités historiques*. On peut y lire que « cela n'avait rien de surprenant pour une opération préparée et réalisée avec tant de légèreté. La raison pour laquelle le Dr Hajek se contenta d'une excision locale, qui ne pouvait empêcher le cancer de se propager, était sans doute qu'il considérait le cas comme désespéré et ne fit son intervention que pour la forme. Mais le fait que Hajek exécuta l'opération au dispensaire et pas même dans la salle d'opération, puis laissa Freud sans les soins qui s'imposaient, est incompréhensible et impardonnable, même si le patient n'avait pas été une personnalité mondialement connue et lui-même médecin et membre de la faculté de médecine ».

Le lendemain de l'opération, le professeur Hajek présenta fièrement son patient à ses étudiants, puis on permit à Freud de rentrer chez lui. Il est probable qu'il demanda lui-même à sortir — dans sa famille, il serait certainement aussi bien soigné que dans cette clinique universitaire connue dans le monde entier. A partir de ce jour et jusqu'à sa mort, Freud fut soigné par sa fille Anna, il ne toléra personne d'autre pour le soigner.

L'examen du tissu prélevé révéla comme prévu un carcinome. Freud dut aller faire une radiographie chez le Dr Guido Holzknecht, ce médecin qui devait connaître lui-même un destin bouleversant :

lui qui précisément avait découvert que la « plombogummite » pouvait seule protéger contre l'effet des rayons, mourut des lésions que ces rayons mêmes infligèrent à son organisme.

Nous savons aujourd'hui que le traitement par rayons auquel fut soumis Freud était extrêmement douloureux et inutile. Non seulement ils n'avaient aucun effet sur le cancer dont il souffrait, mais en plus ils endommageaient les tissus.

Bien que cette première opération de la mâchoire — il allait en subir trente-trois — eût beaucoup affaibli Freud, il insista pour passer les mois d'été comme il l'avait projeté. Pour commencer, une cure à Gastein, puis ce fut le voyage vers l'Italie du Nord, à Lavarone, et enfin à Rome pour montrer la ville à sa fille Anna qui en rêvait depuis toujours.

Anna avait insisté pour que le Dr Deutsch les accompagne à Gastein et plus tard à Lavarone. Après examen, il découvrit une nouvelle tumeur. Une fois de plus on dissimula à Freud la gravité de la situation, de plus, le médecin — pour ne pas perturber les vacances — lui cacha qu'une opération radicale s'imposerait à l'automne. Plusieurs amis, parmi lesquels Ferenczi, Jones et Eitington, étaient venus à Lavarone rendre visite à Freud et apprirent au cours d'une « réunion secrète » ce qu'il en était pour leur vénéré maître. Seul Otto Rank avait été informé auparavant de la gravité de l'état de Freud.

Otto Rank, qui avait perdu tant d'amis — à la suite de décès ou de ruptures —, était à cette époque l'intime de Freud, il l'acceptait et l'aimait d'une affection toute filiale. Freud, de son côté, voyait en lui son digne successeur et un guide pour le mouvement psychanalytique qui avait pris une importance internationale. Rank, alors âgé de trente-trois ans, avait déjà un passé impressionnant. Né à Vienne, fils d'alcoolique, il était d'abord devenu mécanicien. Comme il était physiquement trop faible pour ce métier, il avait travaillé comme employé de bureau et, sous l'influence de Freud, il s'était mis à écrire. En 1905, Alfred Adler avait réuni les deux hommes. Freud s'en souvint plus tard : « Un jour, un jeune élève d'une école professionnelle qui avait terminé sa scolarité arriva chez nous avec un manuscrit qui laissait deviner une extraordinaire compréhension. Nous l'incitâmes à rattraper les études secondaires, à s'inscrire à l'université et à se consacrer aux applications non médicales de la psychanalyse. » Otto Rank réussit effectivement son examen de fin d'études, étudia la philosophie et passa son doctorat en 1912. Il devint secrétaire de la Société de psychanalyse et publia de nombreux travaux avant de devenir l'éditeur de la *Revue internationale de psychanalyse* à la veille de la Première Guerre mondiale et, avec le juriste Hanns Sachs, celui de la revue *Imago*. Après l'effondrement de la monarchie, Rank écrivit aussi pour les éditions de psychanalyse de Freud. Plus tard il allait, il est vrai, prendre ses distances avec la psychanalyse, ce qui fut à l'origine de son divorce, sa femme, psychanalyste pour enfants, voulait au contraire rester fidèle à la doctrine de Freud.

Mais en ce dur été de 1923, Otto Rank est encore l'élève préféré de Freud. Sur son séjour dans la ville éternelle — le dernier —, Freud écrivit encore à Eitington : « Rome était très belle, en particulier durant les deux premières semaines, avant que ne souffle le sirocco et que mes douleurs n'augmentent. Anna a été magnifique, elle a tout compris et tout apprécié, et j'étais très fier d'elle. »

A Rome, il reçut une coupure de presse que lui avait envoyée de Chicago un partisan plein de tact : « Le professeur Freud est en train de mourir doucement, y lisait-on, il aurait mis fin à ses activités et les aurait confiées à son "fils spirituel" Otto Rank. » Freud commenta : « C'est très instructif de voir comment naissent les rumeurs, on ne peut pas dire que c'est entièrement inventé, cela me rassure car la mort n'existe pas, seul ce qui est mauvais peut mourir. »

Quelques jours plus tard, de retour à Vienne, tout était prêt pour une nouvelle opération. A la demande de Deutsch, le célèbre chirurgien de la mâchoire Hans Pichler avait été appelé en consultation, il dut constater avec Hajek que la tumeur avait proliféré. Elle avait atteint le palais, la mâchoire supérieure, la muqueuse des joues, la langue et la mâchoire inférieure. Début octobre, le professeur Pichler effectua l'opération en deux temps. Après les deux interventions qui durèrent des heures et que le patient subit courageusement sous anesthésie locale, Freud resta des jours sans pouvoir parler et dut aussi s'alimenter artificiellement.

Une opération aussi complète était chose si nouvelle et inhabituelle que Pichler, avant même d'oser approcher Freud, expérimenta l'intervention sur un cadavre afin de vérifier si elle était techniquement possible. Le professeur Pichler se révéla un remarquable chirurgien, il soigna Freud jusqu'à la fin de sa vie et vint même lui rendre visite à Londres.

C'est à Pichler que nous devons l'histoire exacte de la maladie de Freud. Le père du chirurgien avait inventé une variante du système sténographique de Gabelsberg que le Pr Pichler utilisait pour prendre des notes. Après la mort de Pichler en 1949, une seule personne, sa vieille secrétaire, fut capable de les déchiffrer. Max Schur, le médecin personnel de Freud, réussit à la retrouver et lui fit transcrire le compte rendu de la maladie.

Lors de la première grande opération au sanatorium d'Auersberg, Pichler retira des parties des mâchoires supérieure et inférieure, du palais, de la muqueuse des joues et de la langue. A la fin du mois d'octobre le malade put quitter la clinique mais un nouvel examen révéla aussitôt la présence d'autres tissus cancéreux. Pichler opéra une nouvelle fois, retira des parties importantes des os de la mâchoire, ce qui, pour un temps, élimina effectivement le premier carcinome.

A partir de ce moment, la vie ne fut plus qu'une longue torture. Après qu'on eut fabriqué plusieurs modèles expérimentaux de prothèse, on posa à Freud un dentier beaucoup trop grand qu'il qualifia lui-même de « monstre ». La prothèse remplissait tout l'espace des mâchoires et lui causa jusqu'à la fin de sa vie d'effroyables douleurs. Pour rendre les choses encore plus difficiles, on ne l'autorisa pas à retirer cet énorme dentier afin de se reposer quelque peu, car les tissus cicatrisants auraient pu en souffir. Par la suite, toutes les tentatives pour élaborer une prothèse plus supportable échouèrent.

Freud ne pouvait manger, boire et parler qu'au prix d'énormes efforts. Et fumer également ! Même après ces tortures, Freud ne parvint pas à se déshabituer de sa drogue, la nicotine, qui avait vraisemblablement tout déclenché, il continua comme par le passé à déguster ses cigares. Quelques mois après l'intervention, le Dr Deutsch décida de ne plus conseiller Freud car il avait l'impression de ne plus jouir de la confiance absolue de son patient. Freud lui en voulait de ne pas l'avoir informé dès le début du sérieux de la situation. Mais les deux médecins restèrent amis.

Freud n'eut pas de médecin personnel pendant cinq ans. A partir de 1929, c'est le Dr Max Schur, âgé seulement de trente-deux ans, qui se chargea de cette tâche. Freud prévint Schur, qui avait suivi chez lui les cours d'introduction à la psychanalyse, qu'il comptait sur lui pour toujours lui dire la vérité. Puis il dit à son nouveau médecin — qui devait le soigner de façon exemplaire jusqu'à sa fin : « Quand nous en serons là, ne me faites pas souffrir inutilement. »

« Tout cela, raconte le Dr Schur dans ses souvenirs sur Freud, il me le dit très simplement, sans la moindre nuance de pathos, mais d'un ton très déterminé. » Après que Schur eut pratiquement promis à son patient qu'en cas de nécessité il abrégerait ses souffrances à l'aide de médicaments, les deux hommes se serrèrent la main. Puis Freud le pria — comme il l'avait toujours fait — de ne pas le traiter en confrère, mais de lui facturer intégralement ses honoraires. Lorsqu'ils lui paraissaient trop peu élevés, il lui renvoyait la facture, blessé, et menaçait même malicieusement de faire convoquer le « délinquant » devant un tribunal arbitral de l'ordre des médecins afin qu'il ait à répondre de son comportement contraire aux règles de la profession.

Cet esprit sarcastique, qu'il conserva jusqu'à la fin, ne put cependant tromper son entourage sur les tortures qui, au fil des années, devinrent de plus en plus effroyables.

« Ce qui fait encore le bonheur de ma vie, c'est Anna »

Femmes autour de Freud

DANS son journal, Arthur Schnitzler a noté le 19 décembre 1923 : « Courses en ville, rencontré le Pr Freud accompagné de sa femme et de sa fille ; il parle avec difficulté depuis son opération. »

Anna, la fille cadette de Freud, ne quitta guère son père pendant ces jours difficiles, elle lui consacra sa vie. Personne ne fut aussi proche de Freud, tant sur le plan humain que pour tout ce qui concernait le mouvement psychanalytique. Elle était devenue infirmière, secrétaire et, en public, une sorte de « représentante ». Dans les congrès de psychanalyse, elle lisait les discours rédigés par Freud, recevait les marques d'honneur qui étaient destinées à son père et l'aidait dans tous les domaines de son activité scientifique.

En mars 1923, quelques jours avant la première opération, alors qu'elle ignorait encore ce qui allait fondre sur la famille, elle s'était installée dans une pièce voisine du cabinet de son père pour y procéder à l'analyse de ses propres patients — sans avoir fait d'études de médecine. Son père avait toujours milité pour l'« analyse profane », pour que des non-médecins puissent devenir analystes. Il lui paraissait même dangereux de « laisser la psychanalyse exclusivement entre les mains de médecins, car la formation médicale est souvent la cause d'inhibitions chez le psychanalyste ».

Après son baccalauréat, Anna Freud était devenue institutrice et avait enseigné ensuite au Cottage Lyceum où elle avait été élève. Pendant la Première Guerre mondiale, elle commença à s'intéresser à la psychanalyse, elle suivit les cours de son père et il l'autorisa à accompagner de nombreuses visites à la clinique Wagner-Jauregg, afin qu'elle acquière ainsi des connaissances de base en médecine.

Peu avant la fin de la guerre, elle se rendit avec Freud au

5e Congrès de psychanalyse à Budapest. Quelques années plus tard, son père, afin de marquer son appartenance au cercle le plus étroit de ses amis et collaborateurs, lui passa une bague au doigt : il existait sept bagues de cette sorte, et celui qui la portait faisait partie de ce qu'on appelait le « comité », un groupe très limité de disciples. Faisaient partie de ce comité fondé en 1913 Abraham, Ferenczi, Jones, Rank, Eitington et Hanns Sachs. Le groupe désigné expressément comme « société secrète » avait pour mission — après la rupture avec Adler, Stekel et Jung — de protéger Freud contre toutes les attaques du dehors pour qu'il puisse travailler en paix au développement de la doctrine psychanalytique.

Anna se révéla un membre digne de ce cercle étroit du mouvement psychanalytique, elle ajouta même au cours de sa vie aux découvertes de son père un domaine entièrement nouveau. Elle inaugura la psychanalyse des enfants, traita les enfants et les adolescents névrosés, et consacra à cette tâche de nombreux ouvrages à forte orientation pédagogique. Mais elle fit toujours remarquer que l'histoire de la psychanalyse enfantine avait en fait commencé bien plus tôt, lors du traitement du « petit Hans ».

Pendant trois ans, de 1918 à 1921, Anna a suivi une analyse avec son père. Cette analyse « didactique » des jeunes thérapeutes débutants est devenue obligatoire au milieu des années vingt, car on partait de l'idée que personne n'était exempt de névroses. Le psychanalyste, avant d'avoir l'autorisation d'exercer, devait donc d'abord se libérer de ses propres complexes et résistances intérieures.

Anna raconta certains de ses rêves dans des lettres. Du fait qu'il était le centre absolu de sa vie, Freud et le souci qu'elle se faisait pour lui jouaient un grand rôle dans ce qu'elle appelait sa « vie nocturne ». C'est ainsi qu'au cours de 1919, elle raconte un rêve où une femme qu'ils connaissaient tous deux avait loué un appartement dans la maison en face, au n° 20 de la Berggasse, afin de pouvoir, de là, tirer sur son père. Une autre fois elle rêva : « Tu es un roi et moi une princesse, et quelqu'un tente de nous séparer par des intrigues politiques. »

Freud regrettait beaucoup qu'Anna fût le seul de ses enfants non marié. Les soupirants ne manquaient pas, mais il y avait deux raisons à ce célibat. D'abord, ce père qu'elle adorait et qu'elle voyait toujours et qu'aucun autre ne savait « égaler », ce que Freud qualifia de « complexe du père ». Par ailleurs, elle avait, comme Freud le confia à Eitington, « une soif compréhensible d'amitiés fémini-nes... »

L'analyse de sa propre fille fut sans aucun doute une entreprise problématique. La difficulté résidait surtout dans l'importante pro-jection de sentiments sur l'analyste de la part d'une personne aussi proche (« transfert ») et l'analyse du rapport au propre père qui, dans ce cas très spécial, était le thérapeute. Malgré cela, Freud écrivit plus tard à Edoardo Weiss, le fondateur de la Société de psychanalyse italienne, que le traitement de « sa propre fille avait bien réussi ».

Freud était très fier de sa fille, ainsi qu'il le dit dans une lettre à Lou Andreas-Salomé : « Ce qui fait encore le bonheur de ma vie s'appelle Anna. On peut être surpris de l'influence et de l'autorité qu'elle a acquises parmi tous les analystes... Surprenant aussi avec quelle rigueur, quelle clarté et quelle sûreté elle domine son sujet, vraiment indépendamment de moi. Vous aurez du plaisir à lire ses prochains écrits. Elle me cause, bien sûr, maints soucis, elle cherche trop la difficulté, que fera-t-elle lorsqu'elle m'aura perdu, vivra-t-elle dans l'austérité et l'ascétisme ? »

Parmi ses premiers petits patients, Anna eut quatre enfants américains qui vivaient avec leur mère en Autriche : Dorothy Burlingham, fille du célèbre joaillier new-yorkais Tiffany, s'était installée à Vienne en 1925 après l'échec de son mariage et avait commencé une analyse avec Sigmund Freud. Elle établit bientôt des liens amicaux avec la famille Freud, et elle s'entendait particuliè-rement bien avec Anna qui avait à peu près le même âge qu'elle. Mrs Burlingham loua un appartement situé au-dessus de l'apparte-ment des Freud et fit suivre à ses enfants — âgés de sept à douze ans — une cure chez Anna.

Pour les enfants et petits-enfants de Freud, ces nouveaux amis semblaient venir d'une autre planète. Dans la Berggasse, on avait l'habitude de mener une vie bourgeoise, mais modeste et ascétique, un peu à l'ancienne mode. Comme tout était organisé conformé-ment aux vœux du patriarche, le style des temps nouveaux n'avait même pas effleuré les membres plus jeunes de la famille, on vivait toujours comme au tournant du siècle. Grâce aux Burlingham, on découvrit la vie moderne non conventionnelle des « années fol-les » : les enfants Burlingham débordaient d'enthousiasme pour les films de Walt Disney qu'on passait à l'aide d'un projecteur actionné à la main, ils faisaient du sport, prenaient des photos de la famille, utilisaient de la crème dentifrice et non de la poudre, portaient des pyjamas au lieu de chemises de nuit. Dorothy conduisait une Ford-T et emmenait ses enfants et les enfants Freud à l'Opéra et au théâtre. De même que les Freud s'enthousiasmaient pour le style de vie américain des très riches Burlingham, de même ceux-ci étaient fascinés par l'ambiance impériale et royale dans laquelle vivait cette vieille famille autrichienne.

Comme elle ne trouvait pas d'école à son goût pour ses enfants, la dynamique et joyeuse Dorothy Burlingham fonda avec l'appui de Sigmund et d'Anna un institut d'enseignement où se déroulèrent bientôt d'intéressantes expériences pédagogiques. L'école privée située Wattmanngasse, à Hitezing, accueillit également les petits-enfants de Freud, comme le raconte Ernst Freud : « Nulle part ailleurs on n'enseignait avec autant de finesse, d'intuition, de compréhension et d'ouverture d'esprit ; les conceptions psychana-lytiques ont certainement été décisives de ce point de vue. Nous ne recevions ni "enseignement" ni "éducation", mais on nous donnait la possibilité de nous familiariser par nous-mêmes avec un savoir fascinant. C'était une sorte de "self service des connaissances". » Plus tard, Dorothy Burlingham et Anna Freud dirigèrent le jardin d'enfants Montessori.

Ensemble, les deux femmes achetèrent également une ferme à Hochrotherd, près de Vienne, destinée à servir de résidence de vacances et Freud y passa bien des week-ends. Il annonça cette merveille dans une lettre à Arnold Zweig : « D'où je vous écris ? D'une petite ferme sise sur le flanc d'une colline à quarante-cinq minutes de voiture de la Berggasse, que ma fille et son amie américaine (c'est elle qui possède l'auto) ont achetée ensemble pour en faire une villa de week-end. » C'est Dorothy Burlingham qui offrit à Freud deux chiens chows-chows qu'il adorait. Lün et Tatoo jouissaient de l'extraordinaire privilège de rester assis aux pieds de Freud pendant les analyses. « Je préfère la compagnie des animaux à celle des hommes, disait-il dès qu'il fut propriétaire de chiens, un animal sauvage est cruel, c'est vrai. Mais la vulgarité est une prérogative de l'homme civilisé. »

A côté de Martha, Anna, Dorothy Burlingham et Lou Andreas-Salomé, une autre femme hors du commun joua un rôle détermi-nant dans la vie de Freud : Marie Bonaparte, princesse de Grèce et du Danemark, était née en 1882 à Paris, Arrière-petite-nièce de Napoléon, elle était mariée depuis 1907 avec le prince Georges, fils du roi de Grèce Georges Ier. Le prince et la princesse passaient pour être l'un des plus beaux couples de l'époque, ce qui n'empêcha pas Marie Bonaparte d'avoir de nombreuses liaisons, entre autres avec le président du Conseil Aristide Briand. Elle s'intéressa très tôt à la psychanalyse, fut présente en 1925 lors de la fondation de la Société française de psychanalyse, venait souvent à Vienne et entretint une correspondance ininterrompue avec Freud, qui répondait à ses témoignages de sympathie.

Marie Bonaparte avait perdu sa mère à l'âge de quatre ans et avait confié entre sept et dix ans à son journal intime les traumatismes liés à cette perte — ce journal devint un document important pour la psychanalyse. A l'âge de la puberté, elle avait été victime d'un chantage de la part du secrétaire corse de son père qui avait découvert quelques lettres d'amour écrites de sa main. Dans sa publication intitulée *Les Hommes que j'ai aimés*, elle revient sur cet épisode. Lorsqu'elle s'annonça dans le milieu des années vingt pour entreprendre une analyse avec Freud, celui-ci resta d'abord réservé parce qu'il pensait qu'il s'agissait là du « caprice à la mode d'une femme du monde », mais elle fut très vite son élève préférée. « La princesse », comme il l'appelait, était une femme très déterminée et d'une grande énergie. Elle traduisit certains travaux de Freud en France et publia quelques écrits psychanalytiques — dont une étude imposante sur Edgar Allan Poe dont Freud écrivit la préface. Contrairement à Freud qui admirait Napoléon, elle éprouvait plutôt de l'indifférence pour son ancêtre.

Dorothy Burlingham et Marie Bonaparte apprirent et exercèrent toutes deux la psychanalyse. La princesse de Grèce, grâce à son statut diplomatique, put aider plus tard Freud à quitter l'Autriche pour l'Angleterre. Dorothy Burlingham accompagna Freud dans l'exil et vécut avec la famille jusqu'à sa mort. L'entrain que l'Américaine et ses enfants avaient apporté à la Berggasse rendit sans aucun doute moins douloureuses l'émigration du couple Freud et la vie dans un monde nouveau.

La psychanalyse en chinois

« L'homme aux loups » se présente

FREUD maîtrisa de façon surprenante son cruel destin. L'homme qui, dans sa jeunesse, avait souffert de tant de névroses et d'angoisses de mort faisait preuve à présent d'une énergie quasi surhumaine et d'une tenace volonté de vivre. Le 2 janvier 1924, il reprit ses consultations, recevant chaque jour six patients. Sa voix et son élocution s'étaient modifiées au point que ses visiteurs et malades éprouvaient des difficultés à le comprendre. Et comme, à la suite de son opération, il entendait mal de l'oreille droite, puis plus tard n'entendit plus du tout, il fallut déplacer le divan, le bureau et le fauteuil du médecin afin qu'il puisse tendre son oreille gauche en direction des patients. Il affirmait qu'il n'était plus le même et décrivit ainsi l'état nouveau qui était le sien : « Il conviendrait de renoncer au travail et aux diverses tâches, et d'attendre, dans un coin calme, la fin naturelle. Quelque chose d'ailleurs ne cesse de me tourmenter. Il paraît si simple de remplacer une mâchoire par une prothèse pour que tout soit de nouveau en ordre, mais la prothèse elle-même n'est jamais en ordre, les expériences qui cherchent à l'améliorer ne sont jamais terminées... Je suis naturellement en mesure de mâcher et d'avaler, mais mes repas ne souffrent pas de spectateurs. »

Son petit-fils Ernest, qui avait rejoint la famille après la mort précoce de sa mère, se souvient : « Les repas se distinguaient du déroulement du reste de la journée par le fait même que grand-père y assistait. Le repas avait une structure et un rituel. La table était parfaitement dressée, et les plats se succédaient comme il se devait. Il était important que ce qu'on présentait fût de qualité et, quand cela ne convenait pas aux adultes, les critiques ne manquaient pas. La soupe était toujours brûlante et on veillait à ne servir grand-père que lorsqu'elle s'était déjà un peu refroidie. La viande ne devait pas être dure, naturellement, c'est-à-dire facile à mâcher pour grand-père... Même lorsqu'il souffrait ou était pressé, il avait l'air calme. Je ne me souviens pas de l'avoir vu fâché ou en colère. Bien qu'on pût voir qu'il souffrait, on n'avait jamais le sentiment qu'il voulait qu'on s'apitoie. » Il était évident que tous se préoccupaient de l'état de santé du chef de la famille.

Deux ans après la première intervention chirurgicale, Freud fut pris d'une faiblesse cardiaque et se rendit au Cottage Sanatorium de la Sternwartestrasse pour se reposer, dans le voisinage immédiat de la maison d'Arthur Schnitzler. Ce séjour favorisa de nouveau les relations entre les deux hommes. Freud engagea le contact en lui écrivant une lettre dans laquelle il associait voisinage et proximité spirituelle : « Très cher, je n'ai jamais été aussi près de vous. J'habite dans le sanatorium de votre rue et soigne mon cœur, comme le recommandent les médecins, mais d'un point de vue subjectif je me sens très bien. » Schnitzler vint deux fois lui rendre visite et raconta à son « double » qu'il était en train de travailler à sa nouvelle sur le rêve — œuvre sans aucun doute due à l'influence de Freud. Des phrases comme celle-ci : « Et aucun rêve n'est qu'un rêve », ou : « On ne sait que plus tard, bien plus tard, si on a vécu quelque chose ou si on l'a simplement rêvé » correspondent tout à fait aux interprétations de Freud.

Une fois de plus, Freud prouva combien il pouvait être productif dans les jours difficiles et que la faiblesse de son corps n'avait aucune répercussion sur sa production intellectuelle. Dans les jours qui précédèrent son opération, sortit son important ouvrage, *Le Moi et le Ça*, terminé peu de temps auparavant, puis, l'année suivante, *Inhibitions, symptôme et angoisse* ainsi que *Ma vie et la psychanalyse*, ouvrage auquel il donna le titre d'*Écrits sur l'histoire de la psychanalyse*. Malgré les conditions épuisantes dans lesquelles il vivait, il écrivit aussi de nombreux articles et essais. Et sa vie continua d'ailleurs de se dérouler comme avant les graves coups du destin, extérieurement à peine différente. Avec le temps, il retrouva son cynisme, parlant bientôt de son « cher vieux carcinome » et déclarant à la princesse Marie Bonaparte que ce n'était vraiment pas de chance de souffrir du cancer *(Krebs)* quand on aimait comme lui les crabes (le même mot en allemand : *Krebs)*.

Le Moi et le Ça devait bientôt constituer l'un des piliers de la théorie freudienne, car Freud y met en évidence le modèle structurel de la personnalité humaine qu'il divise en trois parties : la psyché du nouveau-né se limitant au *ça* pulsionnel auquel le nourrisson est totalement soumis. Pour assurer sa survie, le petit enfant développe une base opérationnelle d'action efficace et réfléchie, que Freud appelle le *moi*. Une troisième instance psychique vient s'ajouter plus tard : le *surmoi*, notre conscience morale. Freud qualifie de sublimation la transformation de nos pulsions primitives en actes socialement acceptables. Le *moi* est le médiateur entre le *ça* pulsionnel, le *surmoi* moral et le monde extérieur. Cette médiation présente un grand risque : celui de réprimer totalement nos pulsions. Le refoulement des deux pulsions — éros et agressivité — a pour conséquence l'apparition de maladies psychiques. Freud trouva le but d'une vie saine et morale exprimé dans cette phrase devenue classique depuis bien longtemps : « Où était *ça* doit être *moi*. »

Tandis que Freud développe ce modèle structurel de l'homme et que sa tragédie personnelle suit son cours, la catastrophe politique fond sur l'Europe. L'Allemagne et le petit État qu'est devenue l'Autriche ne peuvent s'accommoder de la nouvelle situation que leur a imposée la défaite. Le président du Conseil français Georges Clemenceau déclare : « Ce qui reste, c'est l'Autriche », à Versailles et à Saint-Germain on décide du paiement aux alliés d'importantes réparations. Les deux pays ne savent pas comment lutter contre le chômage et l'inflation. Au premier congrès du parti national-socialiste, Hitler incite à annuler le traité de paix. « Je suis nul en politique », avoua Freud en 1926 à son ami Max Eastman. Et en effet, le père de la psychanalyse, nullement apolitique en elle-même, ne se distinguait pas précisément par la solidité de ses orientations politiques. Même si après avoir d'abord sympathisé avec le mouvement étudiant national-allemand il l'avait bientôt quitté, dans les années vingt il se sentait plutôt proche des sociaux-démocrates ; n'avaient-ils pas été les seuls qui, de toute sa vie, n'avaient pas ignoré son existence dans sa ville ? Un an après le début de son cancer, le maire socialiste Karl Seitz le nomma « citoyen de Vienne », ce que Freud commenta d'un ton sarcastique : « L'idée que l'anniversaire tout proche de mes soixante-huit ans pourrait être le dernier a dû s'imposer à d'autres encore, car la ville de Vienne s'est hâtée de m'accorder l'honneur de sa citoyenneté qu'il faut d'habitude attendre pour le soixante-dixième anniversaire. »
Avant les élections au Conseil national, en 1927, Freud signa un

manifeste électoral en faveur du parti social-démocrate — sur la même liste figuraient des personnalités comme Alfred Adler, les compositeurs Wilhelm Kienzl et Anton von Webern, le chansonnier Fritz Grünbaum, l'acteur Josef Jarno, les écrivains Franz Werfel, Alfred Polgar et Robert Musil. Alors que Freud estimait à l'époque que la social-démocratie était la seule force susceptible de faire barrage au fascisme qui montait, il se rapprocha quelques années plus tard de l'« autre camp ».

A cette époque, il est célèbre dans le monde entier. A New York, on joue dans les années vingt une version d'*Hamlet* qui s'appuie sur une interprétation psychanalytique, ses œuvres sont déjà traduites en anglais, français, hollandais, suédois, espagnol, russe, tchèque, hongrois, japonais, même en chinois, et transcrites en braille. Pour ce qui est du chinois, il se demanda si on comprendrait mieux la psychanalyse en chinois qu'en allemand.

Plusieurs publications dirigées contre Freud ont en effet déjà montré qu'on ne la comprenait pas toujours en allemand. C'est ainsi qu'à la fin des années vingt, le père Wilhelm Schmidt milite de façon constante contre Freud à Vienne. Le théologien prétend, par exemple, que « l'Union soviétique a déjà concrétisé le pire » : les bolcheviques ont découvert le complexe d'Œdipe mis au jour par Freud, ils ont aboli les « derniers liens familiaux, vraiment les tout derniers, et les interdits pesant sur les relations sexuelles sans restriction, de sorte que les mariages entre frère et sœur, voire entre parents et enfants sont admis ».

Et c'est Freud qu'on rend responsable de tout cela.

En août 1931, un numéro des *Süddeutsche Monatshefte* est consacré à Freud et porte ce titre significatif : « Contre la psychanalyse ». Sa doctrine, peut-on lire là, agit « sur les patients, voire sur l'humanité entière en empoisonnant les rares relations humaines que cette humanité considère encore comme sacrées ». En dehors de l'espace linguistique allemand, les adversaires de Freud commencent aussi à se regrouper. Un professeur américain du nom de C. Clemen rejette « la voie de la psychanalyse comme une fausse voie », et en Angleterre s'élève la voix de W.H. Rivers qui estime que le « pansexualisme de l'école de Freud apporte plutôt une contribution à la pornographie qu'à la médecine ».

La réputation internationale de Freud attire les reporters du

monde entier qui font le voyage jusqu'à Vienne pour interviewer
« ce grand vieillard ». Le journaliste français Raymond Recouly
décrit ainsi Freud dans *Le Temps* : « Nous découvrons un homme
au type juif très marqué, le portrait d'un vieux rabbin qui vient
d'arriver de Palestine, le visage maigre et émacié de quelqu'un qui
a passé ses jours et ses nuits à discuter des finesses de la Loi avec
ses disciples initiés. On sent chez lui une intense activité cérébrale
et le pouvoir de jouer avec les idées comme le fait un Oriental avec
les perles d'ambre de son chapelet. Lorsqu'il parle de sa doctrine,
de ses élèves, il le fait avec un mélange de fierté et de réserve, mais
c'est la fierté qui domine. »

Même si sa renommée croissante après toutes ses années d'isolement et de mépris ne pouvait que le flatter, Freud tentait d'éviter
tout culte de la personnalité et repoussa la plupart des demandes
d'interview. Billy Wilder, le grand metteur en scène de Hollywood,
ne fut pas le dernier à essuyer un refus. A Los Angeles, il m'a raconté
l'histoire suivante : il travaillait à l'époque comme jeune reporter au
quotidien viennois *Die Stunde* et avait été chargé par son rédacteur
en chef de faire pour l'édition de Noël des « enquêtes auprès de
personnalités ». Des contemporains célèbres devaient dire ce qu'ils
pensaient du « fascisme », au premier plan de l'actualité après la
« marche sur Rome » de Mussolini et la chute du gouvernement
italien. « Je n'avais qu'une journée pour mes interviews, se souvient
Wilder, et ce jour-là je me suis rendu chez Richard Strauss,
Schnitzler, Alfred Adler et Freud. Et c'est chez Freud que m'attendait
le plus bel épisode. Une fois arrivé dans son appartement de la
Berggasse, j'ai donné à la bonne ma carte où était écrit : "Billie S.
Wilder, reporter de *Die Stunde*". La bonne m'a dit que monsieur le
professeur était en train de déjeuner. Je l'ai priée de m'annoncer
quand même. Tandis que je patientais au salon, j'ai entrevu par une
porte le bureau avec le célèbre divan recouvert d'un tapis turc. Peu
de temps après, Freud est sorti de la salle à manger, la serviette
encore autour du cou, il a regardé ma carte et m'a dit : "Vous êtes
monsieur Wilder ?" J'ai répondu : "Oui, Monsieur le Professeur."
Alors, il a demandé : "Vous êtes à *Die Stunde* ?", j'ai répété : "Oui,
Monsieur le Professeur." Là-dessus, il a dit : "La porte est là-bas !" Il
m'a jeté dehors parce qu'il ne pouvait pas souffrir les reporters. »

La journaliste française Odette Pannetier devait savoir que Freud
détestait les journalistes, car elle eut recours à une ruse : elle
prétendit souffrir de la phobie des chiens. Afin d'être crédible,
Mme Pannetier présenta même la lettre de recommandation d'un

psychiatre français. Freud reçut la jeune femme mais découvrit sans doute très vite la comédie, ainsi qu'il ressort de l'article qu'elle publia sous le titre de « Visite au Professeur Freud ». La journaliste décrit le savant comme un vieux monsieur malade mais charmant et bon, qui « ne prit pas trop au sérieux » sa phobie et lui recommanda, pour commencer, de prier son mari de venir de Paris. Puis il lui dit ce que coûterait le traitement et les difficultés qu'elle aurait à surmonter. « Je lui tendis une enveloppe. Son comportement me parut plus amical que professionnel. Mais il prit l'enveloppe. »

En 1926, ce fut une « vieille connaissance » qui s'annonça chez Freud, un homme qui était entré depuis longtemps dans l'histoire de la psychanalyse. Le Dr Sergueï P., un aristocrate russe, avait été avant la Première Guerre mondiale pendant quatre ans un patient de la Berggasse et ensuite, il était devenu célèbre sous le pseudonyme de « l'homme aux loups ». Ce fils d'un riche propriétaire foncier d'Odessa était venu chez Freud sur le conseil d'un psychiatre russe qui n'avait pas réussi à soigner les graves névroses obsessionnelles de Sergueï.

Sur le divan de Freud, « l'homme aux loups » décrivit l'atmosphère dans laquelle s'était déroulée son enfance plus qu'extraordinaire. Sa mère avait des tendances à l'hypocondrie, son père était dépressif, un de ses oncles souffrait de paranoïa. Le grand-père, personnage qu'on aurait cru sorti des *Frères Karamazov*, disputait sa fiancée à son petit-fils, la grand-mère s'était donné la mort, comme la sœur de Sergueï, qui l'avait séduit avant de se suicider. Lorsqu'à l'âge de seize ans, Sergueï avait contracté une blennorragie après un contact intime avec une prostituée, il était tombé dans une dépression à peine supportable. Soudain, il avait été totalement incapable de faire quoi que ce fût, il ne pouvait même plus s'habiller ni se déshabiller seul ou se débrouiller dans les choses les plus simples de la vie quotidienne. Il souffrait de plus de graves troubles intestinaux et il était naturellement incapable d'avoir des contacts avec les femmes.

« Totalement dépendant et incapable de vivre », ainsi que Freud décrit ce patient plus tard dans son *Histoire d'une névrose infantile*, il était envoyé d'un médecin à l'autre. Sergueï se rend à Saint-Pétersbourg et Munich, séjourne dans différents sanatoriums, est soigné par d'éminents médecins (dont certains ont déjà soigné ses parents) par hypnose et électrochocs — mais il n'y a aucune amélioration.

La première visite de Serguï à Freud remontait à 1910, il avait alors vingt-trois ans. Le patient « écouta, comprit et resta inaccessible. Son intelligence sans faille était comme coupée par des énergies pulsionnelles. Il fallut une longue éducation pour l'amener à participer au travail thérapeutique en toute indépendance. »

Freud réussit enfin à obtenir de Serguï le récit d'un rêve dans lequel il vit la cause de sa névrose — et auquel « l'homme aux loups » doit son pseudonyme, devenu célèbre par la suite. C'est un rêve que fit le patient à l'âge de quatre ans : « Soudain la fenêtre s'ouvre d'elle-même et je vois avec terreur que, sur le grand noyer devant la fenêtre, sont assis deux loups blancs qui ressemblent plutôt à des renards ou à des chiens bergers car ils ont de grandes queues comme les renards et leurs oreilles sont dressées comme celles de chiens à l'affût. Terrifié sans doute à l'idée que les loups allaient me manger, j'ai poussé des cris et me suis réveillé. »

L'analyse de Freud montre que derrière ce rêve se dissimule un événement remontant plus loin encore dans l'enfance. Serguï avait attrapé la malaria à l'âge d'un an et demi et avait passé la nuit dans la chambre de ses parents au lieu de rester auprès de sa nurse comme d'habitude. Il avait été « témoin alors d'un triple coïtus a tergo » au cours duquel il avait pu voir « le sexe de la mère comme celui du père ». Les loups blancs rappellent le linge blanc que portaient les parents dans cette relation sexuelle qualifiée par Freud de « scène primitive », et qui avait eu pour conséquences de graves fantasmes de castration. Une fois encore, Freud conclut qu'il était sans importance que le patient ait réellement vu la scène ou l'ait simplement imaginée.

Après une analyse qui dura quatre ans et demanda beaucoup d'efforts — Serguï passa en effet tous les jours une heure sur le divan de Freud —, ses souvenirs d'enfance étaient devenus conscients et il put repartir, entièrement guéri.

Lorsque l'Armée Rouge entra à Odessa et réquisitionna toutes les propriétés, châteaux et terres de sa famille, Serguï se trouvait justement en route pour Vienne, où Freud lui conseilla un nouveau traitement parce qu'il restait un petit secteur à analyser. Après la Révolution, l'aristocrate se retrouva ruiné et ne put rentrer dans son pays. Freud le soigna non seulement gratuitement mais pendant six ans il l'aida financièrement et organisa une collecte parmi ses confrères afin d'assurer la survie de cet émigrant qui s'était marié entre-temps et était devenu docteur en droit.

Lorsque, en 1926, Sergueï revint, souffrant de nouveaux symptômes, Freud ne se sentit pas assez solide pour une nouvelle analyse et l'adressa à son élève, le Dr Ruth Mack-Brunswick, qui aida P. à parvenir à une guérison définitive.

Depuis 1918, « l'homme aux loups » vivait à Vienne, mais là encore les coups du destin n'allaient pas l'épargner. Sa femme avait perdu très tôt sa petite fille et, quelques jours après l'entrée des troupes hitlériennes à Vienne, en mars 1938, elle se donna la mort. Sergueï P. mourut en mai 1979 à l'âge de quatre-vingt-douze ans dans un foyer de vieillards à Vienne.

« Cher Monsieur Freud !
— Cher Monsieur Einstein ! »

Deux génies ne trouvent rien à répondre

AprÈs son *Léonard de Vinci*, Freud fit également des portraits psychanalytiques de Michel-Ange et de Goethe. Le 28 août 1930, anniversaire du « prince des poètes », Freud reçut le prix Goethe de la ville de Francfort. C'est Anna Freud qui alla recevoir cette distinction car « lui-même était trop fragile pour une telle entreprise ». Freud qualifia ce prix d'« apogée de sa vie de citoyen ».

Alors qu'il tenait à faire le portrait de personnalités historiques, lui-même refusa toute publication de sa propre biographie. Après que Fritz Wittels eut publié en 1923, sans son autorisation, sa première biographie, Freud resta sur sa réserve, estimant que « l'opinion publique n'avait aucun droit sur [sa] personne ». Stefan Zweig, qui comptait parmi les correspondants les plus importants de Freud, consacra au « fondateur d'une science de la sexualité devenue désormais indispensable » un chapitre de son livre *La Guérison par l'esprit*, paru en 1931. Freud reconnut que Zweig avait décelé le plus important, « c'est-à-dire que lorsqu'il s'agit de réaliser quelque chose, cela ne dépend pas tant de l'intellect que du caractère ». Ce qu'il lui reprocha en revanche c'est d'« insister trop sur mon côté correct petit-bourgeois ; le bonhomme est tout de même un peu plus compliqué... Le café-théâtre m'a appris que le format impose à l'artiste des simplifications et des omissions, mais il en résulte souvent un tableau erroné ». Lorsque Arnold Zweig projeta plus tard de publier une étude comparative sur Nietzsche et Freud, ce dernier protesta vivement. Aussi le projet fut-il abandonné, mais l'amitié n'en subit aucun contrecoup.

C'est une amitié toute différente qui se développa entre les deux hommes qu'on considérait comme les « deux juifs les plus importants de l'époque » : Freud avait rencontré Einstein une première fois à Noël 1926, à Berlin, pour un café et une causerie de deux heures, et l'avait ensuite jugé ainsi : « Il est gai, sûr de lui et aimable, il comprend autant la psychologie que moi la physique, si bien que nous avons très bien su parler ensemble. » Là-dessus, tous deux furent invités en 1932 par la Société des Nations à engager par écrit un débat qui fut publié sous le titre : *Pourquoi la guerre ?* Cette question resta sans réponse, il est vrai, mais, après s'être simplement salués l'un l'autre : « Cher Monsieur Freud ! — Cher Monsieur Einstein ! », ils se plongèrent dans des discussions académiques qui, nous le savons, ne purent éviter le pire. « Nous devons vacciner nos enfants contre le militarisme en les élevant dans un esprit pacifiste », recommanda Einstein, qui mit aussi en garde contre les abus des autorités étatiques et, tout à fait en accord avec la défunte Bertha von Suttner, proclama : « Je ne suis pas seulement un pacifiste, je suis un pacifiste militant. Je veux combattre pour la paix. Rien n'empêchera les guerres si les hommes ne décident pas d'eux-mêmes de refuser le service militaire. » Freud expliqua ce qu'était l'« instinct de mort » mais estima par ailleurs qu'on n'aboutirait pas à grand-chose « si, pour des tâches pratiques urgentes, on fait appel au théoricien sans expérience du monde... La situation idéale serait naturellement une société humaine qui aurait soumis la vie de ses instincts à la dictature de la raison, mais c'est là sans doute un espoir utopique. Mieux vaut affronter chaque cas particulier de danger avec les moyens qu'on a sous la main à ce moment-là ».

Mais on n'avait pas de moyens sous la main, comme on allait le découvrir bientôt.

Le 30 janvier 1933 à Berlin, Hitler devient chancelier du Reich. Les nazis jettent les écrits de Freud — à cause de la manière dont il surestime la vie des instincts, « un péril pour l'âme » — au bûcher. Freud commente cet acte en ces termes : « Que de progrès chez eux ! Au Moyen Age, c'est moi qu'ils auraient brûlé, aujourd'hui ils se contentent de brûler mes livres. » En Autriche, le Parlement est écarté, le chancelier Dollfuss érige l'Etat corporatif autoritaire et interdit le parti national-socialiste. Freud espère encore en l'efficacité de cette mesure et pense que l'Anschluss est impossible, d'autant que la France et ses alliés ne l'admettraient pas. De plus, les Autrichiens « n'apprécient guère la brutalité allemande ». La persécution légale des juifs, pensait-il en toute bonne foi, « aurait aussitôt pour conséquence l'intervention de la Société des Nations ».

En février 1934 éclatent en Autriche des conflits sanglants entre l'Alliance défensive socialiste, d'un côté, et la Garde civique et l'exécutif de l'autre. Le parti social-démocrate est également dissous, le maire, Karl Seitz, est arrêté dans sa mairie, Otto Bauer se réfugie en Tchécoslovaquie. La guerre civile entraîne la mort de centaines de personnes, neuf membres de l'Alliance défensive sont condamnés conformément à la loi martiale, et exécutés. En juillet, Engelbert Dollfuss est assassiné à la chancellerie lors d'une tentative de putsch.

Quelques jours après les troubles de février, Freud écrit à Arnold Zweig : « Notre petite guerre civile a été bien pénible. On ne pouvait aller dans la rue sans passeport, l'électricité a été coupée plus d'un jour, l'idée qu'on pouvait manquer d'eau n'avait rien de rassurant. »

Freud qui, quelques années auparavant, votait encore pour les socialistes, devait être mal à l'aise en considérant, à l'époque de l'austrofascisme, Dollfuss puis son successeur Schuschnigg comme l'incarnation d'un dernier recours contre Hitler. Lorsque, après 1934, la Société de psychanalyse proclama l'interdiction d'analyser des patients qui déclaraient appartenir à la gauche libérale, Freud fut durement critiqué, son attitude politique fut taxée d'opportunisme et de lâcheté.

Alors qu'il comptait sur « l'arme » chrétienne-sociale pour lutter contre les nazis, son ressentiment à l'égard des sociaux-démocrates ne cessait de croître depuis des années. Car, lorsque ceux-ci étaient encore au pouvoir, ils avaient sympathisé avec la psychologie individuelle d'Adler. Jusqu'en 1932, ce dernier avait créé dans les écoles primaires de la « Vienne rouge » plusieurs bureaux de consultations pour enfants et donné une formation psychiatrique aux instituteurs, soutenu en cela par des politiciens socialistes comme Julius Tandler et Otto Gloeckel, ce que Freud ne pardonna pas à son confrère Tandler. Pour lui, les sociaux-démocrates étaient « morts ». Quand le national-socialisme menaça de fondre sur l'Autriche, Freud n'avait plus de famille politique. Mais il est probable qu'il n'en eut jamais.

En 1936, les pronostics politiques de Freud se firent plus sombres : « La situation actuelle n'a rien d'encourageant pour nous, écrit-il à Arnold Zweig. La marche de l'Autriche vers le national-socialisme paraît irrésistible. Tous les destins ont conspiré avec cette racaille. J'attends avec de moins en moins de regrets que pour moi le rideau tombe. »

En ces temps où sa volonté de vivre faiblit, son état de santé devient de plus en plus inquiétant. Treize ans après la première opération et malgré plusieurs autres petites interventions, un nouveau carcinome s'était formé. Vers son quatre-vingtième anniversaire, le Pr Pichler dut extraire la tumeur et un autre morceau de la mâchoire. On avait perdu tout espoir d'arrêter l'évolution de son mal. On pouvait s'attendre à ce que toute modification de la muqueuse buccale favorise une rapide et dangereuse aggravation du mal. « Violentes douleurs pour commencer, écrivait Freud à Marie Bonaparte un peu plus tard, et les jours suivants la bouche fut sévèrement bloquée, de sorte que je ne peux rien manger. Je bois avec difficulté et donne mes séances avec des bouillottes qu'on renouvelle toutes les demi-heures. »

Dans cette situation difficile, même les propos prononcés par Thomas Mann à l'occasion de son quatre-vingtième anniversaire ne réussirent pas à le réconforter. Lors d'une conférence qu'il donna au Konzerthaus de Vienne, l'écrivain déclara qu'il était parfaitement convaincu « qu'on reconnaîtrait un jour dans l'œuvre de Freud l'une des pierres les plus importantes apportées aux fondations de l'avenir, à la maison d'une humanité plus intelligente et plus libre ». Là-dessus, Thomas Mann remit « à ce fils authentique du siècle de Schopenhauer et d'Ibsen dont il est issu », chez lui, Berggasse, une lettre de vœux rédigée par environ deux cents artistes du monde entier.

Quelques-uns des hommes et des femmes les plus importants de l'époque y affirmaient « qu'on ne pourrait plus exclure l'œuvre audacieuse de Freud de notre univers intellectuel » ; il y avait parmi eux Hermann Broch, Max Brod, Elisabeth Bergner, Salvador Dali, Alfred Döblin, Lion Feuchtwanger, André Gide, Hermann Hesse, Aldous Huxley, James Joyce, Erwin Kisch, Paul Klee, Selma Lagerlöf, Robert Musil, W. Somerset Maugham, Karl Gunnar Myrdal, Pablo Picasso, Bruno Walter, Franz Werfel, H.G. Wells, Thornton Wilder, Arnold et Stefan Zweig.

Freud, qui attendit toute sa vie d'être reconnu, le fut enfin au seuil de la mort. Le cercle de ses partisans s'était alors élargi au monde entier. Mais il était « trop tard ».

Au début de l'année 1938, Freud se plaignit de nouveau de vives douleurs dans les mâchoires, une plaie se forma, qui se modifia rapidement et de façon suspecte. Il continuait de fumer et était obligé d'ouvrir son dentier avec une pince à linge pour placer un cigare entre ses lèvres. Une nouvelle opération s'imposait, encore plus difficile que les autres, car l'endroit à opérer était situé tout au fond de la cavité bucco-nasale et on pouvait à peine l'atteindre avec les instruments chirurgicaux. Le Pr Pichler ne dit pas toute la vérité à Freud. La vérité, c'était que la tumeur s'était dangereusement développée en direction des orbites.

Après les troubles de février 1934, il avait encore écrit à Arnold Zweig que l'étranger était importun partout, qu'avec ses déficiences physiques il ne pourrait plus quitter Vienne. « Si un gouverneur hitlérien s'installe à Vienne, et dans ce cas seulement, je devrai sans doute partir, peu importe où. »

Jusqu'à la fin, Freud espéra qu'on n'en viendrait jamais à ces extrémités.

« *Je peux recommander la Gestapo à tout un chacun* »

Comment Freud vécut l'Anschluss

ERNEST, le fils aîné de Sophie, la fille de Freud morte si jeune, est le seul membre de la famille encore en vie qui ait vécu l'Anschluss aux côtés de Freud et qui soit en mesure de raconter ce qui s'est passé en mars 1938 dans la Berggasse. Comme il vivait à Berlin en 1933, le petit-fils de Freud, aujourd'hui psychanalyste près de Cologne, avait déjà vu les troupes hitlériennes défiler au pas de l'oie dans les rues et découvert les brutes SA dans leurs uniformes bruns avec leurs férules d'acier ballottant à la ceinture. Et aussi la populace exultante qui lui criait méchamment : « Un aller simple pour la Palestine ! » Ernest Freud-Halberstadt revécut à Vienne la peur d'être soudain arrêté n'importe où et déporté sans que personne ne sache ce qui lui était arrivé. Alors que son père, Max Halberstadt, s'était remarié et, après la prise du pouvoir par les nazis en Allemagne, s'était retiré avec sa seconde femme et la fille issue de ce mariage à Johannesburg, Ernest était venu à Vienne où il se croyait plus en sécurité au sein de la famille. Mais, cinq ans plus tard, son grand-père allait constater que les nazis n'étaient pas prêts à respecter même une personnalité de son renom.

Ernest fut réveillé le 12 mars 1938 dans son petit appartement de la Eroicagasse à Vienne par le grondement des unités de l'aviation allemande. « Je m'assis alors près du petit poste radio que m'avait laissé tante Minna — un poste à galène avec des écouteurs — et j'écoutai les informations. Elles annonçaient que les Allemands étaient en train d'entrer en Autriche. Je crois qu'on a aussi évoqué des rumeurs de résistance, ainsi par exemple avait-on semé des clous sur les routes pour retarder les colonnes allemandes. »

Mais de telles actions ne pouvaient arrêter les troupes de Hitler.

Après avoir averti un ami et l'avoir aidé à brûler la littérature social-démocrate qu'il possédait, l'étudiant de vingt-quatre ans décida de vider son propre appartement et de s'installer chez ses grands-parents, « entre autres aussi parce que je craignais que des voisins qui m'avaient vu parfois avec mon amie aryenne ne me dénoncent. De plus, la Berggasse me paraissait plus sûre parce que je me trouvais dans le cercle protecteur d'amis étrangers : les Burlingham habitaient deux étages plus haut et étaient américains, l'auto de l'ambassade américaine était parfois garée devant la porte pour mon grand-père », cela, à la suite de l'intervention personnelle du président des États-Unis. En effet, Franklin D. Roosevelt avait confié à John C. Weley, le chargé d'affaires américain à Vienne, la mission de protéger le Dr Freud. Et des diplomates américains en poste dans d'autres métropoles européennes firent savoir à leurs collègues allemands qu'un manque d'égards envers Freud aurait pour conséquence un scandale mondial.

Le second homme d'État à intervenir en faveur du célèbre savant fut Benito Mussolini. Il s'adressa directement à Hitler, à Berlin, pour le prier de ménager Freud, qui, quatre ans plus tôt, avait soigné une patiente italienne dont le père connaissait bien le « Duce ». A l'époque, le psychanalyste avait envoyé au chef des fascistes un livre avec une charmante dédicace : « De la part d'un vieil homme qui reconnaît dans le dictateur le héros de la civilisation. » Ces paroles flatteuses étaient en fait une allusion au soutien qu'apporta Mussolini aux fouilles archéologiques.

Lorsqu'il se réfugia en mars 1938 chez ses grands-parents, Ernest Freud fut installé dans le salon de Minna Bernays où il dormit sur un divan. Par les fenêtres de cette pièce, il vit bientôt les SA piller le magasin du marchand de légumes juif en face, charger le tout sur un camion et l'emporter. Les premières « mesures » avaient été prises avec une rapidité à couper le souffle.

Mais la famille Freud ne connut qu'un bref sursis avant l'arrivée des messieurs de Berlin. Et dans une telle situation, Ernest Jones et Marie Bonaparte se comportèrent en amis fidèles. La princesse arriva en toute hâte de France et Jones remua ciel et terre à Londres pour organiser l'émigration de la famille entière.

Durant ces semaines de terrible incertitude, Freud aida sa fille Anna à traduire le livre de Marie Bonaparte, *Topsy*, où elle raconte l'histoire de son petit chien qui l'avait beaucoup ému, lui qui aimait particulièrement les chows-chows. Et il travaillait tous les jours une heure sur le manuscrit du dernier ouvrage qu'il venait d'achever :

Moïse et le monothéisme, dans lequel il exposait d'un point de vue psychanalytique ses audacieuses découvertes concernant la naissance du christianisme et les motifs de l'antisémitisme devenu si tristement actuel.

La religion juive, pensait Freud, a ses origines dans le monothéisme égyptien et a été transmise aux juifs par un noble égyptien du nom de Moïse, lorsque celui-ci les a fait sortir d'Égypte. L'antisémitisme sévissait surtout chez les peuples auxquels le christianisme avait été imposé de force. En réalité, ceux-ci étaient cependant restés ce qu'avaient été leurs ancêtres, des barbares polythéistes. Leur antisémitisme, vu sous cet aspect, serait une sorte de transfert : la haine des juifs est au fond la haine des chrétiens.

Longtemps, Freud crut qu'aucun pays n'accepterait de l'accueillir. On entendait trop souvent parler d'Autrichiens qui avaient supplié les consulats de nombreux États de leur délivrer des autorisations d'immigrer et s'étaient vu refouler. Et Freud ne pensait pas représenter un « cas particulier ». Mais, dès qu'il fut assuré qu'on l'autorisait, lui et sa famille, ses domestiques, ses médecins personnels et quelques élèves, à entrer en Angleterre, il se mit à étudier le plan des rues de Londres. Au consulat britannique fut présentée la liste suivante avec les demandes de visa pour « la maison du Pr Dr Freud, Berggasse 19, Vienne 9e » :

1. Le Pr Sigmund Freud, 82 ans
2. Son épouse Martha, 77 ans
3. La sœur de son épouse, Minna Bernays, 73 ans
4. Sa fille Anna, 42 ans
5. Son fils le Dr Martin, 48 ans
6. L'épouse de celui-ci, Esti, 41 ans
7. Leur fils Walter, 16 ans
8. Leur fille, Sophie, 16 ans
9. Le petit-fils, Ernest Halberstadt, 24 ans
10. La fille de Freud, Mathilde, mariée, 50 ans
11. Son mari, R. Hollitscher, 62 ans
12. Le Dr Max Schur, médecin personnel de Freud depuis neuf ans et demi, 41 ans ainsi que
13. Sa femme et leurs deux petits enfants
14. Paula Fichtl, 36 ans, depuis longtemps au service de la famille.

De la grande famille restèrent à Vienne les quatre sœurs de Freud : Rosa Graf, Adolfine et Marie Freud, ainsi que Paula Winternitz, qui avaient entre soixante-quatorze et soixante-dix-sept ans.

Les frères Sigmund et Alexander, qui purent émigrer tous deux, leur avaient laissé 160 000 schillings[1]. La cinquième sœur, Anna, vivait déjà depuis quarante-six ans aux États-Unis, la mère de Freud était morte en 1930 à l'âge de quatre-vingt-quinze ans.

L'élection de Freud comme membre d'honneur de la Royal Society of Medicine lui avait beaucoup facilité l'obtention d'un visa pour l'Angleterre. L'autorisation à demander aux nazis pour sortir d'un pays devenu la « Marche de l'Est » posait un problème plus sérieux. Le Dr Alfred Ingra, procureur consulté par Freud, se révéla un conseiller très habile. Mais sa demande d'exonération de l'« impôt pour abandon du Reich » fut rejetée. Freud dut verser 31 329 Reichsmark[2] pour avoir le droit de quitter son pays. Comme la maison d'édition de psychanalyse avait dernièrement plutôt enregistré des pertes que des gains — les livres étaient interdits en Allemagne depuis la prise du pouvoir par Hitler —, Freud ne put réunir le total de cette somme. Afin d'empêcher la réquisition de ses livres et de sa collection d'antiquités, Marie Bonaparte mit à sa disposition 12 000 florins hollandais. Freud lui rendit cet argent une fois en Angleterre. Il avait à l'étranger des comptes qu'il avait pu dissimuler aux nazis.

Cet « impôt pour abandon du Reich » *(Reichsfluchtsteuer)* nous donne une saisissante illustration de la thèse freudienne du lapsus. Son avocat avait en effet demandé une exonération de « l'impôt pour imprécations contre le Reich » *(Reichsfluch (!) steuer)*.

Sigmund Freud n'avait plus quitté son appartement depuis le 12 mars. « Il était difficile de savoir où l'on était le plus en sécurité, se souvient Ernest Freud. A la maison, on risquait d'être arrêté par les nazis. Dans la rue, on courait le risque d'être apostrophé par les gens et arrêté. Je passais beaucoup de temps en haut chez les Burlingham et c'est sans doute pour cette raison que je n'étais pas dans l'appartement des Freud lorsque les SA arrivèrent et demandèrent de l'argent (qui était d'ailleurs déjà prêt dans le coffre mural en vue d'une telle éventualité). »

Cette première « visite » dans la Berggasse eut lieu le 15 mars. Trois hommes envahirent la salle à manger et exigèrent de Martha Freud qu'elle leur remette tout l'argent liquide de la maison. Elle leur dit : « Ces messieurs veulent-ils se servir ? » Et elle posa sur la table l'argent du ménage. Comme les nazis ne se déclaraient pas

1. Environ 4,4 millions de schillings en 1989 (= 2 000 000 F).
2. Environ 1,3 million de schillings en 1989 (= 600 000 F).

satisfaits, elle les conduisit vers le coffre et leur donna les 6 000 schillings qu'il contenait. En même temps naturellement, tous les comptes privés et éditoriaux furent bloqués. La famille affronta tout cela avec sang-froid, sans se laisser dérouter, pour autant qu'Ernest Freud s'en souvienne. Il n'y eut pas de panique, on ne pouvait d'ailleurs imaginer qu'un membre de la famille « perde la tête ». Voilà comment Martha réagit quand elle s'aperçut que les commerçants du voisinage avaient soudain changé de comportement à son égard : « Je me souviens d'avoir accompagné ma grand-mère, dont j'étais très proche, faire des courses. Nous étions à l'angle de la Berggasse et de la Porzellangasse, et grand-maman exprima tout son désarroi à propos de la situation, secouant la tête d'un air déçu, avec la résignation d'une juive : "Durant les quarante-sept ans où j'ai vécu Berggasse, je n'ai jamais était redevable d'un sou dans un de ces magasins." » Ernest fut profondément impressionné par les paroles de sa grand-mère qui avait encore grandi à une époque où un comportement correct garantissait l'estime, la gratitude, le respect et la sécurité.

Mais à présent on vivait dans un autre monde. Dans un monde qui visait la destruction de tout ce qui n'était pas arien. Cela valait naturellement aussi pour l'œuvre de Freud et d'autres compétences « étrangères à la race ». Le professeur Matthias H. Göring — cousin de Hermann Göring et président de l'Association médicale générale de psychanalyse — avait déjà fixé les nouvelles directives : « Je tiens avant tout à un équilibre entre les différentes tendances avec pour objectif une psychothérapie allemande. Elle ne pourra se fonder ni sur quelque chose de juif (Freud, Adler), ni sur quelque chose d'oriental (Jung) ; elle devra être spécifique. »

Sans aucun doute, tout cela était très spécifique.

Tandis que le grand-père, très malade, restait assis à son bureau et travaillait comme si rien ne s'était passé, son petit-fils se risqua tout de même dans les rues de Vienne pavoisées de drapeaux à croix gammée. « Dans la Kärtnerstrasse les gens s'exerçaient un peu timidement à faire le salut hitlérien. Chez le coiffeur — je crois que c'était dans la Liechtensteinstrasse —, il était facile d'écouter les conversations des autres clients. Cette fois, on parlait d'antisémitisme et on avait l'impression que tous ces braves Viennois n'avaient jamais vu de juifs et, comme ils disaient, qu'ils n'auraient pas su les reconnaître s'ils en avaient rencontré. »

Lors d'une de ses sorties plutôt dangereuses dans le centre de Vienne, Ernest Freud vécut quelque chose de particulièrement inquiétant. A proximité de la Michaelerplatz, il vit arriver une voiture de la Gestapo dans laquelle sa tante Anna était assise entre deux hommes en uniforme noir. Quelques-uns de ces « messieurs » étaient revenus après la première visite pour une seconde perquisition plus « sérieuse », ils avaient arrêté la fille chérie de Freud et l'avaient conduite au quartier général de la Gestapo, Morzinplatz, pour un interrogatoire. Ernest se sentit « tout bizarre, et je retournai précipitamment dans la Berggasse où on me confirma qu'Anna avait été emmenée par la Gestapo. Nous étions tous très inquiets mais par bonheur elle put rentrer indemne au bout de quelques heures ». On dit que le chargé d'affaires américain était intervenu pour qu'on la libère.

Lorsque la perquisition de son appartement fut terminée, Sigmund Freud dut signer un document rédigé ainsi : « Je soussigné, Pr Freud, déclare qu'après l'Anschluss de l'Autriche au Reich allemand j'ai été traité par les autorités allemandes et en particulier par la Gestapo avec tous les égards et le respect dus à ma réputation scientifique, que j'ai pu poursuivre librement mes activités comme je le souhaitais et que je n'ai pas la moindre raison de porter plainte. »

Ce document, que lui tendit un commissaire nazi, avait été rédigé d'avance. Freud le lut, signa et demanda s'il pouvait ajouter une phrase : « Je peux recommander très chaleureusement la Gestapo à tout un chacun. »

Le fils aîné de Freud, Jean-Martin, dirigeait depuis sept ans les éditions internationales de psychanalyse installées au 7 de la Berggasse et se trouvait donc doublement menacé. Il pria son neveu Ernest de venir dans les locaux de la maison d'édition — à quelques pas seulement de l'appartement — afin de l'aider à mettre en sûreté des ouvrages de psychanalyse. « Nous avons en tout cas oublié de tirer les rideaux et une voisine d'en face a dû nous observer et nous a dénoncés. » Lors d'une réquisition immédiate dans ces locaux, les fonctionnaires constatèrent que Martin avait envoyé peu de temps auparavant une partie de l'édition de 1924 des *Œuvres complètes* de Freud en Suisse, afin de sauver de la destruction ce que Hermann Hesse avait jadis apprécié comme une œuvre « de grande qualité humaine et littéraire ». Les fonctionnaires exigèrent le retour des ouvrages à Vienne, où ils furent brûlés « solennellement ». Quatre jours avant l'Anschluss déjà, la maison d'édition avait été confiée au Dr Anton Sauerwald, nommé « directeur intérimaire », afin « de prendre aux juifs ce que par leur mercantilisme et leur parasitisme ils avaient extorqué au peuple allemand qui travaillait sans se douter de rien », ainsi que le formula le ministère de l'Économie du Reich. Un peu plus tard, cette maison fut mise en liquidation, ainsi que la Société de psychanalyse, un institut d'enseignement et une antenne médicale qu'abritait le même immeuble. Et bientôt survinrent les premiers « rédacteurs » chargés de porter un jugement national-socialiste sur la psychanalyse. Un expert du nom d'Edmund Finke publia dans la *Deutsche Ostmark*, une revue d'art, de culture et d'histoire des idées, un pamphlet dirigé à la fois contre Freud et contre le « bâtard judéo-libéral de la littérature », Heinrich Mann. On peut y lire ceci : « Freud a été légitimement exclu de la vie intellectuelle allemande après la glorieuse année de la révolution national-socialiste. » Rien d'étonnant à cela, son enseignement sur la sexualité ne signifiait-il pas « une indubitable et évidente régression morale dont les effets sur l'humanité sont plus destructeurs que la Guerre mondiale avec ses onze millions de morts (!) ».

Pour rassurer sa conscience antisémite, l'auteur alla jusqu'à constater que « la libido ne joue un rôle prédominant que dans la vie des peuples primitifs, des sous-hommes dont font partie les juifs ». Toute la psychanalyse n'était d'ailleurs, comme on sait, qu'une « pseudo-science » avec des « superstructures érotomaniaques, un passe-temps pour plumitifs de cafés et toute une canaille avide de sensations qui se prétend cultivée et fréquente les établissements enjuivés et hystériques des grandes villes ». Plus encore, les théories de Freud « auraient rendu les hommes malheureux jusqu'au tréfonds de leur âme, les dégoûtant de la vie ».

Il est un peu plus difficile de comprendre M. Finke lorsqu'il tente de démontrer que la « pseudo-science enjuivée de Freud » n'est rien de plus qu'une falsification des « grandes découvertes intellectuelles des penseurs germano-aryens » — tels Novalis, Schopenhauer, Goethe et Nietzsche. Mais l'explication suit bientôt : les idées fondamentales de la psychologie des profondeurs étaient effectivement grandioses « avant que le juif s'en emparât (et) les transformât en une abjecte entreprise commerciale ».

Pour finir, M. Finke en vient là où il voulait arriver après des pages de tirades : le simple citoyen n'est en mesure de supporter « la prise de conscience de son insignifiance et de son impuissance, de son assujettissement et de ses limites... que lorsque ce qui est devenu conscient trouve des guides capables d'arracher les hommes au chaos intérieur et extérieur ».

Et qui sera ce guide ? Devinez : « De ce point de vue, seul Adolf Hitler pouvait se permettre de faire prendre conscience au peuple allemand de la honte des années de l'après-guerre, car il a été élu et a eu pour mission de maîtriser le chaos, de dompter le monde des sous-hommes. »

Hitler était donc le meilleur des psychanalystes.

Malgré les outrages divers formulés en ces termes, les Freud réussirent assez vite à réunir les documents nécessaires à leur départ. Le petit-fils, Ernest, fut le premier à pouvoir quitter le pays : « Lorsque je fis mes adieux à ma grand-mère, elle pleurait. J'étais bouleversé car je ne l'avais jamais vue pleurer. Mabbie Burlingham, la fille aînée de Dorothy Tiffany-Burlingham, me conduisit à la gare de l'ouest et ce furent des adieux douloureux. » Ernest passa par la France pour se rendre en Angleterre où il attendit le reste de la famille. Le départ suivant fut celui de Minna Bernays qui dut subir auparavant une opération des yeux, puis suivirent Jean-Martin et Mathilde avec leur famille.

Avant que Sigmund, Martha et Anna Freud eussent réuni leurs papiers, la fille demanda à son père : « Ne vaudrait-il pas mieux que nous nous donnions tous la mort ? » Freud répondit : « Pourquoi ? Parce qu'ils aimeraient bien que nous le fassions ? »

Le 2 juin, le Pr Pichler nota sur la fiche de santé de Sigmund Freud : « Dernier examen avant le départ pour l'Angleterre. » Pas de nouveaux symptômes, heureusement, de sorte que Freud âgé maintenant de quatre-vingt-deux ans se déclara prêt à affronter les risques et les désagréments d'un voyage long et fatigant.

Le même jour, Freud reçut des autorités nazies le « certificat » l'autorisant à quitter le pays.

Vingt-quatre heures plus tard, le samedi de la Pentecôte, le 3 juin 1938 à 15 heures 25, l'Orient-Express quittait le hall de la gare de l'ouest de Vienne, et Sigmund Freud la ville qu'il aimait et haïssait, qui l'avait choyé et dédaigné, qui avait été sa patrie toute sa vie durant.

Et qu'il ne devait plus revoir.

« *Ma dernière guerre* »

L'émigration et la mort

L E lendemain matin, les Freud étaient les invités de Marie Bona-parte dans la capitale française. « Cette unique journée dans votre maison à Paris nous a rendu la dignité et le moral, écrivait Freud à la princesse dès son arrivée à Londres, après avoir été pendant douze heures entourés d'affection, nous sommes repartis fiers et riches, sous la protection d'Athéna. » La princesse avait réussi à ramener en cachette à Paris la statuette qui, quelques jours auparavant encore, se trouvait sur le bureau de Freud et elle la lui avait remise. Après une halte de douze heures à Paris, un ferry les amena par Calais à Douvres et de là en chemin de fer à Londres.

Chassé de son pays, Freud fut accueilli comme un chef d'État. Lord De La Warr, lord du sceau privé de Sa Majesté, le roi George VI, avait accordé à Freud et à sa famille un statut diplomatique, de sorte qu'à la frontière on ne leur réclama pas leur passeport et que l'énorme quantité de bagages ne fut pas contrôlée. Des centaines de journalistes et de reporters affluèrent à Victoria Station, à Londres, pour recevoir cet homme célèbre et, dans les semaines qui suivirent, Freud fut à la une de la presse anglaise. « L'Association des médecins de Grande-Bretagne sera fière que son pays ait accordé l'asile au Pr Freud et que ce dernier l'ait choisi comme nouvelle patrie », pouvait-on lire dans le *British Medical Journal*.

Ernst, le fils de Freud, avait émigré en 1933, après la prise du pouvoir par Hitler, de Berlin à Londres où il s'était établi très vite comme architecte. Lorsque son vieux père arriva avec sa famille, il avait tout parfaitement préparé et loué dans Elsworthy Road à Londres une maison meublée pour ses parents, Minna et Anna, dans l'attente d'une solution durable. Après que la famille, pour ménager Freud, eut évité les reporters lors de l'arrivée à Victoria Station, une conférence de presse fut organisée et Anna Freud fit la déclaration suivante : « Veuillez, je vous prie, dire au monde que tous ont été très aimables envers nous, la police à Vienne, les autorités en Angleterre, tous. Mon père espère pouvoir poursuivre ici son travail. Il a quitté Vienne pour retrouver la paix. Il se réjouissait de revenir en Angleterre et il est heureux maintenant d'être ici. Merci beaucoup pour tout ce qui a été fait pour nous, merci de nous avoir permis de vivre ici. »

Si elle dit de la police viennoise qu'elle avait été aimable, c'est sans aucun doute à cause de ses quatre tantes restées à Vienne. Les journalistes se montrèrent sceptiques et demandèrent si les rumeurs selon lesquelles les SA et la Gestapo avaient tracassé Freud étaient exactes : « A Vienne, nous faisions partie de ces rares juifs, répondit Anna, toujours prudente, qui furent traités avec égards. Il n'est pas exact que nous ayons été assignés à résidence. Il est vrai que mon père n'a pas quitté notre appartement pendant plusieurs semaines, mais c'était uniquement à cause de sa mauvaise santé. Nous avons tous pu circuler librement. Même au passage de la frontière, on ne nous a pas dérangés, nous avons pu continuer à dormir. »

Freud avait étonnamment bien supporté le long voyage, à part de légères défaillances cardiaques qui avaient été traitées dans le train à l'aide de médicaments. Le fait de ne plus avoir à envisager un avenir plus qu'incertain lui avait bien réussi. Dans le beau jardin de la maison provisoire en bordure de Regent's Park, il se promenait pour se remettre des efforts imposés par l'émigration. Il se sentait si bien en Angleterre qu'il dit un jour à Ernest qui s'occupait de tout de façon si émouvante : « Pour un peu je m'écrierais : "Heil Hitler !" »

Une autre lettre à Marie Bonaparte exprime bien l'état d'esprit de Freud : « L'accueil à Victoria Station puis dans les journaux les deux premiers jours a été amical, voire enthousiaste. Nous baignons dans les fleurs... En plus de toutes les promesses, des invitations très respectueuses de certaines personnes à venir nous installer chez elles (il nous faudra répondre que nous avons malheureusement déjà déballé nos bagages). Enfin, et c'est là un trait particulier à l'Angleterre, de nombreuses lettres d'inconnus qui veulent simplement nous dire combien ils sont heureux que nous soyons arrivés en Angleterre, que nous nous trouvions en sécurité et en paix. Vraiment comme si tout cela était aussi leur affaire. » La joie ne put malheureusement rester sans nuages car, ainsi qu'il l'écrivit à

Eitington, « on aimait encore beaucoup la prison dont on a été chassé ».

Bientôt arrivèrent les mauvaises nouvelles. Le Pr Pichler avait rédigé un rapport sur l'état de santé de Freud et l'avait envoyé à son ancien assistant, le Dr Georg Exner, qui s'était établi comme stomatologue. A la mi-août, de nouvelles métastases apparurent sur la muqueuse buccale. Pichler arriva en avion et procéda le 8 septembre 1938 à une opération de plus de deux heures, à la London Clinic. Il fallut inciser la lèvre de Freud afin de pouvoir atteindre le foyer de la maladie qui se trouvait maintenant tout au fond de la cavité buccale. Cette dernière intervention chirurgicale, la plus grave depuis celle qui avait été effectuée quinze ans plus tôt, affaiblit beaucoup le malade. Il ne devait jamais s'en remettre. Mais son calvaire dura encore toute une longue année.

En sortant de la clinique, Freud ne retourna pas dans la maison louée près de Regent's Park mais à l'Esplanade Hotel, en compagnie d'Anna. Martha Freud s'était installée avec sa bonne Paula Fichtl à Maresfield Gardens, dans le quartier élégant de Hampstead, au nord de Londres, afin de préparer là nouvelle maison à accueillir son mari après sa convalescence. Lorsque tout fut prêt, Freud emménagea et, comme si souvent, il choqua sa famille en faisant remarquer sur un ton doux-amer que tout cela était bien trop beau pour quelqu'un qui n'y habiterait plus longtemps.

A sa grande consternation, sa belle-sœur Minna attrapa une pneumonie et dut partir pour un sanatorium. Entre-temps, ses livres, ses meubles, ses tapis et sa collection d'antiquités étaient arrivés de Vienne comme il en avait été convenu, mais il en fut néanmoins très surpris. Suivant les instructions de Paula, ses chères sculptures furent placées exactement comme dans l'appartement de la Berggasse, de sorte qu'il put se sentir complètement chez lui. Dans une lettre adressée à Margaret Stonborough-Wittgenstein — la sœur de Ludwig Wittgenstein et l'amie de Marie Bonaparte —, Freud décrit ainsi l'atmosphère de son nouveau foyer : « Quand vous reviendrez me voir ici, vous me trouverez dans une nouvelle maison si belle et si spacieuse que quiconque ne me connaît pas pourrait être induit en erreur sur ma situation. Mon fils Ernst l'a trouvée et transformée pour nous. Le secret, c'est qu'elle est naturellement pour les deux tiers la propriété de la banque. Quoi qu'il en soit, c'est, paraît-il, la manière la plus économique de vivre dans cette ville où tout est cher. Toutes nos affaires sont arrivées en parfait état, les pièces de ma collection ont plus de place et font davantage d'effet qu'à Vienne. La collection, il faut le dire, est désormais chose morte, rien ne vient plus s'y ajouter et le propriétaire, à qui on a encore enlevé quelque chose, est presque aussi mort qu'elle. »

Après l'énorme retentissement dans la presse que suscita son arrivée, tous les chauffeurs de taxi savaient où habitait Freud et, lorsqu'il pénétra pour la première fois dans une banque pour y ouvrir un compte, le directeur le salua en ces termes : « *I know all about you*. » L'affluence de gens souhaitant être soignés par le célèbre psychanalyste fut elle aussi hors de proportions. Il put en effet s'occuper encore de quelques cas. « Hier, écrit-il le 4 octobre à Marie Bonaparte, j'ai recommencé avec trois patients, mais cela n'a pas été facile ».

Malgré sa faiblesse, Freud resta actif intellectuellement jusqu'à la fin, il s'intéressa aux particularités de sa nouvelle patrie et de ses habitants, il apporta son appui aux projets de création de journaux de psychanalyse, il discuta de la nouvelle édition de ses *Œuvres complètes* détruite par les nazis, il travailla à son dernier écrit qui devait paraître après sa mort : *Abrégé de psychanalyse*, et il reçut quelques visiteurs.

Parmi ceux-ci, il y eut Chaïm Weizmann, le futur premier président de l'État d'Israël, ainsi que Marie Bonaparte, les écrivains H. G. Wells, Arthur Koestler et Stefan Zweig. Ce dernier vint accompagné de Salvador Dali que Freud avait rencontré à Vienne bien des années auparavant, ce dont celui-ci se souvient dans son autobiographie : « Le soir j'avais des conversations longues et épuisantes avec Freud ; un jour il rentra même avec moi et passa toute la nuit collé contre les rideaux, dans ma chambre à l'hôtel Sacher. » Entre-temps, Dali s'était fixé pour tâche d'élaborer en peinture une transposition artistique de l'œuvre de Freud. Et c'est ainsi qu'à Londres, il esquissa un portrait de son idole et lui dit en guise de conclusion : « Docteur Freud, votre crâne me fait penser à un escargot. »

Le psychiatre viennois, qui appartenait à une génération qui admirait le style décoratif et surchargé d'un Hans Makart et rejetait l'art moderne, se montra réceptif et écrivit le lendemain à Stefan Zweig : « Cher monsieur ! Il faut vraiment que je vous remercie pour l'initiation que m'ont donnée mes visiteurs d'hier. Car jusqu'à présent j'avais tendance à penser que les surréalistes qui semblent avoir fait de moi leur saint patron sont (disons, à soixante-quinze pour cent, comme pour l'alcool) des fous absolus. Le jeune Espagnol aux yeux candides et fanatiques et son indéniable maîtrise technique m'ont amené à voir les choses tout autrement. Ce serait en effet très intéressant d'étudier analytiquement la genèse d'un tel tableau. »

Freud refusa l'élaboration d'une analyse toute différente. Il avait rencontré à Londres Hubert, prince de Löwenstein, le fondateur dynamique d'une Académie allemande en exil, et lui avait exposé pendant une heure et demie un brillant psychogramme d'Adolf Hitler. Lorsque le prince le pria de rédiger ses réflexions, Freud répliqua : « Je n'ai encore jamais publié l'histoire de la maladie d'un patient sans que celui-ci m'y autorise de son vivant. »

Cependant, Freud était prêt à donner son appui à l'organisation d'aide aux artistes et savants contraints à quitter leur pays, créée par Löwenstein. Pourtant, lorsque le prince — membre de la branche la plus ancienne des Wittelsbach — lui proposa dans une lettre d'être avec Thomas Mann le président des Allemands et Autrichiens en exil, Freud répondit que sa santé ne lui permettait pas d'accepter. Et sa lettre prouve une fois de plus que même dans la dernière année de sa vie il avait gardé son esprit sarcastique : « Cher Prince ! déclara-t-il après avoir commencé par dire qu'il refusait, j'imagine ce que vous allez répondre à mon objection : Cela ne fait rien. Nous savons bien que dans quelques mois vous allez nous quitter et nous aurons au moins pris quelque peu les devants pour manifester notre piété. Toutes les tâches qui vous effraient, vous n'aurez pas à les accomplir, elles seront pour votre énergique et compétent successeur. Vous parlez comme si vous aviez appris par télépathie qu'hier encore mon médecin personnel (venu ici avec moi) m'a interdit un des rares cigares qui m'étaient encore permis et m'a condamné en échange à six gouttes d'une préparation diabolique... Mais, soyez prudent, la situation est aléatoire, ma mère a vécu jusqu'à l'âge de quatre-vingt-quinze ans et je peux très bien vivre assez longtemps pour que mon inaptitude en vienne à se manifester brillamment. »

Löwenstein — dont la grand-tante avait été une patiente de la Berggasse — obtint finalement que Freud changeât d'avis. Il assuma donc très consciencieusement sa charge de président de l'Académie allemande en exil, il ne fut en rien une simple figure de proue mais participa à des activités, étudia les requêtes d'émigrants en détresse qui lui parvenaient et vérifia dans la mesure où il en avait la compétence s'il était opportun de les adresser au secrétariat de l'Académie. De plus, Freud mit à la disposition de Löwenstein des lettres et des manuscrits originaux qui devaient être vendus aux enchères au bénéfice d'écrivains et de savants réfugiés. Une grande partie de ces manuscrits était restée à Vienne, et, selon Freud qui fit preuve d'une grande modestie, « on ne pouvait tout de même pas mettre en vente aux yeux du monde n'importe quelle bafouille ». Le 23 février 1939, la correspondance entre les deux hommes prend fin avec la lettre de remerciement du prince qui lui annonce : « Vos lettres qu'avait envoyées la League of American Writers ont atteint des prix particulièrement intéressants. »

Même si Freud, en s'imposant une discipline de fer, reçoit quotidiennement quatre patients en analyse, rien ne peut plus faire illusion sur son état de santé désespéré. De vilains néoplasmes prolifèrent à une rapidité angoissante, plusieurs spécialistes appelés en consultation par Anna se déclarent impuissants et se contentent de constater un « carcinome non opérable, incurable », placé si loin dans la cavité buccale qu'on ne peut plus l'atteindre par une intervention chirurgicale. Néanmoins, le Dr Schur se dit prêt à faire plusieurs petites interventions, sinon il ne reste plus que le traitement par radiothérapie. Freud est parfaitement conscient de son état, il écrira en mars 1939 à Eitington, émigré en Palestine, qu'il n'a plus que quelques semaines à vivre. Les anciennes angoisses de mort, toujours récurrentes, avaient désormais cédé la place à une estimation réaliste de son espérance de vie.

Une lettre à Marie Bonaparte du 28 avril est particulièrement émouvante : « Ma chère Marie, voilà longtemps que je ne vous ai écrit... Je suppose que vous savez pourquoi, vous comprendrez aussi en voyant mon écriture. (Même la plume n'est plus la même, elle m'a abandonné comme mon médecin personnel et d'autres organes externes.) Je ne vais pas bien... On a tenté de créer autour de moi une ambiance optimiste : le carcinome est une atrophie, les symptômes sont passagers. Je n'y crois pas et je n'aime pas qu'on ne me dise pas la vérité... »

Quelques jours plus tard, le 6 mai 1939, Freud célèbre son dernier anniversaire, le quatre-vingt-troisième. La fidèle Marie Bonaparte est revenue. Peu après, c'est la mort de Tatoo, un de ses chiens qu'il aime tant. « Les deux nuits suivantes ont à nouveau réduit à néant tous mes espoirs, écrit-il à la princesse, le radium a de nouveau commencé à ronger quelque chose, il s'ensuit des douleurs et des empoisonnements et mon univers est de nouveau ce qu'il fut jadis, une petite île de souffrance nageant dans un océan d'indifférence. »

Après que sa dernière œuvre, *Moïse et le monothéisme* fut sortie en mars à Amsterdam, en allemand, Freud eut encore la joie, les derniers jours de sa vie, de voir la traduction anglaise tout juste achevée. A son ami Hanns Sachs, il écrit : « *Moïse* n'est pas un adieu indigne. » H. G. Wells le félicita, disant que *Moïse* était « si fascinant que je ne suis allé me coucher qu'à une heure ». Einstein écrivit de Princeton : « Je vous remercie infiniment pour l'envoi de votre nouvelle œuvre qui m'intéresse naturellement beaucoup. Votre idée selon laquelle Moïse fut un noble égyptien de la caste des prêtres est très convaincante, de même que ce que vous développez à propos du rite de la circoncision. »

Le 1er septembre 1939, trois semaines avant sa mort, Freud apprend que les troupes allemandes sont entrées en Pologne et que la Seconde Guerre mondiale a éclaté. Lorsque le Dr Schur lui demande si cette guerre sera la dernière, il répond : « La dernière *pour moi.* »

Pour la première fois, les craintes de Sigmund Freud qui, depuis quarante ans, sentait la mort venir, étaient justifiées. Son dernier souhait, mourir en citoyen britannique, ne put se réaliser. Il avait déjà renoncé à sa nationalité avant la prise du pouvoir par les nazis : « Je me suis senti allemand en esprit, dit-il en 1927, jusqu'au moment où j'ai pu observer la montée de l'antisémitisme en Allemagne et en Autriche. Depuis, je préfère me sentir juif. » Dans la dernière année de sa vie, il aurait aimé devenir anglais, mais le gouvernement rejeta la demande d'un membre de la Chambre des communes qui suggérait d'écourter le temps d'attente pour Freud, parce qu'il craignait de créer un précédent. Freud mourut avec le statut d'« *enemy alien* », d'« étranger ennemi ».

Afin d'assurer à sa famille sa place dans le contingent d'immigrants, le Dr Schur dut se rendre aux États-Unis. Lorsqu'il revint, il trouva que l'état de son patient s'était considérablement modifié. La tumeur cancéreuse avait envahi la joue et la base de l'orbite, Freud ne pouvait plus guère dormir, Anna et leur fidèle bonne Paula veillaient jour et nuit au chevet du malade.

Freud refusa tout anesthésique, de sorte qu'il souffrait beaucoup. « Je préfère penser tout en souffrant que de ne pouvoir penser clairement », avait-il déclaré un jour à Stefan Zweig, et désormais il n'acceptait que de temps à autre un cachet d'aspirine. Si bien qu'il put jusqu'à la fin lire des journaux et suivre les débuts de la guerre.

Dans les derniers jours, la maladie avait tellement progressé qu'elle avait creusé un trou entre l'orbite et la partie extérieure. Ce trou dans la joue dégageait une odeur terrible, si bien qu'il fallut tendre une moustiquaire par-dessus le lit de Freud car cela attirait les mouches. Son chien Lün, qu'il aimait par-dessus tout, ne put supporter l'odeur et rien ne put le retenir près du lit. Si on l'enfermait dans la chambre de son maître, il se faufilait dans le coin le plus éloigné. Freud savait ce que cela signifiait et se contentait de regarder son chien avec tristesse.

Après son retour d'Amérique, le Dr Schur resta jusqu'à la fin au chevet de Freud dont on avait transporté le lit dans le cabinet de travail, parmi les livres qu'il aimait et les statuettes. De là, il pouvait voir le jardin. « Il était de plus en plus difficile de l'alimenter. Il souffrait énormément et les nuits étaient terribles. Il ne pouvait plus guère quitter son lit et devint peu à peu cachectique. C'était atroce de ne pouvoir adoucir ses souffrances, mais je savais que je devais attendre qu'il me le demande. »

La phase ultime commença lorsqu'il éprouva des difficultés à lire. Le dernier livre qu'il lut fut *La Peau de chagrin*, de Balzac. Lorsqu'il l'eut terminé, il dit à Schur : « C'était exactement le livre qu'il me fallait ; il parle d'atrophie et de mort d'inanition. »

Le 21 septembre 1939, Freud saisit la main de son médecin et dit : « Mon cher Schur, vous vous souvenez sans doute de notre première conversation. Vous m'avez promis alors de ne pas m'abandonner quand le moment serait venu. Tout n'est plus que torture et cela n'a plus de sens. »

Le médecin confirma qu'il tiendrait sa promesse d'alors, Freud poussa un soupir de soulagement, il garda encore un instant la main de Schur dans la sienne et dit : « Je vous remercie. » Après une légère hésitation, il ajouta : « Dites-le à Anna. » Tout cela, rapporte le Dr Schur, il le dit sans une trace de sentimentalisme ni d'apitoiement sur lui-même, pleinement conscient de la réalité. Le lendemain, comme il fut repris de terribles douleurs, le médecin fit à son patient une injection de 0,02 gramme de morphine. Freud ressentit bientôt un soulagement et tomba dans un sommeil paisible. Douze heures plus tard, Schur renouvela la dose. Freud était au bout de ses forces et tomba dans un coma d'où il ne se réveilla plus.

La mort de Freud survint le 23 septembre 1939 à trois heures du matin, le délivrant d'infinies souffrances, comme il l'avait déjà prophétisé douze ans auparavant : « A la fin, la mort nous paraît bien moins insupportable que les multiples fardeaux de la vie. »

« *Mais est-ce que ce sera encore possible ?* »

Echos de la famille

L'ENTERREMENT eut lieu le 26 septembre au crématorium de Golder's Green en présence de nombreux amis et avec la participation émue de la population de Londres. Les cendres de Freud furent recueillies dans un vase grec antique que Marie Bonaparte avait offert à Freud pour son soixante-quinzième anniversaire. Il l'avait remerciée à l'époque en disant : « Dommage qu'on ne puisse l'emporter dans sa tombe. »

Stefan Zweig fit un discours émouvant, célébrant l'immortalité de Freud : « Pour d'autres mortels, pour presque tous, la brève minute où le corps refroidit achève à tout jamais leur existence, leur présence parmi nous. Pour cet être, en revanche, que nous accompagnons à sa tombe, pour cet être unique en ces temps de désolation, la mort n'est qu'une manifestation fugitive, presque irréelle. Ici, le fait qu'il nous quitte n'est pas une fin, ni une dure conclusion, ce n'est que le passage serein de la mortalité à l'immortalité. En échange de ce corps éphémère que nous perdons aujourd'hui dans la douleur, nous gardons son œuvre, son être immortels — nous tous ici, qui respirons et vivons encore et parlons et écoutons, ne représentons pas du point de vue de l'esprit le millième de vie que celle représentée par ce grand défunt dans son étroit cercueil terrestre. »

Trois ans après Freud mourut Minna Bernays qui avait passé trente ans de sa vie dans la maison de son beau-frère et de sa sœur. Martha Freud vécut jusqu'à l'âge de quatre-vingt-dix ans, elle survécut donc douze ans à son mari, et resta à Londres jusqu'à sa mort en 1951. Sauf Sophie, qui avait quitté la vie si jeune, les fils et filles de Freud atteignirent tous un âge avancé, de soixante-dix-huit à quatre-vingt-dix ans. Anna Freud mourut la dernière en 1982, à l'âge de quatre-vingt-sept ans. La fidèle Paula Fichtl s'occupa d'elle jusqu'à sa mort dans la maison de Maresfield Gardens, puis elle rentra dans son pays où elle vit dans une maison de retraite près de Salzbourg.

Alexander, le frère de Freud, avait réussi à fuir en Suisse d'où il émigra aux États-Unis. Il mourut en 1943 à l'âge de soixante-dix-sept ans, à Toronto. Sa sœur Anna, épouse Bernays, vécut jusqu'en 1955 à New York où elle mourut à quatre-vingt-dix-sept ans.

Par bonheur, Freud ne sut rien du terrible destin que connurent ses sœurs Rosa, Adolfine, Marie et Paula restées à Vienne. Le Dr Harald Leupold-Löwenthal, président de la Société Sigmund Freud à Vienne, a recherché les traces des quatre vieilles dames et fait le récit de son enquête lors de la seconde réunion internationale de l'Association d'histoire de la psychanalyse en 1988 à Vienne. Je me réfère ici au résultat de ses recherches.

A la fin de l'année 1938, lorsque les nouvelles concernant les mesures prises contre les juifs du « Reich » parvinrent en Angleterre, Freud avait écrit à Marie Bonaparte qui séjournait à Paris : « Les derniers événements atroces arrivés en Allemagne posent de façon plus aiguë encore le problème du destin des vieilles dames âgées de soixante-quinze à quatre-vingts ans. Les entretenir en Angleterre dépasse nos forces. La fortune que nous leur avons laissée en partant, environ cent soixante mille schillings autrichiens, a peut-être été confisquée et sera sûrement perdue lorsqu'elles partiront. Nous pensons à un séjour sur la Riviera française, Nice ou dans la région. Mais est-ce que ce sera possible ? »

Il ne fut plus possible de faire sortir les vieilles dames d'Autriche, malgré toutes les démarches qu'entreprit Marie Bonaparte par la voie diplomatique. Leur santé ne le leur permettait pas et il ne restait rien de leur argent qui avait été confisqué comme tous les biens juifs et à titre d'indemnité expiatoire après la Nuit de Cristal. Les quatre sœurs avaient été chassées de leur appartement — la protection des locataires ne s'appliquait plus aux juifs — mais elles eurent l'autorisation pour un temps de vivre dans l'appartement de leur frère Alexander, Biberstrasse 14.

Le fils d'Alexander, Harry Freud, envoyait régulièrement de l'argent de New York à ses tantes à Vienne. Le 15 janvier 1941, les femmes, désespérées, écrivirent au Dr Erich Führer, l'« administrateur nommé d'office » par les nazis : « Très honoré Dr Führer ! Notre extrême détresse nous contraint à vous appeler à l'aide, malgré votre attitude de refus en matière de logement. Après avoir été obligées de loger deux couples dans notre appartement, on nous attribue de nouveau huit personnes et nous sommes réduites toutes les quatre à n'occuper qu'une pièce qui nous sert de chambre à coucher et de séjour. Comme vous le savez, nous sommes des personnes âgées, parfois souffrantes, souvent obligées de garder le lit, il est impossible d'aérer convenablement sans mettre en danger notre santé, pas plus que nous ne parvenons à ranger nos objets les plus usuels. La simple notion d'*humanité* s'oppose à de telles contraintes et nous ne pouvons croire que vous resterez insensible à de telles consignes et nous refuserez votre aide. C'est pourquoi nous nous adressons à vous qui nous représentez en vous priant respectueusement d'intervenir auprès des services de transfert des juifs du premier arrondissement, en insistant sur l'urgence de la mesure, afin qu'on ramène le contingent de huit personnes aux quatre pour lesquelles tout a déjà été prévu. En espérant que vous voudrez bien entendre notre appel au secours, nous vous adressons nos salutations distinguées, Marie Freud, Adolfine Freud, Pauline Winternitz. »

Le lendemain, la lettre était déjà caduque. Les huit personnes annoncées avaient été internées et seize personnes vécurent dans un espace étroit.

Dix-huit mois plus tard, le 29 juin 1942, trois sœurs de Freud furent déportées à Theresienstadt, Rosa, l'aînée, les suivit deux mois après. D'après les notes inscrites dans le registre des décès, Adolfine mourut le 5 février 1943 d'« hémorragies internes » sans doute consécutives à un syndrome d'inanition. Marie Freud et Pauline Winternitz furent transférées le 23 septembre au camp d'extermination de Malyi Trostinec, en Biélorussie, où elles moururent à une date non précisée. Rosa Graf est sans doute morte à Treblinka.

Dans les actes du procès des criminels de guerre devant le tribunal militaire international de Nuremberg, on trouve le rapport suivant à la date du 27 février 1947 :

SMIRNOW (haut conseiller à la cour) : Dites-moi, monsieur le témoin, connaissez-vous le nom de Kurt Franz ?

RAJZMAN : C'était l'adjoint du commandant du camp, Stangl, et le plus grand meurtrier du camp. Kurt Franz fut promu Obersturmbannführer pour avoir annoncé, en janvier 1943, qu'un million de juifs avaient été exterminés à Treblinka.

SMIRNOW : Veuillez, monsieur le témoin, raconter comment Kurt

Franz a tué la femme qui se disait la sœur de Sigmund Freud. Vous vous en souvenez ?

RAJSMAN : Voilà comment ça s'est passé : Le train de Vienne est arrivé. Je me trouvais à l'époque sur le quai quand les gens ont été tirés des wagons. Une dame d'un certain âge s'est dirigée vers Kurt Franz, elle a sorti une carte d'identité et elle a dit qu'elle était la sœur de Sigmund Freud. Elle a demandé à être employée à de petits travaux de bureau. Franz a étudié la carte de près et a dit que c'était sans doute une erreur, il l'a conduite vers l'indicateur des chemins de fer et lui a annoncé qu'un train pour Vienne repartait dans deux heures. Elle pouvait laisser tous ses objets de valeur et ses documents ici pour aller prendre un bain, on lui rendrait le tout ensuite. La femme s'est naturellement rendue au bain d'où elle n'est jamais revenue.

Que reste-t-il de Freud ?

Cinquante ans après

C'est ainsi que, jetant un regard rétrospectif sur des parties de l'œuvre de ma vie, je peux dire que j'ai fait divers commencements et donné mainte incitation qui, par la suite, aboutiront à un résultat. Je ne sais pas moi-même si ce sera important ou très peu de chose.

Sigmund Freud, 1925.

Freud laissa à la postérité le soin de juger « si ce sera important ou peu de chose ». Que reste-t-il de cette vie si riche cinquante ans après sa mort ? Quelles sont les découvertes qui survécurent à Freud et à son temps ?

Il n'y a guère de disciplines concernant la vie humaine qui ne lui doivent aujourd'hui des modifications fondamentales. Nous retrouvons la trace de Freud dans la médecine tout comme dans l'art, dans la religion, dans l'éducation, en sociologie ou en philosophie.

La découverte de l'importance de l'entretien telle que la fit Freud, et de l'intrusion dans l'inconscient, a conquis depuis lors non seulement la psychiatrie mais presque tous les domaines de la médecine. On sait aujourd'hui que la seule vérité salutaire réside souvent dans le détail. Même les chercheurs qui rejettent Freud ne peuvent ignorer sa doctrine. L'inconscient est omniprésent.

La psychanalyse amorça sa marche triomphale après la Seconde Guerre mondiale. Partant des Etats-Unis et de Grande-Bretagne, elle fit le tour du monde. Même si la méthode de traitement a été quelque peu refoulée à l'arrière-plan, ses traits fondamentaux se retrouvent dans toutes les thérapies psychiatriques.

259

Les découvertes de Freud dépassent de loin la psyché humaine. C'est lui qui découvrit que les maladies de la vie psychique peuvent avoir une influence décisive sur les souffrances du corps. Si bien que Freud est aussi le père de la médecine qui tient compte de l'organisme entier et de la médecine psychosomatique. Et il a fondé une relation nouvelle, plus humaine, entre le médecin et ses patients.

Les artistes furent parmi les premiers à reconnaître Freud. Dans la littérature, l'inconscient s'exprime dans le « monologue intérieur » d'un Schnitzler tout comme chez James Joyce. La musique de Mahler et de Schönberg, les tableaux de Chagall, de Picasso et de Dali témoignent de l'influence de Freud. Les expressionnistes comme les surréalistes firent remonter l'intériorité à la surface en se référant au « père de la psychanalyse ».

Le rôle du « père trop puissant » reconnu par Freud parcourt les sciences des religions tout comme l'enseignement moderne de l'histoire et de la politique. Sa doctrine suscita une énorme transformation de la jurisprudence et de la criminologie. Et, dans bien des cas, on se réfère à Freud sans le savoir.

Presque tous les élèves de Freud prirent le chemin de l'émigration. Le recours à la psychanalyse avait été interdit en Allemagne après 1933, en Autriche, cinq ans plus tard, tous les écrits avaient été détruits. Seuls quatre des cent vingt membres de la Société psychanalytique de Vienne étaient restés à Vienne. Après la guerre, ce furent le plus souvent les émigrés rentrés au pays qui firent renaître et s'épanouir pleinement ce mouvement sur les lieux de sa naissance.

A Londres, Anna Freud fonda avec Dorothy Burlingham un centre d'aide aux orphelins de guerre et aux enfants sans abri ainsi que la Hampstead Child Therapy Clinic, elle entretint tant qu'elle vécut partout dans le monde la mémoire de son père. Les deux femmes habitèrent jusqu'à la fin la maison de Sigmund Freud à Maresfield Gardens, qui abrite aujourd'hui un musée Freud avec le mobilier qui lui a appartenu. Le musée Freud de Vienne — qui reçoit chaque année plus de 30 000 visiteurs — se trouve dans l'ancien appartement de Freud, Berggasse 19. Il a été confié à la Société Sigmund Freud fondée par Friedrich Hacker en 1968 et dont le président est actuellement Harald Leupold-Löwenthal. Sous les arcades de l'université de Vienne se trouve parmi les bustes d'autres professeurs célèbres celui de Freud. Sa maison natale de Příbor, l'ancien Freiberg, fut également organisée en musée. La bibliothèque privée de Freud devint la propriété du New York Psychiatric Institute, qui put sauver les ouvrages les plus précieux après l'Anschluss.

Que reste-t-il de Freud ? Stefan Zweig se posa également cette question dans son discours funèbre. « Chacun de nous, hommes du vingtième siècle, dit l'écrivain, penserait autrement et comprendrait différemment, chacun jugerait, ressentirait les choses de façon plus étriquée, moins libre, serait plus injuste si sa pensée ne nous avait précédés, s'il ne nous avait donné cette puissante impulsion qui nous projeta en nous-mêmes. Et chaque fois que nous tenterons de pénétrer dans le labyrinthe du cœur humain, la lumière de son esprit guidera nos pas. Tout ce que Sigmund Freud a créé et à quoi il a donné un sens avant nous, lui qui a trouvé et fut notre guide, restera toujours parmi nous... »

Chronologie

1856   6 mai, naissance à Freiberg, en Moravie (aujourd'hui : Příbor), fils de Jakob et d'Amalie Freud, née Nathanson.

1859   Installation à Leipzig.

1860   Installation à Vienne.

1865   Admission au lycée communal de Leopoldstadt (plus tard lycée Sperl).

1872   Vacances d'été à Freiberg, « premier amour » (pour Gisela Fluss).

1873   Baccalauréat avec mention. Début d'études à la faculté de médecine de l'université de Vienne.

1875   Visite à son demi-frère Philipp à Manchester en Angleterre. Travail scientifique : *Les Organes sexuels des anguilles*.

1877   Entrée à l'Institut de psychologie du Pr Ernst Wilhelm von Brücke.

1878   Se lie d'amitié et travaille avec Josef Breuer.

1879   Premiers cours de psychiatrie chez le Pr Meynert.

1880   Service militaire d'un an. Traduction de quatre essais de John Stuart Mill.

1881   30 mars, Freud est docteur en médecine.

1882   Aspirant à l'Hôpital général. Le 17 juin, fiançailles avec Martha Bernays.

1883   Assistant de Meynert.

1884   *Étude sur la cocaïne*.

1885   Chargé de cours en neurologie. Séjour d'études auprès de Jean Martin Charcot à la Salpêtrière à Paris. Traduction des travaux de Charcot.

1886   Bref séjour d'études à Berlin. Début d'activité à l'Institut Kassowitz. Ouvre son premier cabinet privé à Vienne, au 7 de la Rathausstrasse. Le 14 septembre, mariage avec Martha Bernays à Wandsbek. Second cabinet à Vienne I, au 8 de la Maria-Theresien-Strasse.

1887   Recours à l'hypnose. Naissance de sa première fille Mathilde.

1889   Naissance de son fils Jean-Martin. Voyage à Nancy, chez Bernheim et Liébeault. Première application de la « méthode cathartique » d'après Breuer.

1891   Naissance de son fils Oliver. En septembre, installation au 19 de la Berggasse, Vienne IX.

1892   Naissance de son fils Ernst.

1893   Naissance de sa fille Sophie. Publication en commun avec Breuer : *Les Mécanismes psychiques des phénomènes hystériques* (communication provisoire).

1894   Rupture avec Breuer.

1895   Parution des *Études sur l'hystérie* encore rédigées avec Breuer. Freud devient membre du « B'nai B'rith ». Interprétation du « rêve de l'injection faite à Irma » au château Bellevue à Cobenzl près de Vienne. Naissance de sa dernière fille Anna.

1896   Mort du père de Freud, Jakob Freud.

1899   Parution de *L'Interprétation des rêves* (datée 1900). *Des Souvenirs-écrans*.

1900   Entrée en analyse de « Dora ».

1901   *Psychopathologie de la vie quotidienne*.

1902   Freud est nommé maître de conférences à l'Université.

1905   *Trois essais sur la théorie de la sexualité*, *Le Mot d'esprit et ses rapports avec l'inconscient*, *Fragment d'une analyse d'hystérie : Dora*.

1907   Visite de C.G. Jung.

1908   1er Congrès international de psychanalyse (Salzbourg).

1909   *Analyse d'une phobie d'un petit garçon de cinq ans : Le petit Hans. Remarques sur un cas de névrose obsessionnelle : L'homme aux rats.* Conférences et titre de docteur honoris causa à Clark University (EU).

1910   2e Congrès international de psychanalyse (Nuremberg). *Un souvenir d'enfance de Léonard de Vinci.*

1911   Rupture avec Alfred Adler. 3e Congrès international de psychanalyse (Weimer).

1913   Rupture avec Jung. 4e Congrès international de psychanalyse (Munich), *Totem et Tabou*.

1914   *Le Moïse de Michel-Ange.*

1917   *Deuil et mélancolie*. Conférences d'initiation à la psychanalyse.

1918   *Extrait de l'histoire d'une névrose infantile : L'homme aux loups.* 5e Congrès international de psychanalyse (Budapest).

1919   *Au-delà du principe de plaisir*. Mort de sa fille Sophie.

Chronologie

1920   Freud est nommé professeur titulaire de l'université. 6ᵉ Congrès international de psychanalyse (La Haye).

1921   *Psychologie collective et analyse du moi.*

1923   Première opération du cancer. *Le Moi et le Ça.* Mort de son petit-fils Heinele.

1925   *Ma vie et la psychanalyse.* Mort de Josef Breuer.

1927   *L'Avenir d'une illusion.*

1929   *Malaise dans la civilisation.*

1930   Anna Freud représente son père à Francfort pour la remise du prix Goethe. Mort de la mère de Freud, Amalie Freud.

1932   Publication de la correspondance Freud-Einstein sous le titre : *Pourquoi la guerre ?*

1933   Autodafé des œuvres de Freud à Berlin.

1934   Karl Menninger vient rendre visite à Freud à Vienne.

1937   Mort d'Alfred Adler.

1938   3 juin : émigration à Londres.

1939   *Moïse et le monothéisme.*
        23 septembre : mort de Freud à Londres.

Sources bibliographiques

Ouvrages généraux :

Hans BANKL, *Woran sie Wirklich starben, Krankheiten und Tod historischer Persönlichkeiten*, Vienne, 1989.

Siegfried BERNFELD/ Suzanne CASSIRER-BERNFELD, *Bausteine der Freud-Biographik*, Francfort, 1981.

Joseph BREUER/ Sigmund FREUD, *Studien über Hysterie*, Francfort, 1970 ; *Etudes sur l'hystérie*, traduction d'Anne Berman, P.U.F., 1967 ; traduction d'Anne Berman, introduction d'Yvon Brès, Hatier, 1990.

Milan DUBROVIC, *Veruntreute Geschichte*, Vienne/Hambourg, 1985.

K.R. EISSLER, *Freud und Wagner-Jauregg vor der Kommission zur Erhebung miliätrischer Pflichtverletzungen*, Vienne, 1979.

Henry F. ELLENBERGER, *Die Entdeckung des Unbewußten*, Zurich, 1985 ; *À la découverte de l'inconscient*, traduction par Joseph Feisthaver du texte anglais *The Discovery of the Unconscious*, SIMEP Villeurbanne, 1974.

Ernst FREUD/ Lucie FREUD/ Ilse GRUBRICH-SIMITIS, *Sigmund Freud, Sein Leben in Bildern und Texten*, Francfort, 1976.

Sigmund FREUD, *Gesammelte Werke* Londres/Francfort, 1940-1968 ; *Œuvres complètes*, collection dirigée par A. Bourguignon, P. Cotet, J. Laplanche : 1914-1915, *Une névrose infantile, Sur la guerre et la mort, Métapsychologie* et autres textes, P.U.F, 1988 ; 1894-1899, P.U.F., 1989 ; 1921-1923, P.U.F., 1991.

Sigmund FREUD, *Brautbriefe (1882-1886)*, Francfort, 1988 ; *Correspondance : Lettres de jeunesse*, traduction de Cornelius Heim, lettres présentées par E. Freud et W. Boehlich, collection « Connaissance de l'inconscient », Gallimard, 1990. *Briefe (1873-1939)*, Francfort, 1960 ; *Correspondance 1873-1939*, traduction de T. Stern et J. Stern, Gallimard,

1966 ; nouvelle édition augmentée, traduction d'Anne Berman, collection « Connaissance de l'inconscient », présentée par E. Freud, Gallimard, 1979.

Sigmund FREUD, *Selbstdarstellung*, Francfort, 1971 ; *Sigmund Freud présenté par lui-même*, traduction de Fernand Cambon, Gallimard, 1984.

Peter GAY, *Freud, A Life for our Time*, Londres / New York, 1988 ; *Freud, une vie*, traduction de Tina Jolas, introduction de Catherine David, Hachette, 1991.

Ernest JONES, *Sigmund Freud Leben und Werk, Band 1-3*, Munich, 1984 ; *La Vie et l'œuvre de Sigmund Freud*, traduit de l'anglais, 3 volumes, P.U.F. : t. 1, *La Jeunesse de Freud*, traduit par ANNE Berman, 1958 ; t. 2, *Les Années de maturité 1901-1919*, traduit par ANNE Berman, 1961 ; t. 3, *Les Dernières Années 1919-1939*, traduit par Liliane FLOURNOY, 1969 ; édition revue : t. 1, 1972 ; t. 2, 1972 ; t. 3, 1975.

William M. JOHNSTON, *Österreichische Kultur und Geistesgeschichte, Gesellschaft und Ideen im Donauraum 1848-1938*, Vienne /Cologne /Graz, 1972.

Karl KRAUS, *Beim Wort genommen*, Munich, 1965.

Erna LESKY, *Meilensteine der Wiener Medizin*, Vienne, 1981.

Harald LEUPOLD-LÖWENTHAL, *Handbuch der Psychoanalyse*, Vienne, 1986.

Hans-Martin LOHMANN, *Freud zur Einführung*, Hambourg, 1986.

Ernst LOTHAR, *Das Wunder des Überlebens*, Vienne, Hambourg, 1961.

Octave MANNONI, *Freud*, collection « Ecrivains de toujours », Seuil, 1968.

Jeffrey M. MASSON, *Was hat man dir, du armes Kind, getan ?* Reinbek, Hambourg, 1984.

Walter MUSCHG, *Freud als Schriftsteller*, Munich, 1975.

Karin OBHOLZER, *Gespräche mit dem Wolfsmann, Eine Psychoanalyse und die Folgen*, Reinbek, Hambourg, 1980 ; *Entretien avec l'homme-aux-loups : une psychanalyse et ses suites*, traduction de Romain Dugas, préface de Michel Schneider, Gallimard, 1981.

Uwe Henrik PETERS, *Anna Freud, Ein Leben für das Kind*, Munich 1979 ; *Anna Freud*, traduction de Jeanne Etoré, Balland, 1986.

Albert PLÉ, *Freud et la religion*, collection « Avenir de la théologie », Editions du Cerf, 1968.

Erwin RINGEL, *Alfred Adler*, in : *Neue österreichische Biographie*, Band XIX, Vienne/ Munich, 1977.

Erwin RINGEL, *Sigmund Freud*, in *Neue österreichische Biographie*, Band XVI, Vienne/Munich, 1965.

Arthur SCHNITZLER, *Jugend in Wien. Eine Autobiographie*, Vienne/Munich/Zurich, 1981.

Arthur SCHNITZLER, *Medizinische Schriften*, Vienne/Darmstadt, 1988.

Max SCHUR, *Sigmund Freud, Leben und Sterben*, Francfort, 1973 ; *La Mort dans la vie de Freud*, traduction par Brigitte Bost du texte anglais *Freud Living and Dying*, 1re éd., Gallimard, 1975, 2e éd. Gallimard, 1982.

Sources bibliographiques

Fritz Schweighofer, *Das Privattheater der Anna O.*, Munich / Bâle, 1987.

Joshua Sobo, *Weiningers Nacht*, Vienne, 1988.

Friedrich Torberg, *Die Tante Jolesch*, Vienne / Munich, 1980.

Stefan Zweig, *Die Heilung durch den Geist*, Francfort, 1983 ; *La Guérison par l'esprit*, traduction d'Alzir Hella et Juliette Pary, Belfond, 1982.

Articles et publications :

Josef Breuer, *Curriculum Vitae*, Vienne, 1925.

Rudolf Eckstein, « Der Einfluß Freuds auf die amerikanische Psychiatrie », in : *Die Heilkunst*, Munich, 1956.

K.R. Eissler, « Julius Wagner-Jaureggs Gutachten über Sigmund Freud und seine Studien zur Psychoanalyse », in : *Wiener klinische Wochenschrift*, 1958.

Jens Malte Fischer, « Sigmund Freud und Gustav Mahlers Leiden », in : *Merkur, Deutsche Zeitschrift für Europäisches Denken*, Stuttgart, 1988.

Ernest Freud, « Die Freud und die Burlinghams in der Berggasse, Persönliche Erinnerungen », in : *Sigmund Freud House Bulletin*, Vienne, 1987.

Ernest Freud, « Persönliche Erinnerungen an den Anschluß 1938 », in : *Sigmund Freud House Bulletin*, Vienne, 1988.

Sigmund Freud, « Briefe an Arthur Schnitzler », in : *Neue Rundschau*, 1955 ; « Deux Lettres à Arthur Schnitzler » in : *Sigmund Freud. Correspondance 1873-1939*, traduction de T. Stern et J. Stern, Gallimard, 1966.

Renée Gicklhorn, « Eine mysteriöse Bildaffäre », in : *Wiener Geschichtsblätter*, 1958.

Renée Gicklhorn, « Das erste offentliche Kinderkrankeninstitut in Wien », in : *Unsere Heimat*, Vienne, 1959.

Joseph et Renée Gicklhorn, « Sigmund Freuds akademische Laufbahn », in : *Unsere Heimat*, Vienne, 1960.

Renée Gicklhorn, « Eine Episode aus Freuds Mittelschulzeit », in : *Unsere Heimat*, Vienne, 1965.

Bruno Goetz, « Erinnerungen an Sigmund Freud », in : *Neue Schweizer Rundschau*, 1952 ; « Souvenirs sur Sigmund Freud », traduction de Paul Duquenne, in *La Psychanalyse*, n°5, P.U.F., 1959.

Sir Ernst Gombrich, « Sigmund Freud und die Theorie der Künste », in : *Sigmund Freud House Bulletin*, Vienne, 1981.

Hugo Knoepfmacher, « Zwei Beiträge zur Biographie Sigmund Freuds », in : *Jahrbuch der Psychoanalyse*, s.d.

Harald Leupold-Löwenthal, « Die Vertreibung der Familie Freud 1938 », in : *Sigmund Freud House Bulletin*, Vienne, 1988.

Ella Lingens, « Sigmund Freud und die Deutsche Akademie im Exil », in : *Sigmund Freud House Bulletin*, Vienne, 1981.

Heinz STANESCU, *Unbekannte Briefe des jungen Sigmund Freud an einen rumänischen Freund*, s.d.

Georg Sylvester VIERECK, « Professor Freud über den Wert des Lebens, Ein Gespräch mit dem großen Gelehrten (1927) », in : *Sigmund Freud House Bulletin*, Vienne, 1979.

Christian TÖGEL, *Freud als Reisender*, Vienne s.d.

George ZAVITZIANOS, « Marie Bonaparte 1882-1962 », in : *Psychoanalysis and The Psychoanalytic Review, 1962/1963*.

Index

Index

Remerciements

Je tiens à exprimer mes vifs remerciements au Pr Friedrich Hacker (Vienne / Los Angeles), au Pr Menninger (Topeka / USA), au Pr Harald Leupold-Löwenthal, ainsi qu'à Mme Inge Scholz-Strasse, au Dr Manfred Müller et à Mme Elfriede Kopia (Société Sigmund Freud, Vienne).

Table

Table

Crédits photographiques

Sigmund Freud Copyrights Ltd, Londres : pages 1 à 4 (photos du haut et du bas), pages 5 à 8.

Sigmund Freud Gesellschaft, Vienne : page 4 (photo du milieu).

La composition de cet ouvrage
a été réalisée par Nord Compo à Villeneuve d'Ascq.
L'impression et le brochage ont été effectués
sur presse CAMERON dans les ateliers de la SEPC
à Saint-Amand-Montrond (Cher),
pour le compte des Éditions Albin Michel.

Achevé d'imprimer en septembre 1994
N° d'édition : 13773. N° d'impression : 2229
Dépôt légal : octobre 1994